“十三五”国家重点出版物出版规划项目·航天先进技术研究与应用系列

DIE DESIGN FOR SHEET METAL PARTS OF AIRCRAFT
飞机钣金零件模具设计

● 郑 晖 李国峰 于 江 编著

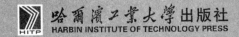

哈尔滨工业大学出版社
HARBIN INSTITUTE OF TECHNOLOGY PRESS

内 容 简 介

本书以飞机小型钣金零件类型为划分依据,从模具结构入手,给出了模具主要零部件的设计方法和计算方法,并附有大量典型的例题和练习,便于学习掌握模具设计知识。全书共分 7 章:第 1 章介绍飞机钣金零件分类以及模具工业的国内外现状;第 2 ~ 5 章介绍冲裁模、弯曲模、拉深模、成形模的典型结构和主要零件的设计方法;第 6 章介绍小型零件多工位级进模的特点、设计方法及型面尺寸计算;第 7 章介绍模具常用材料和表面硬化方法。

本书内容全面,计算详尽,不仅注重模具设计,也力求修模与装配方便,因此不仅可作为高等院校模具设计相关专业的教材,也可作为模具专业技术人员入职培训教材及模具设计参考资料。

图书在版编目(CIP)数据

飞机钣金零件模具设计 / 郑晖,李国峰,于江编著.
—哈尔滨 :哈尔滨工业大学出版社,2020.5
ISBN 978 - 7 - 5603 - 8643 - 0

Ⅰ. ①飞… Ⅱ. ①郑… ②李… ③于… Ⅲ. ①飞机-钣金工-零部件-模具-设计 Ⅳ. ①V261.2

中国版本图书馆 CIP 数据核字(2020)第 017751 号

策划编辑	王桂芝	
责任编辑	李长波 谢晓彤	
出版发行	哈尔滨工业大学出版社	
社　　址	哈尔滨市南岗区复华四道街 10 号　邮编 150006	
传　　真	0451 - 86414749	
网　　址	http://hitpress.hit.edu.cn	
印　　刷	哈尔滨市工大节能印刷厂	
开　　本	787mm×1092mm　1/16　印张 17.25　字数 400 千字	
版　　次	2020 年 5 月第 1 版　2020 年 5 月第 1 次印刷	
书　　号	ISBN 978 - 7 - 5603 - 8643 - 0	
定　　价	45.00 元	

前　言

钣金零件占飞机零件总数的 50% 以上，其成形技术在飞机生产中占有十分重要的地位。钣金零件构成飞机机体的框架和气动外形，零件品种多、形状复杂、选材各异，零件的表面质量、整体质量、尺寸协调性和成形后的使用性能有严格要求，加工技术要求高、难度大，有明显的行业特点。本书主要针对生产中常见的典型的小型钣金零件介绍模具设计方法。

模具是工业生产中极其重要而又不可或缺的基础工艺装备。由于使用模具批量生产制件具有的高生产效率、高一致性、低耗能耗材以及较高的精度和复杂程度，因此已越来越被国民经济各工业生产部门重视，被广泛应用于航空、航天、机械、电子、汽车、交通、信息、轻工、建材、医疗、生物、能源等制造领域，在我国经济发展、国防现代化和高端技术服务中起到了十分重要的支撑作用，也为我国经济运行中的节能降耗做出了重要贡献。模具工业是重要的基础工业。工业要发展，模具须先行。没有高水平的模具，就没有高水平的工业产品。现在，模具工业水平已经成为衡量一个国家制造业水平高低的重要标志，也是一个国家的工业产品保持国际竞争力的重要保证之一。

近年来，随着我国模具技术的飞速发展，培养高级模具技术人才已成为当务之急，为此作者决定撰写关于飞机钣金件以及机械类钣金零件的模具设计教材，为我校以及相关院校的航空宇航学院各专业学生提供模具设计方面的学习资料。本书注重模具设计基础知识的学习和设计方法与技能的训练，力求做到简明扼要，基于实例，理论联系实际。

全书共分 7 章，第 1 章介绍飞机钣金零件分类以及模具工业的国内外现状；第 2 章介绍平板类零件的冲裁模的典型结构、主要工作零件和结构零件的设计方法；第 3 章介绍弯曲类零件的弯曲模的典型结构、主要工作零件和机构的设计方法；第 4 章介绍拉深模的典型结构、拉深工序设计和主要工作零件的设计方法；第 5 章介绍成形类零件的分类、成形模具的典型结构及主要工作零件的设计方法；第 6 章介绍小型零件多工位级进模的特点、设计方法及型面尺寸计算；第 7 章介绍模具常用材料和表面硬化方法。

本书属于校企合作教材，在撰写的过程中得到了以下企业及人员的大力支持与协作。华晨汽车集团汽车工程研究院李国峰高工、沈阳飞机工业（集团）有限公司于江高工提供大量钣金件的模具设计实例，给出企业设计方法及经验公式。退休教师田嘉生老师提供许多宝贵模具设计一手资料。本书在出版过程中得到沈阳航空航天大学教务处和航空宇航学院的经费支持。本书在整理过程中得到沈阳航空航天大学 2019 级硕士研究生栾景旺和李桦的大力协助。在此一并致以诚挚谢意。

本书适合航空院校飞行器制造以及钣金与模具专业本科学生使用(40~50 学时),也可供专业技术人员参考使用。

由于作者水平有限,疏漏之处在所难免,敬请广大读者在使用过程中提出宝贵意见,以便进一步修改完善。

作 者

于沈阳航空航天大学

2020 年 3 月

目　录

第 1 章　飞机钣金零件模具的概论

1.1　飞机钣金零件分类

在航空工业中,钣金零件一直是现代飞机机体的主要部分,占飞机零件总数量的50%以上,制造工作量占整架飞机工作量的15%,具有结构复杂、外轮廓尺寸大、刚性小等特点。目前,飞机材料发生了一些变化,战斗机用材情况如图1.1所示,钣金件的数量出现逐渐减少的趋势。但钣金成形技术仍是主要的飞机制造工艺之一,钣金零件仍为结构件的主体。钣金零件的制造精度和质量将直接影响飞机外形、结构寿命、飞机性能、装配质量及劳动量。

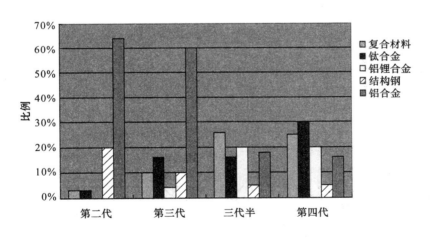

图 1.1　战斗机用材情况

飞机钣金件可以按不同的原则进行分类,比如材料品种、材质种类、零件结构特征、工艺方法、零件成形温度等。按材料品种具体分类如图1.2所示。

本书的研究重点是小型板材零件通过模具进行成形。飞机板材零件中的平板零件(图1.3)、板弯型材零件(图1.4)、拉深零件(图1.5)以及成形零件(图1.6)都是主要应用模具进行生产的零件。不仅如此,模具是工业生产的主要工艺装备,在钟表、家电、轻工、汽车等行业中也有着极为广泛的应用。

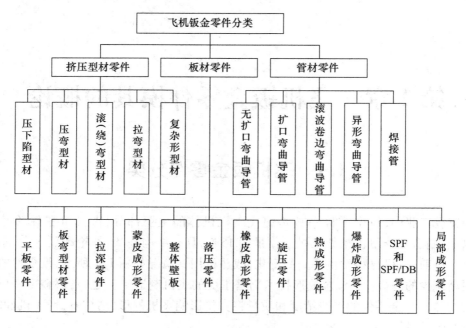

图 1.2　飞机钣金零件分类(按材料品种具体分类)

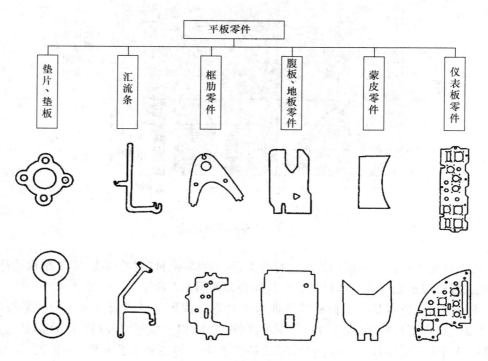

图 1.3　平板零件分类

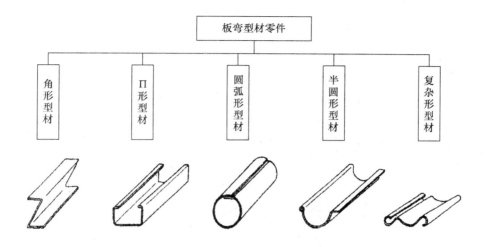

图 1.4　板弯型材零件分类

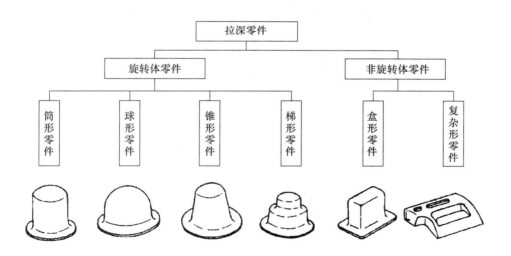

图 1.5　拉深零件分类

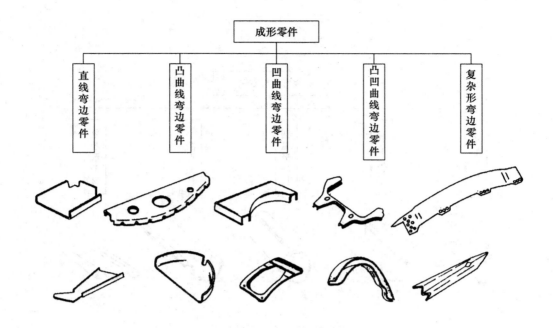

图 1.6 成形零件分类

1.2 模具在工业生产中的地位

模具是大批量生产同形产品的工具,是工业生产的主要工艺装备。模具工业是国民经济的基础工业。

采用模具生产零部件具有生产效率高、质量好、成本低、节约能源和原材料等一系列优点,已成为当代工业生产的重要手段和工艺发展方向。现代工业产品的发展和技术水平的提高,很大程度上取决于模具工业的发展水平。因此,模具工业对国民经济和社会发展起到越来越重要的作用。1989 年 3 月,国务院颁布的《关于当前产业政策要点的决定》把模具列为机械工业技术改造序列第一位、生产和基本建设序列第二位(仅次于大型发电设备及相应的输变电设备),确立了模具工业在国民经济中的重要地位。

据统计,在家电、玩具等轻工行业,近 90% 的零件是靠模具生产的;在飞机、汽车、农业和无线电行业,这个比例也超过了 60%。例如,飞机制造业,某型战斗机模具使用量超过 30 000 套,其中,主机 8 000 套、发动机 3 000 套、辅机 20 000 套。20 世纪 80 年代以来,美、日等工业发达国家模具行业的产值已超过机床行业,并且有继续增长的趋势。特别是近年来,随着我国汽车工业、电子信息、航空工业、家电、建材及机械行业等的高速发展,模具行业的产值迅速上涨。据国家统计局数据显示,我国模具行业工业总产值已从 2010 年的 1 367.31 亿元上升到 2017 年的 2 509.94 亿元,如图 1.7 所示。

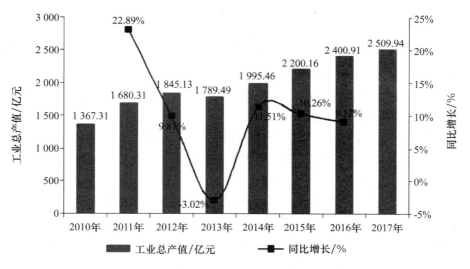

图 1.7　2010—2017 年模具行业工业产值变化趋势(数据来源于国家统计局)

1.3　模具的历史与发展现状

　　模具的出现可以追溯到几千年前的陶器和青铜器铸造,但其大规模使用却是随着现代工业的崛起而发展起来的。

　　19 世纪,随着军火工业、钟表工业、无线电工业的发展,冷冲压模具开始得到广泛使用。第二次世界大战后,随着世界经济的飞速发展,模具又成了大量生产家用电器、汽车、电子仪器、照相机、钟表等零件的最佳方式(美国冷冲压技术、瑞士的精冲、德国的冷挤压)。20 世纪 50 年代,模具设计多凭经验、参考已有图纸和感性认识,根据用户的要求,制作能满足产品要求的模具,但对所设计模具零件的机能缺乏了解。20 世纪 60 年代,通过对模具主要零件的机能和受力状况进行数学分析,对金属塑性加工工艺及原理进行深入探讨,冲压技术得到迅猛发展。20 世纪 70 年代,不断涌现出各种高效率、高精度、高寿命的多功能自动模具,其代表是五十多个工位的级进模。在此期间,日本以模具加工精度进入了微米级而站到了世界最先列。20 世纪 70 年代中期至今,计算机逐渐地进入模具生产的设计、制造、管理等各个领域,辅助进行零件图形输入、毛坯展开、条料排样、确定模座尺寸和标准、绘制装配图和零件图,输出 NC 程序(数控加工中心和线切割编程),使得模具设计、加工精度与复杂性不断提高,模具的制造周期不断缩短。

　　我国模具工业是在 19 世纪末 20 世纪初随着军火和钟表工业引进的压力机发展起来的。到 20 世纪 50 年代初,模具多采用作坊生产方式,依靠工人经验,用简陋的加工手段进行制造。在之后的几十年中,随着国民经济的大规模发展,模具工业进步很快。当时大量引进图纸、设备和先进经验,其水平不低于当时工业发达的国家。到 20 世纪 70 年代末,由于错过了世界经济发展的大浪潮,我国的模具工业没有跟上世界发展的步伐。20

世纪 80 年代末,伴随家电、轻工、汽车生产线模具的大量进口和模具国产化的呼声日益高涨,先后引进了一批现代化的模具加工机床。在此基础上,参照已有的进口模具,成功地制造了一批模具,如汽车覆盖件模具。模具的国产化虽然使我国模具的制造水平逐渐赶上了国际先进水平,但计算机应用方面仍然存在很大差距。

随着计算机技术的飞速发展,一些工业先进国家的模具制造行业已广泛采用数控机床加工模具来提高模具制造精度和生产效率。在此基础上,又开始应用模具计算机辅助设计与制造技术,进一步提高模具的设计与制造水平。模具 CAD/CAM 是在人的参与下,以计算机为中心的一整套系统。其中,模具 CAD 完成对冲压工艺、模具结构的最优化设计,包括资料检索、工艺计算、方案优选、确定零件的尺寸和形状,进行图形绘制。模具 CAM 完成对零件的加工制造,同时在加工制造过程中实时监督、控制、测试和管理。CAM 的输入信息直接来自于 CAD 的输出信息,两者是有机结合的整体。

我国模具 CAD/CAM 技术从 20 世纪 80 年代起步,长期处于低水平重复开发,软件多为进口的图形软件、数据库软件、NC 软件等,开发的软件缺乏通用性,商品化价值不高,缺乏对引进的许多 CAD/CAM 系统的二次开发,经济效益不显著。针对上述情况,国家相关部门制定了相关政策和措施。在国家产业政策和与之配套的一系列国家经济政策的支持和引导下,模具行业的产业结构有了较大改善,模具商业化提高了近 10%,中高档模具占模具总量的比例有了明显提高,模具进出口比例逐步趋向合理。2002 年以来,我国模具工业已连续多年实现 20% 以上的增长。数据显示,“十五”期间我国模具工业经济指标大幅上扬,模具工业总产值年均增长 23.71%,2005 年模具工业总产值为 2000 年的 2.9 倍,利润为 2000 年的 4.05 倍。2006 年、2007 年各项经济指标更是表现喜人,比上年增长 30% 以上,使得 2007 年模具工业总产值比 2000 年增长 5.06 倍,利润更是上升了 7.5 倍。2011 年,模具工业增速继续攀升,全国模具总产量增速仍达到 44%,居工业各部门之首。模具属于边缘科学,它涉及机械设计制造、塑性加工、铸造、金属材料及其热处理、高分子材料、金属物理、凝固理论、粉末冶金、塑料、橡胶、玻璃等诸多学科、领域和行业。据罗百辉介绍,模具可带动其相关产业的比例大约是 1∶100,即模具发展 1 亿元,可带动相关产业 100 亿元。通过模具加工产品,可以大大提高生产效率,节约原材料,降低能耗和成本,保持产品高一致性等。如今,模具因其生产效率高、产品质量好、材料消耗低、生产成本低而在各行各业得到了广泛应用,并且直接为高新技术产业服务;特别是在制造业中,它起着其他行业无可取替的支撑作用,对地区经济的发展发挥着辐射性的影响。

1.4 模具的分类

模具的分类目前尚无统一标准,有的按加工对象的材料划分,如橡胶模、玻璃模、陶瓷模、石膏模和粉末冶金模,但通常是按加工工艺来划分,如冲模、冷镦模、冷挤模、锻模、吸(吹)塑模、塑压模、注塑模、压铸模等。其加工对象包括各种金属和非金属,如钢板、塑料、皮革、橡胶、纸张、食品等。各种模具中冲模和塑压模(含注塑模)占总数的60%~

70%,其中塑压模所占的比例有上升的趋势。据日本统计资料,1965 年到 1985 年,塑压模所占比例从 18% 上升至 35% ,冲模所占比例从 55% 下降至 36% ,这些数据反映了这两类模具已呈鼎足之势。

冲模主要用于金属及非金属板材的压力加工,其加工方式可分为分离与成形两大类。

1. 分离工序

分离工序包括剪切、切断、切槽、切口、切边、落料、冲孔等几大类,其划分依据主要是被加工材料的形态及受力状态。分离工序所加工的板材可以是平面的,可以是立体的,当然也可以加工型材、棒材等。其所用的冲模可通称为冲裁模,有代表性的冲裁模有落料模、冲孔模、切边模以及包含复合工序的复合模和连续模。

落料模通常用来在平板上封闭冲裁出所需零件。

冲孔模通常用来在零件上封闭冲去多余的材料,得到所需要的孔。

切边模通常用来在毛坯或零件上冲去多余的边料。

其余分离工序各包括有不同个数的冲裁面,均不封闭。

2. 成形工序

广义成形工序指利用永久变形将固态坯料制成所需形状和尺寸的制件加工。

狭义成形工序是指保持作为板坯的板料状态而改变其外观的加工。

狭义成形工序通常包括拉深、胀形、翻边、扩口、缩口等工序,弯曲也可以划为成形的一种。广义成形工序通常除了包括狭义成形工序所含的内容外,还包括其他压力加工,如锻造、压制、镦压、挤压等。这些压力加工所用模具不在本书研究范围之内。

冲模除按加工方式划分外,还可按加工工序的组合程度划分——单工序模、复合模、级进模以及多工位机床用的传递模。此外,还有一些划分方法,如经济模,自动模,汽车制造业的大、中、小冲模等,在此不一一列举。

本书主要研究飞机钣金类零件冷冲压模具的设计方法,对其他模具的设计不做介绍。

习　　题

(1)模具在现代工业生产中起什么作用?

(2)当代模具技术发展现状及我国差距与对策。

(3)模具都包括哪些类型?

第 2 章　平板类零件模具设计

平板类零件在航空产品中种类繁多,主要包括垫片、垫板、汇流条、框肋零件、腹板和地板零件、蒙皮零件和仪表板零件等 6 类,如图 1.3 所示。传统的加工方法是冲裁,冲压成形效率高、质量好、成本低、节约能源和原材料。冲裁是利用冲模的刃口使板料沿一定的轮廓线产生剪切变形并分离。冲裁在冲压生产中所占的比例最大。在冲裁过程中,除剪切轮廓线附近的金属外,板料本身并不产生塑性变形,所以由平板冲裁加工的零件仍然是一平面形状。

冲裁可分为剪切、落料、冲孔、切边等。①剪切是将大平板剪切成条料。②落料是沿一条封闭的分离线将所需的部分从板料上分离出来。③冲孔是在板料上冲出孔、槽和百叶窗等。④切边是切去拉深件的飞边。冲裁既可加工零件,也可加工冲压工序件。冲裁工序除生产备料外,常用于直接加工垫圈、仪表齿轮、凸轮、拨叉、仪表面板以及电机、电器上的硅钢片、集成电路中的插接件等。

冲裁所使用的模具称为冲裁模,它是冲裁过程必不可少的工艺装备。凸、凹模刃口锋利,间隙小。

2.1　冲裁模的设计基础

2.1.1　冲裁件的工艺性

冲裁件的工艺性是指冲裁件对冲裁工艺的适应性。所谓冲裁工艺性好是指能用普通冲裁方法在模具寿命和生产率较高、成本较低的条件下得到质量合格的冲裁件。

1. 冲裁件的结构工艺性

冲裁件的形状和尺寸主要包括以下几个方面。

①冲裁件的形状。冲裁件的形状应尽可能简单、对称,以圆形、矩形等规则几何形状组成的几何图形为佳,这样可以使排样时废料最少。

②冲裁件内形及外形的转角。冲裁件内形及外形的转角处应避免尖锐的尖角存在,采用圆角过渡为佳,一般在圆角处应使 $R \geqslant 0.25t$(t 为料厚,本书长度单位默认均为 mm),如图 2.1 所示。

③无过长的悬臂、窄槽,软钢、黄铜等材料应使其宽度 $b \geqslant 1.5t$,高碳钢或合金钢等硬质材料应取 $b \geqslant 2t$,如图 2.2 所示。

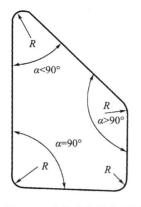

图 2.1　冲裁件的转角设计

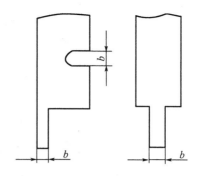

图 2.2　冲裁件的悬臂、窄槽设计

④冲裁件上孔与孔之间、孔与零件边缘之间的距离不能过小,以免影响凹模强度和冲裁质量。其距离主要与孔的形状和料厚有关,通常取 $c \geqslant 1.5t$, $c' \geqslant t$,如图 2.3 所示。

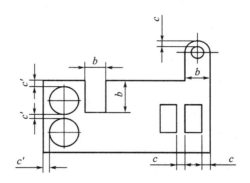

图 2.3　冲裁件的孔间距与孔边距设计

⑤在弯曲件或拉深件上冲孔时,弯曲件或拉深件上孔的位置,应设置在使孔壁位于两交接面圆角区之外的部位,以防冲孔时凸模因受不对称的侧压力作用而啃伤刃口或使小凸模折断。通常取孔壁至零件直壁间的距离 $L \geqslant R + 0.5t$,如图 2.4 所示。

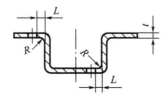

图 2.4　弯曲件或拉深件上孔的位置设计

⑥冲孔时,因受凸模强度的限制,孔的尺寸不应太小,否则凸模易折断或压弯。对于硬钢来讲,$d \geqslant 1.3t$,$b \geqslant 1.2t$,如图 2.5 所示。

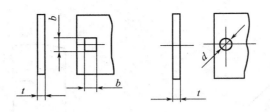

图 2.5　小孔的尺寸设计

2. 冲裁件的尺寸精度和表面粗糙度

（1）冲裁件的经济公差等级不高于 IT11，一般要求落料件公差等级最好低于 IT10，冲孔件最好低于 IT9。产品图纸上未注公差的尺寸均属于未注公差尺寸。在计算凸模与凹模尺寸时，冲压件未注公差尺寸的极限偏差数值通常按 GB/T 1800.1—2009《产品几何技术规范（GPS）极限与配合》IT14 进行标注。

（2）冲裁件的断面粗糙度与材料塑性，材料厚度，冲裁模间隙、刃口锐钝以及冲模结构等有关。当冲裁厚度为 2 mm 以下的金属板料时，其断面粗糙度 Ra 一般可达 12.5 ~ 3.2 μm。

3. 冲裁件尺寸标注

冲裁件尺寸的基准应尽可能与其冲压时的定位基准重合，并选择在冲裁过程中基本上下不变动的面或线上。冲裁件的尺寸标注应符合冲压工艺要求。

例如图 2.6 所示的冲裁件，其中图 2.6（a）的尺寸标注方法就不合理，这样标注，两孔的中心距会随着模具磨损而增大，若改为图 2.6（b）的尺寸标注方法，则两孔的中心距与模具磨损无关，其公差值也可减少。

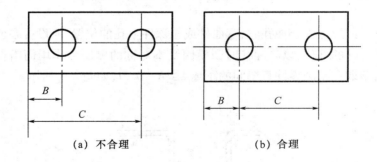

（a）不合理　　　　　　（b）合理

图 2.6　冲裁件尺寸标注

4. 审图

审图主要审查所给工件的尺寸是否齐全，各尺寸公差和形位公差的精度等级；审查所给工件的材料牌号、材料厚度、生产批量。

冲压件上未注公差尺寸,通常按 GB/T 1800—2009《产品几何技术规范(GPS)极限与配合》IT14 进行公差标注。

标准步骤:

(1)根据冲压件的公差等级与基本尺寸,查找基准件标准公差数值表,找到对应的公差。

(2)判断该尺寸的偏差方向,若该尺寸为配合尺寸,则采用"入体原则",按标准形式标注;若该尺寸为非配合尺寸,则按长度尺寸的标准形式给出,然后再转换成相应的标准形式。

2.1.2　冲裁件的工艺计算

1. 排样

排样指冲裁件在板料或条料上的布置方式。

(1)按有无废料分类。

①有废料排样。有废料排样指排样时,制件与制件之间、制件与条料边缘之间均有余料存在,如图 2.7 和图 2.8(a)所示。

特点:冲裁件质量完全由冲模保证,精度高,且搭边保护模具,但材料利用率低。

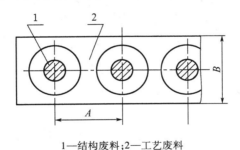

1—结构废料;2—工艺废料

图 2.7　有废料排样

②少、无废料排样。少、无废料排样指制件与制件之间、制件与条料边缘之间存在较少余料或没有余料,如图 2.8(b)、(c)、(d)所示。

特点:模具结构简化、冲裁力降低、材料利用率提高,但受板料和定位影响,工件精度降低,且凸模单边受力,易被破坏,加剧模具磨损,影响冲裁件的断面质量。

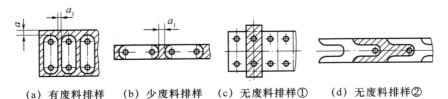

(a)有废料排样　　(b)少废料排样　　(c)无废料排样①　　(d)无废料排样②

图 2.8　冲裁件排样图

（2）按排列形式分类。

①直排法。直排法适用于外形为方、矩形的冲件，如图2.9所示。

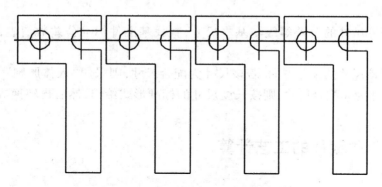

图2.9　冲裁件排样图——直排

②斜排法。斜排法适用于椭圆形、T形、L形、S形冲件，如图2.10所示。

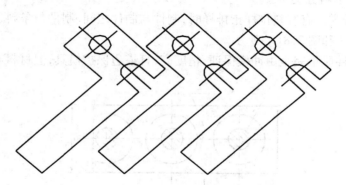

图2.10　冲裁件排样图——斜排

③直对排法。直对排法适用于梯形、三角形、半圆形、T形、凵形冲件，如图2.11所示。

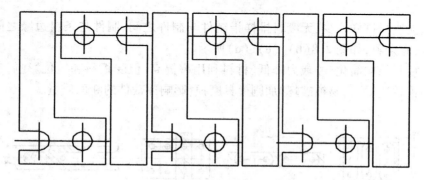

图2.11　冲裁件排样图——直对排

④斜对排法。斜对排法适用于T形冲件，且比直对排节省材料，如图2.12所示。

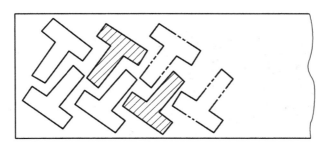

图 2.12　冲裁件排样图——斜对排

⑤混全排法。混全排法适用于材料与厚度相同的两种以上不同形状冲件的套排,电机定子、电机转子排样图如图 2.13 所示。

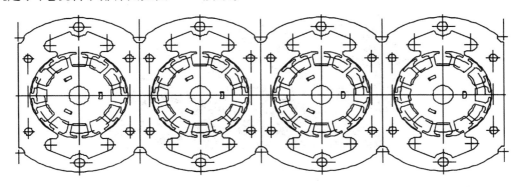

图 2.13　电机定子、电机转子排样图——混全排

⑥多行排法。多行排法适用于大批量生产尺寸不大的圆形、六角形、方形、矩形等冲件,如图 2.14 所示。

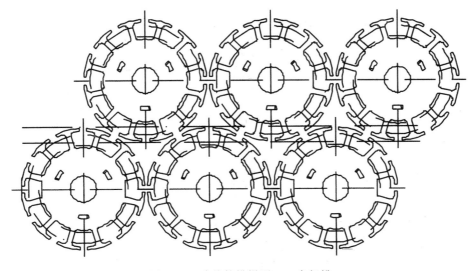

图 2.14　冲裁件排样图——多行排

冲裁件排样实物照片如图 2.15 所示。

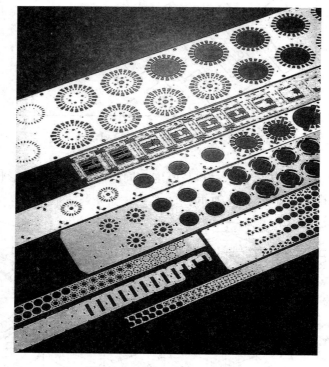

图 2.15　冲裁件排样实物照片

2. 搭边

搭边指冲裁时制件与制件之间、制件与条料边缘之间的余料,如图 2.16 所示。

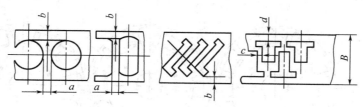

图 2.16　排样图中的搭边

(1)搭边的作用。
①能够补偿定位误差,保证冲出合格的制件。
②能保持条料具有一定的刚性,便于送料。
③还可以避免冲裁时条料边缘的毛刺被拉入模具间隙,从而提高模具寿命。
(2)影响搭边值的因素。
①材料的力学性能。硬材料的搭边值可小一些;软材料、脆材料的搭边值要大一些。

②材料厚度。材料越厚,搭边值也越大。

③冲裁件的形状与尺寸。零件外形越复杂,圆角半径越小,搭边值应取大些。

④送料及挡料方式。用手工送料,有侧压装置的搭边值可以小一些;用侧刃定距比用挡料销定距的搭边值小一些。

⑤卸料方式。弹性卸料比刚性卸料的搭边值小一些。

(3)搭边值的选取。

冲裁金属材料的搭边值见表2.1,供设计时参考。

表 2.1　冲裁金属材料的搭边值　　　　　　　　　　　　　　　mm

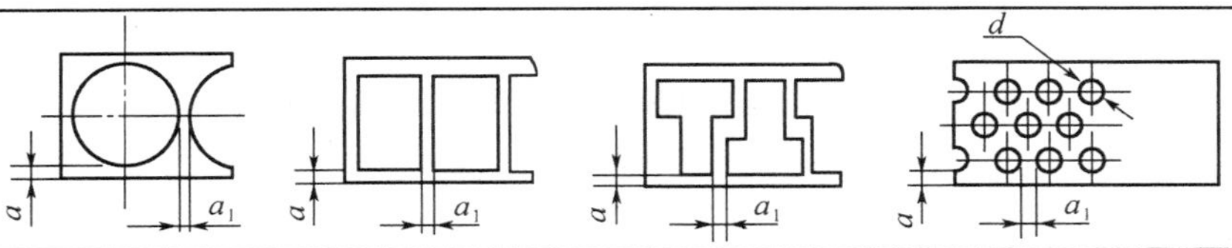

料　厚	手 工 送 料						自动送料	
	圆形		非圆形		往复送料			
	a	a_1	a	a_1	a	a_1	a	a_1
1 以下	1.5	1.5	2	1.5	3	2	—	—
1 ~ 2	2	1.5	2.5	2	3.5	2.5	3	2
2 ~ 3	2.5	2	3	2.5	4	3.5	4	3
3 ~ 4	3	2.5	3.5	3	5	4	4	3
4 ~ 5	4	3	5	4	6	5	5	4
5 ~ 6	5	4	6	5	7	6	6	5
6 ~ 8	6	5	7	6	8	7	7	6
8 以上	7	6	8	7	9	8	8	7

3. 材料利用率的计算

(1)条料宽度尺寸的确定。

①有侧压装置时条料的宽度与导料板间距离如图2.17所示。

簧片式侧压板如图2.18所示。

条料宽度为

$$B_{-\Delta}^{\ 0} = (D + 2a + \Delta)_{-\Delta}^{\ 0} \tag{2.1}$$

导尺间距离为

$$s = B + Z_1 = D + 2a + \Delta + Z_1 \tag{2.2}$$

式中　B——条料宽度的基本尺寸;

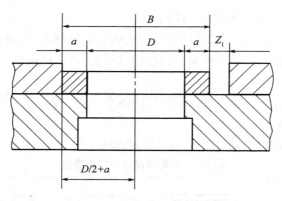

图 2.17　有侧压装置时条料的宽度与导料板间距离

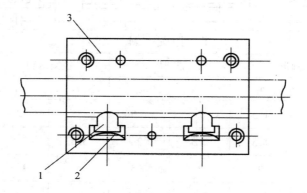

1—侧压板；2—簧片；3—导料板

图 2.18　簧片式侧压板

D——垂直送料方向的零件尺寸；

a——侧搭边值，见表 2.1 或《冲压手册》中表 2 - 18；

Δ——条料宽度的单向（负向）公差，见表 2.2；

Z_1——条料与导料板间的间隙，见表 2.2。

表 2.2　剪裁公差及条料与导料板间的间隙　　　　　　　　　　　　　　　mm

条料宽度 B	条料厚度 t							
	$\leqslant 1$		$1 \sim 2$		$2 \sim 3$		$3 \sim 5$	
	Δ	Z_1	Δ	Z_1	Δ	Z_1	Δ	Z_1
$\leqslant 50$	0.4	0.1	0.5	0.2	0.7	0.4	0.9	0.6
$50 \sim 100$	0.5	0.1	0.6	0.2	0.8	0.4	1.0	0.6
$100 \sim 150$	0.6	0.2	0.7	0.3	0.9	0.5	1.1	0.7
$150 \sim 200$	0.7	0.2	0.8	0.3	1.0	0.5	1.2	0.7
$220 \sim 300$	0.8	0.3	0.9	0.4	1.1	0.6	1.3	0.8

②无侧压装置时条料的宽度与导料板间距离如图2.19所示。

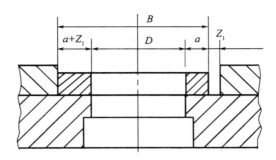

图2.19 无侧压装置时条料的宽度与导料板间距离

条料宽度为

$$B_{-\Delta}^{\ 0} = \left[D + 2(a + \Delta) + Z_1 \right]_{-\Delta}^{\ 0} \tag{2.3}$$

导尺间的距离为

$$s = B + Z_1 = D + 2(a + \Delta + Z_1) \tag{2.4}$$

式中　B——条料宽度的基本尺寸；

　　　D——垂直送料方向的零件尺寸；

　　　a——侧搭边值，见表2.1或《冲压手册》中表2-18；

　　　Δ——条料宽度的单向(负向)公差，见表2.2；

　　　Z_1——条料与导料板间的间隙，见表2.2。

③采用侧刃装置时条料的宽度与导料板间距离如图2.20所示。

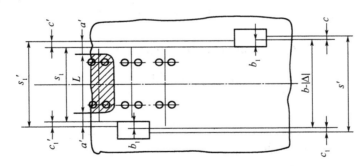

图2.20 采用侧刃装置时条料的宽度与导料板间距离

$$B = L + 2a' + nb_1 = L + 1.5a + nb_1 \quad (a' = 0.75a) \tag{2.5}$$

$$s' = L + 1.5a + nb_1 + 2c_1 \tag{2.6}$$

$$s'_1 = L + 1.5a + 2c'_1 \tag{2.7}$$

式中　B——条料宽度的基本尺寸；

　　　L——制件垂直于送料方向的基本尺寸；

　　　n——侧刃数(个)；

b_1——侧刃裁切宽度,见《冲压手册》中表 2 – 22;

s_1——侧刃冲切后的条料宽度;

s'——导尺间距离;

s'_1——侧刃冲切后的导尺间距离;

c、c_1——送料最小间隙,见《冲压手册》中表 2 – 21;

c'、c'_1——冲裁后条料宽度与导尺间的间隙,见《冲压手册》中表 2 – 22;

a——侧面搭边值。

(2)材料利用率的计算。

材料利用率为冲裁件的实际面积与所用板料面积的百分比,它是衡量合理利用材料的经济性指标。

一个步距内的材料利用率如图 2.21 所示。

$$\eta = \frac{A}{BS} \times 100\% \tag{2.8}$$

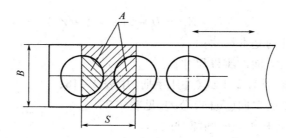

图 2.21　一个步距内的材料利用率

一张板料(或带料、条料)内总的材料利用率如图 2.22 所示。

$$\eta = \frac{nA}{LB} \times 100\% \tag{2.9}$$

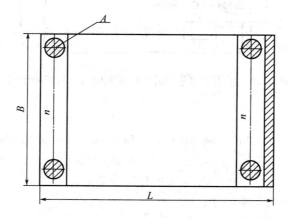

图 2.22　一张板料内总的材料利用率

板料的裁剪方法如图 2.23 所示。

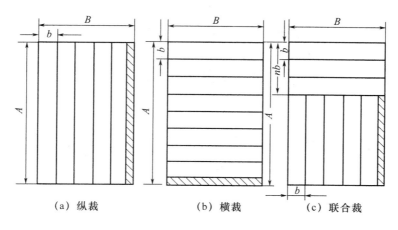

（a）纵裁　　　　　（b）横裁　　　　　（c）联合裁

图 2.23　板料的裁剪方法

提高材料利用率的方法如下。

①减少工艺废料的有力措施。

设计合理的排样方案,选择合适的板料规格和合理的裁板法:减少料头、料尾和边余料;利用废料制作小零件。

②利用结构废料的措施。

a. 当材料和厚度相同时,在尺寸允许的情况下,较小尺寸冲件可在较大尺寸冲件的废料中冲制出来。

b. 在使用条件许可时,也可以改变零件的结构形状,提高材料利用率,如图 2.24 所示。

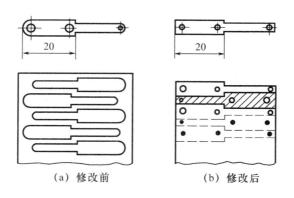

（a）修改前　　　　　（b）修改后

图 2.24　排样方法

4. 排样图

一张完整的排样图应标注条料宽度尺寸 $B_{-\Delta}^{0}$、条料长度 L、端距 l、步距 S、工件间搭边 a_1 和侧搭边 a,并习惯以剖面线表示冲压位置,如图 2.25 所示。

19

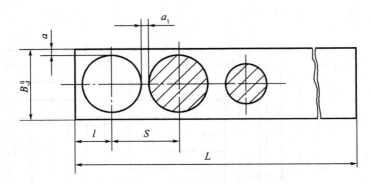

图 2.25　排样图及需要标注的尺寸

5. 模具压力中心的计算

模具的压力中心指模具冲压力合力的作用点。要求冲压时,其压力中心应与压力机滑块中心重合。这样可以避免模具在工作中产生偏弯矩而发生歪斜,加速模具导向机构的不均匀;也保证凸、凹模间隙的一致,从而保证制件质量和延长模具寿命。

压力中心的计算方法。

(1)简单形状的零件压力中心的计算。

①对称形状的零件压力中心位于刃口轮廓图形的几何中心上,如图 2.26 所示。

②直线段的压力中心位于直线段的中心。

③等半径的圆弧段的压力中心,位于任意角 2α 角平分线上,且距离圆心为 x_0 的点上,如图 2.27 所示。

$$x_0 = r\sin\alpha/\alpha \qquad\qquad (2.10)$$

式中　α——弧度(rad)。

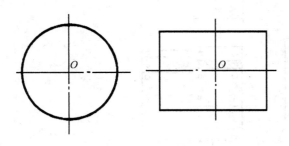

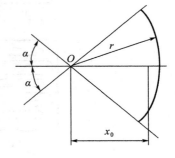

图 2.26　对称形状零件的压力中心　　　　图 2.27　等半径的圆弧的压力中心

(2)复杂形状冲裁件压力中心的计算。

复杂形状冲裁件的压力中心如图 2.28 所示。

计算步骤:

①选定坐标系。

②计算各轮廓的长度或冲压力。

③计算各轮廓中心或冲压力中心的坐标值。

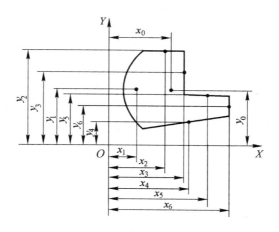

图 2.28　复杂形状冲裁件的压力中心

④根据力矩原理计算压力中心。

$$
\left.
\begin{aligned}
x_0 &= \frac{l_1 x_1 + l_2 x_2 + \cdots + l_n x_n}{l_1 + l_2 + \cdots + l_n} \\
y_0 &= \frac{l_1 y_1 + l_2 y_2 + \cdots + l_n y_n}{l_1 + l_2 + \cdots + l_n}
\end{aligned}
\right\}
\tag{2.11}
$$

（3）多凸模模具压力中心的计算。

确定多凸模模具的压力中心如图 2.29 所示。

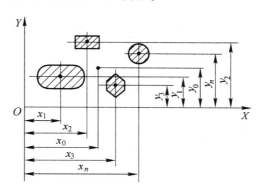

图 2.29　多凸模模具的压力中心

计算步骤：

确定多凸模模具的压力中心是将各凸模的压力中心确定后,再计算模具的压力中心。

$$
\left.
\begin{aligned}
x_0 &= \frac{F_1 x_1 + F_2 x_2 + \cdots + F_n x_n}{F_1 + F_2 + \cdots + F_n} \\
y_0 &= \frac{F_1 y_1 + F_2 y_2 + \cdots + F_n y_n}{F_1 + F_2 + \cdots + F_n}
\end{aligned}
\right\}
\tag{2.12}
$$

6. 冲压力

冲压力是冲裁力、卸料力、推件力和顶料力的总称,如图 2.30 所示。

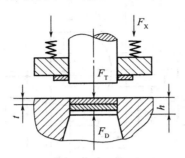

图 2.30　冲压力示意图

(1)冲裁力指凸、凹模使材料产生分离所需的力。

计算公式为

$$F = KLt\tau \tag{2.13}$$

式中　F——冲裁力(N);

L——冲裁件周边长度;

K——冲压系数,一般取 $K = 1.3$,K 值与冲裁间隙、模具刃口锋利程度、压力机状况、模具润滑情况及模具设计安全系数等有关;

t——材料厚度;

τ——材料抗剪强度(MPa)。

(2)卸料力(F_X)指从凸模上卸下箍着的材料所需要的力。

$$F_X = K_X F \tag{2.14}$$

式中　K_X——卸料力系数,见表 2.3。

(3)推件力(F_T)指将梗塞在凹模内的材料顺冲裁方向推出所需要的力。

$$F_T = nK_T F \tag{2.15}$$

式中　K_T——推料力系数,见表 2.3;

n——同时卡在凹模内的冲裁件(或废料)数。

(4)顶件力(F_D)指逆冲裁方向将材料从凹模内顶出所需要的力。

$$F_D = K_D F \tag{2.16}$$

式中　K_D——顶料力系数,见表 2.3。

(5)总冲压力(F_Σ)。

①采用弹性卸料和上出料方式时

$$F_\Sigma = F + F_X + F_D \tag{2.17}$$

②采用刚性卸料和下出料方式时

$$F_\Sigma = F + F_T \tag{2.18}$$

③采用弹性卸料和下出料方式时

$$F_{\Sigma} = F + F_{X} + F_{T} \qquad (2.19)$$

（6）压力机公称压力的选择。

冲裁时,压力机的公称压力必须大于或等于总冲压力 F_{Σ} ,即

$$F_{Y} \geqslant F_{\Sigma}$$

式中　F_{Y}——压力机的公称压力；

　　　F_{Σ}——总冲压力。

$$F_{\Sigma} = F + F_{X} + F_{T} + F_{D} \qquad (2.20)$$

F_{X}、F_{T}、F_{D} 并不是与 F 同时出现,计算总冲压力时只加与 F 同一瞬间出现的力即可。

表 2.3　K_{X}、K_{T}、K_{D} 的值

材料及厚度/mm		K_{X}	K_{T}	K_{D}
铜	≤0.1	0.065 ~ 0.075	0.1	0.14
	0.1 ~ 0.5	0.045 ~ 0.065	0.063	0.08
	0.5 ~ 2.5	0.004 ~ 0.005	0.055	0.06
	2.5 ~ 6.5	0.003 ~ 0.004	0.045	0.05
	>6.5	0.002 ~ 0.003	0.025	0.03
铝、铝合金、		0.025 ~ 0.08	0.03 ~ 0.07	
紫铜、黄铜		0.02 ~ 0.06	0.03 ~ 0.09	

2.1.3　冲裁模刃口的有关计算

1. 冲裁间隙

冲裁间隙是冲裁的凸模与凹模刃口之间的间隙。

单面间隙是凸模与凹模每一侧的间隙（c）。

双面间隙是凸模与凹模两侧间隙之和（Z）。

单面冲裁间隙值的确定方法如下。

（1）查表法。

根据研究与实际生产经验,冲裁间隙值可按要求分类查表确定。对于尺寸精度、断面质量要求高的冲裁件应选用较小间隙值（表2.4）,这时冲裁力与模具寿命作为次要因素考

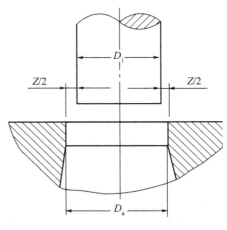

图 2.31　冲裁间隙

虑;对于尺寸精度和断面质量要求不高的冲裁件,在满足冲裁件要求的前提下,应以降低

冲裁力、提高模具寿命为主,选用较大的双面间隙值(表2.5)。

表2.4 冲裁模初始双面间隙(电器仪表行业常用)   mm

材料厚度 t	软铝		纯铜、黄铜、软钢 $w=(0.08\sim0.2)\%$		杜拉铝、中等硬度钢 $w=(0.3\sim0.4)\%$		硬钢 $w=(0.5\sim0.6)\%$	
	Z_{min}	Z_{max}	Z_{min}	Z_{max}	Z_{min}	Z_{max}	Z_{min}	Z_{max}
0.2	0.008	0.012	0.010	0.014	0.012	0.016	0.014	0.018
0.3	0.012	0.018	0.015	0.021	0.018	0.024	0.021	0.027
0.4	0.016	0.024	0.020	0.028	0.024	0.032	0.028	0.036
0.5	0.020	0.030	0.025	0.035	0.030	0.040	0.035	0.045
0.6	0.024	0.036	0.030	0.042	0.036	0.048	0.042	0.054
0.7	0.028	0.042	0.035	0.049	0.042	0.056	0.049	0.063
0.8	0.032	0.048	0.040	0.056	0.048	0.064	0.056	0.072
0.9	0.036	0.054	0.045	0.063	0.054	0.072	0.063	0.081
1.0	0.040	0.060	0.050	0.070	0.060	0.080	0.070	0.090
1.2	0.050	0.084	0.072	0.096	0.084	0.108	0.096	0.120
1.5	0.075	0.105	0.090	0.120	0.105	0.135	0.120	0.150
1.8	0.090	0.126	0.108	0.144	0.126	0.162	0.144	0.180
2.0	0.100	0.140	0.120	0.160	0.140	0.180	0.160	0.200
2.2	0.132	0.176	0.154	0.198	0.176	0.220	0.198	0.242
2.5	0.150	0.200	0.175	0.225	0.200	0.250	0.225	0.275
2.8	0.168	0.225	0.196	0.252	0.224	0.280	0.252	0.308
3.0	0.180	0.240	0.210	0.270	0.240	0.300	0.270	0.330
3.5	0.245	0.315	0.280	0.350	0.315	0.385	0.350	0.420
4.0	0.280	0.360	0.320	0.400	0.360	0.440	0.400	0.480
4.5	0.315	0.405	0.360	0.450	0.405	0.490	0.450	0.540
5.0	0.350	0.450	0.400	0.500	0.450	0.550	0.500	0.600
6.0	0.480	0.600	0.540	0.660	0.600	0.720	0.660	0.780
7.0	0.560	0.700	0.630	0.770	0.700	0.840	0.770	0.910
8.0	0.720	0.880	0.800	0.960	0.880	1.040	0.960	1.120
9.0	0.870	0.990	0.900	1.080	0.990	1.170	1.080	1.260
10.0	0.900	1.100	1.000	1.200	1.100	1.300	1.200	1.400

注:①初始间隙的最小值相当于间隙的公称数值

②初始间隙的最大值是考虑到凸模和凹模的制造公差所增加的数值

③在使用过程中,由于模具工作部分的磨损,间隙将有所增加,因而间隙的使用最大数值会超过表中所列数值

④w 为碳的质量分数,用其表示钢中的含碳量

表 2.5　冲裁模初始双面间隙(汽车行业常用)　　　　　　　　mm

材料厚度 t	08、10、35、Q295、Q235A		Q345		40、50		65Mn	
	Z_{min}	Z_{max}	Z_{min}	Z_{max}	Z_{min}	Z_{max}	Z_{min}	Z_{max}
小于 0.5	极小间隙							
0.5	0.040	0.060	0.040	0.060	0.040	0.060	0.040	0.060
0.6	0.048	0.720	0.048	0.072	0.048	0.072	0.048	0.072
0.7	0.064	0.092	0.064	0.092	0.064	0.092	0.064	0.092
0.8	0.072	0.104	0.072	0.104	0.072	0.104	0.064	0.092
0.9	0.090	0.126	0.090	0.126	0.090	0.126	0.090	0.126
1.0	0.100	0.140	0.100	0.140	0.100	0.140	0.090	0.126
1.2	0.126	0.180	0.132	0.180	0.132	0.180		
1.5	0.132	0.240	0.170	0.240	0.170	0.230		
1.75	0.220	0.320	0.220	0.320	0.220	0.320		
2.0	0.246	0.360	0.260	0.380	0.260	0.380		
2.1	0.260	0.380	0.280	0.400	0.280	0.400		
2.5	0.360	0.500	0.380	0.540	0.380	0.540		
2.75	0.400	0.560	0.420	0.600	0.420	0.600		
3.0	0.460	0.640	0.480	0.660	0.480	0.660		
3.5	0.540	0.740	0.580	0.780	0.580	0.780		
4.0	0.640	0.880	0.680	0.920	0.680	0.920		
4.5	0.720	1.000	0.680	0.960	0.780	1.040		
5.5	0.940	1.280	0.780	1.100	0.980	1.320		
6.0	1.080	1.440	0.840	1.200	1.140	1.500		
6.5			0.940	1.300				
8.0			1.200	1.680				

注:冲裁皮革、石棉和纸板时,间隙取 08 钢的 25%

需要指出的是,当模具采用线切割加工,若直接从凹模中制取凸模,此时凸、凹模间隙决定于电极丝直径、放电间隙和研磨量,但其总和不能超过最大双面初始间隙值(表2.4)。

(2)计算法。

$$c = (kt\tau \times 10^{-4})_0^{0.02t} \qquad (2.21)$$

式中　$0.02t$——冲裁间隙公差;

  k——冲裁间隙系数,一般冲件 $k = 3$,精密冲件 $k = 1$。

（3）经验法。

沈阳某企业取 $Z = (15\% \sim 17\%)t$。

2. 冲裁模凸、凹模型面工作尺寸计算与标注

方法一：基准型面法——适用于单工序冲模。

方法二：尺寸转换法（相关型面法）——适用于复合冲裁模或连续（级进）模。

方法三：全注公差法（独立制造）——适用于有较高制造精度时。

（1）确定工作尺寸时应考虑的因素。

工作尺寸是冲压件尺寸在冲切型面的反映,确定凸、凹模型面工作尺寸时应考虑下列因素。

①冲压件尺寸的类别与精度。

②模具的合理加工精度。

③模具加工中可能出现的超差和补救措施。

④模具（长期使用）磨损产生的尺寸变化。

⑤冲裁后制件尺寸与型面工作尺寸的差别。

（2）尺寸分类及基准型面与冲件尺寸的关系。

①尺寸分类的意义及各类尺寸的表示方法。

a. 仿照轴、孔、长度尺寸的规定可将尺寸分为三种类型,即外形尺寸、内形尺寸和长度尺寸。外形尺寸的上偏差及内形尺寸的下偏差均应为零；长度尺寸应正负偏差对称分布。冲压零件图纸如果已标明公差,但其分布不符合上述原则时,则应在计算凸、凹模工作尺寸之前予以改注。如何区分尺寸的类型可参见图 2.32,其中 A 表示外形尺寸,B 表示内形尺寸,H 表示长度尺寸。A_1、B_1、B_5、H_4 公差分布符合上述原则,其余尺寸公差分布是根据产品的需要确定的。如果要符合各类公差分布原则,应予以改写。改写时其名义尺寸可以改变,但公差的大小应保持原值。下面列出部分经改写后的尺寸。

$$A_2 = 9.2_{-0.15}^{0}, \quad A_4 = 10.05_{-0.1}^{0}, \quad B_2 = 2.85_{+0}^{+0.10},$$
$$H_2 = 8.075 \pm 0.075, \quad H_3 = 1.95 \pm 0.05$$

图 2.32 所示部分尺寸未标明公差,一般可查阅产品图有关自由公差的要求（此例自由公差为 IT12）,否则可按照 IT14 标准公差值选取,公差分布应符合上述原则。

尺寸类型不同,则在加工模具中形成的超差方向不同,而且此种超差难以修复。冲件的外形尺寸反映在模具上则是内形尺寸,其不易弥补的超差和磨损则使工件尺寸加大,冲件的内形尺寸与之相反；冲件的长度尺寸与模具相应的长度尺寸一致,一般不随磨损而改变。上述规定有利于避免加工中产生不易修复的超差；而避免磨损超差则需在模具尺寸取值时解决。

b. 根据冲压工序的性质,可将冲裁尺寸分为落料尺寸、冲孔尺寸和表达孔位置的位置尺寸（这三类尺寸中都可含外形、内形、长度尺寸）。尺寸类型不同,则其在模具上的基准型面不同。

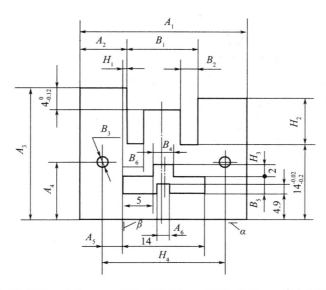

材料:A3,料厚:$t = 1.0$ mm,$\tau = 303 \sim 373$ MPa,$c = 0.06 \sim 0.08$ mm,自由公差 IT12

$A_1 = 30 _{-0.21}^{0}$,$A_2 = 9 _{+0.05}^{+0.2}$,$A_3 = 24 \pm 0.1$,$A_4 = 10 \pm 0.05$,$A_5 = 4$,$A_6 = 2$,$B_1 = 12 _{0}^{+0.18}$,$B_2 = 3 _{-0.15}^{-0.05}$,

$B_3 = \phi 3 _{+0.1}^{+0.2}$,$B_4 = 4 \pm 0.06$,$B_5 = 3 _{0}^{+0.025}$,$B_6 = 3.5$,$H_1 = 0.5$,$H_2 = 8 _{0}^{+0.15}$,$H_3 = 2 _{-0.1}^{0}$,$H_4 = 21 \pm 0.1$

图 2.32　垫片工序草图

②凸、凹模型面尺寸与冲件尺寸的关系。

由冲裁原理可知,冲裁件的任一尺寸都取决于凸模与凹模的型面工作尺寸。其中,落料尺寸取决于凹模;冲孔尺寸取决于凸模;位置尺寸取决于冲孔凸模和落料凹模或冲孔凸模和另一冲孔凸模的相对位置。这些起决定作用的型面即为基准型面,其尺寸大致等于冲件尺寸(随冲裁间隙的不同而有一定差别)。与基准型面相配合的相关型面,两者差一间隙值,相关型面反映了冲裁断面的斜度。

(3)型面尺寸计算与三种刃口尺寸的计算方法。

计算模具型面工作尺寸,首先应计算出基准型面尺寸。在具体给定模具型面尺寸时,可以采用基准型面法、尺寸转换法和全注公差法三种方法。

基准型面工作尺寸计算公式:

冲件外形尺寸为 $A _{-\Delta}^{0}$,基准型面工作尺寸为

$$a _{0}^{+\delta} = (A - 0.75\Delta) _{0}^{+\delta} \tag{2.22}$$

冲件内形尺寸为 $B _{0}^{+\Delta}$,基准型面工作尺寸为

$$b _{-\delta}^{0} = (B + 0.75\Delta) _{-\delta}^{0} \tag{2.23}$$

冲件长度尺寸为 $H \pm \dfrac{\Delta}{2}$,基准型面工作尺寸为

$$h \pm \frac{\delta}{2} = H \pm \frac{\delta}{2} \tag{2.24}$$

式中　δ——模具制造公差。

模具公差的取值方向亦应根据尺寸的类型决定。当凸、凹模单独制造时,两者公差值之和应小于冲裁间隙的允许变化范围,否则应在合理的加工精度范围内缩小公差值或采用配间隙法来保证所要求的冲裁间隙。系数 0.75 的选取是考虑到凸、凹模的制造公差取向、工作型面在使用中的磨损及制造产生超差后的使用与返修。对于冲件精度要求较高、模具公差值 $\Delta/4$ 难以保证者,可将系数 0.75 加大直至 1,以便在冲件精度允许范围内加大模具制造公差并仍留有一定的磨损量。值得提出的是,近年来由于数控加工机床的逐渐采用,其精度已达微米级,因而在给定图纸尺寸时几乎已不再考虑制造公差的影响。

①基准型面法。$\left(\delta = \dfrac{\Delta}{4}\right)$

基准型面尺寸为

$$a^{+\delta}_{\ 0} = (A - 0.75\Delta)^{+\delta}_{\ 0}$$
$$b^{\ 0}_{-\delta} = (B + 0.75\Delta)^{\ 0}_{-\delta}$$
$$h \pm \frac{\delta}{2} = H \pm \frac{\delta}{2}$$

相关型面尺寸:$*a$、$*b$、$*h$。

当基准型面尺寸给定后,其相关型面可仅给出与基准型面一致的名义尺寸,在技术要求中注明相关型面按基准型面配单面冲裁间隙多少即可。采用此种方法,凸、凹模需要修配。如采用较精密的机械或电加工手段,则两相关件可独立加工,仅留很小的研磨量。

②尺寸转换法。$\left(\delta = \dfrac{\Delta}{4}\right)$

在连续或复合冲裁模具中涉及孔至冲件边的位置尺寸。该尺寸的基准型面分布在一对组合件上,难以依靠机床的加工精度保证;而它们的落料和冲孔尺寸的相关型面采用配间隙法时也得相互来回配,加工麻烦。为此,常将基准型面尺寸全部转换到连续模的凹模或复合模的凸、凹模上,并标注公差。转换时,应保证转换前后的尺寸仅相差一最小冲裁间隙值。转换公式如下。

相关型面尺寸为

$$a'' = (a + \delta - 2c_{\min})^{\ 0}_{-\delta} \qquad (2.25)$$
$$b'' = (b - \delta + 2c_{\min})^{+\delta}_{\ 0} \qquad (2.26)$$
$$h'' = H \pm \frac{\delta}{2} \qquad (2.27)$$

原基准型面:$*a''$,$*b''$,$*h''$名义尺寸与相关型面一致。

技术要求:基准型面尺寸按相关型面(凸或凹模)配单面间隙 xxx ~ xxx。

注意:配制时如按最大间隙配,则配出的基准型面尺寸可能使冲件尺寸超差,所以必须校核之。如超差,则应提高间隙(0.1 ~ 0.2 mm 改为 0.1 ~ 0.12 mm)精度或系数 0.75(加大到 0.8),保证冲件不超差且有一定磨损量。当冲件尺寸公差过小时,不适宜进行尺寸转换。

③全注公差法。

当加工手段较为精密,可直接保证尺寸及冲裁间隙公差时,可在凸、凹模上分别标注公差。

基准型面尺寸为

$$a_0^{+\delta} = (A - 0.75\Delta)_0^{+\delta}$$
$$b_{-\delta}^{0} = (B + 0.75\Delta)_{-\delta}^{0}$$
$$h \pm \frac{\delta}{2} = H \pm \frac{\delta}{2}$$

相关型面尺寸计算公式为

$$a' = (a - 2c_{\min})_{-\delta}^{0} \tag{2.28}$$
$$b' = (b + 2c_{\min})_{0}^{+\delta} \tag{2.29}$$
$$h' = h \pm \frac{\delta}{2} \tag{2.30}$$

当 $\delta_{\mathrm{d}} + \delta_{\mathrm{p}} \geqslant 2\Delta c$ 时（δ_{d} 为凹模模具制造公差；δ_{p} 为凸模模具制造公差），间隙值会超差，一般取 $\delta_{\mathrm{d}} = \delta_{\mathrm{p}} = \Delta c = 0.02t$。

采用该种方法，通常需要提高型面的制造精度，否则冲裁间隙值极易超差，尤其是涉及落料或冲孔尺寸中的长度尺寸，必须进行冲裁间隙的校核。必要时提高制造精度或在技术条件中注明两者尺寸要求一致，最终用研配加以解决。对于单向冲裁面，式中单面冲裁间隙 c 不乘 2。

【例 2.1】　如图 2.33 所示为有配合关系的一般冲件，求其凸、凹模尺寸（用三种方法）。

解：此件为落料件。

（一）冲件尺寸

标准形式 $20 \pm 0.1 \rightarrow 20.1_{-0.2}^{0}$，公差 $\Delta = 0.2$，

$\tau = 200\ \mathrm{MPa}, t = 1$（$\pm 0.1$ 是上下偏差，0.2 是公差大小）。

（二）冲裁间隙（一般冲件 $k = 3$）

$$c = (kt\tau \times 10^{-4})_0^{0.02t} = (3 \times 200 \times 1 \times 10^{-4})_0^{+0.02}$$
$$= 0.06_0^{+0.02}$$

（三）基准型面尺寸

$20.1_{-0.2}^{0}$ 为落料尺寸，基准型面在凹模上。

所以凹模尺寸 $a_0^{+\delta} = (A - 0.75\Delta)_0^{+\delta} = 19.95_0^{+\delta} = (20.1 - 0.75 \times 0.2)_0^{+\delta}$。

（四）模具型面尺寸

1. 配间隙法（取 $\delta = \dfrac{\Delta}{4} = 0.05$）

（1）基准型面法。

①凹模尺寸为 $19.95_0^{+0.05}$。

②凸模尺寸为 $*19.95$。

技术要求：带 $*$ 尺寸按凹模配单面间隙 $0.06 \sim 0.08$。

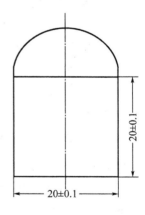

料厚 $t = 1$，抗剪强度 200 MPa

图 2.33　冲件图（例 2.1）

（2）尺寸转换法。

①凸模尺寸 $a'' = (a + \delta - 2c_{\min})_{-\delta}^{0} = (19.95 + 0.05 - 2 \times 0.06)_{-0.05}^{0} = 19.88_{-0.05}^{0}$

$(a'' = (a + \delta - 2c_{\min})_{-\delta}^{0} = 19.94_{-0.05}^{0})$，$Y$ 向 20 ± 0.1 尺寸是单面间隙。

②凹模尺寸为 $*19.88(*19.94)$。

技术要求：带 $*$ 尺寸按凸模配单面冲裁间隙 $0.06 \sim 0.08$。

尺寸校核：如果凸模为 19.88，凹模按凸模配单面间隙 0.08，则凹模为 $19.88 + 2 \times 0.08 = 20.04$，即冲件尺寸为 20.04，符合冲件 20 ± 0.1 的要求，且有磨损量 0.06。

2. 全注公差法

取 $\delta = 0.02t = 0.02$，$\delta_d + \delta_p = 0.04 \leqslant 2\Delta c = 0.04$

（1）凹模尺寸为 $19.95_{0}^{+0.02}$。

（2）凸模尺寸 $a' = (a - 2c_{\min})_{-\delta}^{0} = (19.95 - 2 \times 0.06)_{-0.02}^{0} = 19.83_{-0.02}^{0}$

$\qquad (a' = (a - c_{\min})_{-\delta}^{0} = (19.95 - 0.06)_{-0.02}^{0} = 19.89_{-0.02}^{0})$

【例 2.2】 如图 2.34 所示为有配合关系的一般冲件，求其凸、凹模尺寸（用三种方法）。

解：此件为冲孔件。

（一）冲件尺寸标准形式

20 ± 0.1 为内形尺寸，改为 $19.90_{0}^{+0.2}(\Delta = 0.2)$。

（二）冲裁间隙

冲裁间隙同前，为 $0.06 \sim 0.08$。

（三）基准型面尺寸

$19.90_{0}^{+0.2}$ 为冲孔尺寸，基准型面在凸模。

所以模尺寸 $b_{-\delta}^{0} = (B + 0.75\Delta)_{-\delta}^{0} = (19.9 + 0.75 \times 0.2)_{-\delta}^{0} = 20.05_{-\delta}^{0}$。

（四）模具型面尺寸

1. 配间隙法

（1）基准型面法（取 $\delta = \dfrac{\Delta}{4} = 0.05$）。

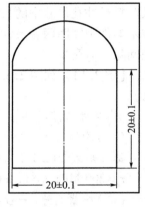

料厚 $t = 1$，抗剪强度 200 MPa

图 2.34 冲件图（例 2.2）

①凸模尺寸为 $20.05_{-0.05}^{0}$。

②凹模尺寸为 $*20.05$。

技术要求：带 $*$ 尺寸按凸模配单面冲裁间隙 $0.06 \sim 0.08$。

（2）尺寸转换法。

①凹模尺寸 $b'' = (b - \delta + 2c_{\min})_{0}^{+\delta} = (20.05 - 0.05 + 2 \times 0.06)_{0}^{+0.05}$。

②凸模尺寸为 $*20.12$。

技术要求：带 $*$ 尺寸按凹模配单面冲裁间隙 $0.06 \sim 0.08$。

尺寸校核：如凹模尺寸为 20.12，凸模按凹模配单面间隙 0.08，则凸模尺寸为 19.96，符合冲件 20 ± 0.1 要求，且有 0.06 磨损量。

2. 全注公差法，取 $\delta = 0.02t = 0.02$，$\delta_b + \delta_p = 0.04 \leqslant 2\Delta c = 0.04$。

（1）凸模尺寸为 $20.05_{-0.02}^{0}$。

（2）凹模尺寸 $b' = (b + 2c_{\min})_0^{+\delta} = (20.05 + 2 \times 0.06)_0^{+0.02} = 20.17_0^{+0.02}$。

【例 2.3】　计算图 2.32 所示零件冲裁型面尺寸，要求用三种方法进行计算。落料尺寸 $A_2 = 9.2_{-0.15}^0$，$B_2 = 2.85_0^{+0.10}$，$H_2 = 8.075 \pm 0.075$，冲孔尺寸为 $A_6 = 2_{-0.1}^0$，$B_5 = 3_0^{+0.025}$，$H_3 = 1.95 \pm 0.05$，位置尺寸为 $A_4 = 10.05_{-0.1}^0$，$B_6 = 3.5_0^{+0.12}$，$H_1 = 0.5 \pm 0.05$。

解：

图示零件 A 为外形尺寸，B 为内形尺寸，H 为长度尺寸，上述三类尺寸均出现在落料尺寸、冲孔尺寸和位置尺寸中。

（一）落料尺寸

落料尺寸的基准型面均在凹模上，现计算凹模尺寸及相关件尺寸。

凹模尺寸，依公式（2.8）~（2.10）计算

$$A_2 = 9.2_{-0.15}^0, \quad a_2 = (9.2 - 0.75 \times 0.15)_0^{+\delta} = 9.08_0^{+\delta}$$

$$B_2 = 2.85_0^{+0.10}, \quad b_2 = (2.85 + 0.75 \times 0.1)_{-\delta}^0 = 2.92_{-\delta}^0$$

$$H_2 = 8.075 \pm 0.075, \quad h_2 = 8.075 \pm \frac{\delta}{2}$$

1. 基准型面法 $\left(\text{取 } \delta = \dfrac{\Delta}{4}\right)$

（1）凹模尺寸。

$$a_2 = (9.2 - 0.75 \times 0.15)_0^{\delta} = 9.08_0^{+0.04}$$

$$b_2 = (2.85 + 0.75 \times 0.1)_{-\delta}^0 = 2.92_{-0.03}^0$$

$$h_2 = 8.075 \pm \frac{\delta}{2} = 8.075 \pm 0.02$$

（2）凸凹模尺寸。

$*9.08$，$*2.92$，$*8.075$ 均按凹模相关面配单面间隙 $0.06 \sim 0.08$。

2. 尺寸转换法 $\left(\text{取 } \delta = \dfrac{\Delta}{4}\right)$

（1）凸、凹模尺寸。

$$a''_2 = (a_2 + \delta - 2c_{\min})_{-\delta}^0 = (9.08 + 0.04 - 2 \times 0.06)_{-0.04}^0 = 9.00_{-0.04}^0$$

$$b''_2 = (b_2 - \delta + 2c_{\min})_0^{+\delta} = (2.92 - 0.03 + 2 \times 0.06)_0^{+0.03} = 3.01_0^{+0.03}$$

$$h''_2 = H_2 \pm \frac{\delta}{2} = 8.075 \pm 0.02$$

（2）凹模尺寸。

$*9.00$，$*3.01$，$*8.075$ 按凸凹模相关面配单面间隙 $0.06 \sim 0.08$。

凹模尺寸校核：如按单面间隙 0.08 配修凹模，则 $a_2 = 9.00 + 2 \times 0.08 = 9.16$，对照冲件尺寸 $A_2 = 9.2_{-0.15}^0$，满足要求，$b_2 = 3.01 - 2 \times 0.08 = 2.85$，对照冲件尺寸 $B_2 = 2.85_0^{+0.10}$，满足要求，$h_2 = 8.075 \pm 0.02$，对照冲件尺寸 $H_2 = 8.075 \pm 0.075$，满足要求，该法可用。

3. 全注公差法（δ 取 $0.02t$）

（1）凹模尺寸。

$$a_2 = (9.2 - 0.75 \times 0.15)_{0}^{+\delta} = 9.08_{0}^{+0.02}$$

$$b_2 = (2.85 + 0.75 \times 0.1)_{-\delta}^{0} = 2.92_{-0.02}^{0}$$

$$h_2 = 8.075 \pm \frac{\delta}{2} = 8.075 \pm 0.01$$

(2)凸凹模尺寸。

依公式(2.11)~(2.13)，为防止间隙值超差，δ 取 $0.02t$。

$$a'_2 = (a_2 - 2c_{\min})_{0}^{+\delta} = (9.08 - 2 \times 0.06)_{-\delta}^{0} = 8.96_{-0.02}^{0}$$

$$b'_2 = (b_2 + 2c_{\min})_{0}^{+\delta} = (2.92 + 2 \times 0.06)_{0}^{+\delta} = 3.04_{0}^{+0.02}$$

$$h'_2 = h_2 \pm \frac{\delta}{2} = 8.075 \pm 0.01$$

如果取 $\delta = \dfrac{\Delta}{4}$，则凹模 $a_2 = 9.08_{0}^{+0.04}$，凸凹模 $a'_2 = 8.96_{-0.04}^{0}$，最大单面冲裁间隙为 0.10，超过许用最大初始间隙值，宜改小制造公差，取 δ 取 $0.02t$。

(二)冲孔尺寸

冲孔尺寸的基准型面均在凸模上，现计算凸模尺寸及相关件尺寸。

凸模尺寸，依公式(2.8)~(2.10)计算，则

$$A_6 = 2_{-0.1}^{0}, \quad a_6 = (2 - 0.75 \times 0.1)_{0}^{+\delta} = 1.92_{0}^{+\delta}$$

$$B_5 = 3_{0}^{+0.025}, \quad b_5 = (3 + 0.75 \times 0.025)_{-\delta}^{0} = 3.018_{-\delta}^{0}$$

$$H_3 = 1.95 \pm 0.05, \quad h_3 = 1.95 \pm \frac{\delta}{2}$$

1.基准型面法$\left(\text{取 } \delta = \dfrac{\Delta}{4}\right)$

(1)凸模尺寸。

$$a_6 = (2 - 0.75 \times 0.1)_{0}^{+\delta} = 1.92_{0}^{+0.025}$$

$$b_5 = (3 + 0.75 \times 0.025)_{-\delta}^{0} = 3.018_{-0.006}^{0}$$

$$h_3 = 1.95 \pm \frac{\delta}{2} = 1.95 \pm 0.013$$

(2)凸凹模尺寸。

*1.92，*3.018，*1.95 均按凸模相关面配单面间隙 0.06~0.08。

2.尺寸转换法$\left(\text{取 } \delta = \dfrac{\Delta}{4}\right)$

(1)凸凹模尺寸。

$$a''_6 = (a_6 + \delta - 2c_{\min})_{-\delta}^{0} = (1.92 + 0.025 - 2 \times 0.06)_{-0.025}^{0} = 1.825_{-0.025}^{0}$$

$$b''_5 = (b_5 - \delta + 2c_{\min})_{0}^{+\delta} = (3.018 - 0.006 + 2 \times 0.06)_{0}^{+0.03} = 3.132_{0}^{+0.006}$$

$$h''_3 = H_3 \pm \frac{\delta}{2} = 1.95 \pm 0.013$$

(2)凸模尺寸。

*1.825，*3.132，*1.95 按凸凹模相关面配单面间隙 0.06~0.08。

凸模尺寸校核:如按单面间隙 0.08 配修凹模,则 $a_6 = 1.825 + 2 \times 0.08 = 1.985$,对照冲件尺寸 $A_6 = 2_{-0.1}^{\ 0}$,满足要求,$b_5 = 3.132 - 2 \times 0.08 = 2.972$,对照冲件尺寸 $B_5 = 3_{\ 0}^{+0.025}$,满足要求,$h_3 = 1.95 \pm 0.02$,对照冲件尺寸 $H_3 = 1.95 \pm 0.05$,该法可用。

3. 全注公差法(δ 取 $0.02t$)

(1)凸模尺寸。

$$a_6 = (2 - 0.75 \times 0.1)_{\ 0}^{+\delta} = 1.92_{\ 0}^{+0.02}$$

$$b_5 = (3 + 0.75 \times 0.025)_{-\delta}^{\ 0} = 3.018_{-0.006}^{\ 0}$$

$$h_3 = 1.95 \pm \frac{\delta}{2} = 1.95 \pm 0.01$$

(2)凸凹模尺寸。

依公式(2.11)~(2.13),为防止间隙值超差,δ 取 $0.02t$。

$$a'_6 = (a_6 - 2c_{\min})_{-\delta}^{\ 0} = (1.92 - 2 \times 0.06)_{-\delta}^{\ 0} = 1.80_{-0.02}^{\ 0}$$

$$b'_5 = (b_5 + 2c_{\min})_{\ 0}^{+\delta} = (3.018 + 2 \times 0.06)_{\ 0}^{+\delta} = 3.138_{\ 0}^{+0.02}$$

$$h'_3 = h_3 \pm \frac{\delta}{2} = 1.95 \pm 0.01$$

(三)位置尺寸

A_4 所示尺寸的基准型面是圆凸模中心和凹模相关面构成的组合面;B_6 和 H_1 所示尺寸的基准型面是型孔和凹模相关面构成的组合面,它们的基准型面尺寸应标注在装配图上。其尺寸及相关面的尺寸计算如下。

组合尺寸为

$$A_4 = 10.05_{-0.1}^{\ 0}, \quad a_4 = (10.05 - 0.75 \times 0.1)_{\ 0}^{+\delta} = 9.98_{\ 0}^{+\delta}$$

$$B_6 = 3.5_{\ 0}^{+0.12}, \quad b_6 = (3.5 + 0.75 \times 0.12)_{-\delta}^{\ 0} = 3.59_{-\delta}^{\ 0}$$

$$H_1 = 0.5 \pm 0.05, \quad h_1 = 0.5 \pm \frac{\delta}{2}$$

1. 基准型面法 $\left(\text{取 } \delta = \dfrac{\Delta}{4}\right)$

(1)组合尺寸。

$$a_4 = (10.05 - 0.75 \times 0.1)_{\ 0}^{+\delta} = 9.98_{\ 0}^{+0.025}$$

$$b_6 = (3.5 + 0.75 \times 0.12)_{-\delta}^{\ 0} = 3.59_{-0.03}^{\ 0}$$

$$h_1 = 0.5 \pm \frac{\delta}{2} = 0.5 \pm 0.013$$

(2)凸凹模尺寸。

*1.92,*3.018,*1.95 均按合格的组装件配单面间隙 0.06~0.08(实际修配工艺使用"压印"法)。

2. 尺寸转换法 $\left(\text{取 } \delta = \dfrac{\Delta}{4}\right)$

(1)凸凹模尺寸。

$$a''_4 = (a_4 + \delta - 2c_{\min})^{\ 0}_{-\delta} = (9.98 + 0.025 - 1 \times 0.06)^{\ 0}_{-0.025} = 9.945^{\ 0}_{-0.025}$$

$$b''_6 = (b_6 - \delta + 2c_{\min})^{+\delta}_{\ 0} = (3.59 - 0.03 + 2 \times 0.06)^{+0.03}_{\ 0} = 3.68^{+0.03}_{\ 0}$$

$$h''_1 = H_1 \pm \frac{\delta}{2} = 0.5 \pm 0.013$$

（2）组合尺寸。

*9.945，*3.68，*0.5 按凸凹模相关面配单面间隙 0.06～0.08。

组合尺寸校核：如按单面间隙 0.08 配修凹模，则 $a_4 = 9.945 + 1 \times 0.08 = 10.025$，对照冲件尺寸 $A_4 = 10.05^{\ 0}_{-0.1}$，满足要求，$b_6 = 3.68 - 2 \times 0.08 = 3.52$，对照冲件尺寸 $B_6 = 3.5^{+0.12}_{\ 0}$，满足要求，$h_1 = 0.5 \pm 0.013$，对照冲件尺寸 $H_1 = 0.5 \pm 0.05$，该法可用。

3. 全注公差法（δ 取 $0.02t$）

（1）组合尺寸。

$$a_4 = (10.05 - 0.75 \times 0.1)^{+\delta}_{\ 0} = 9.98^{+0.02}_{\ 0}$$

$$b_6 = (3.5 + 0.75 \times 0.12)^{\ 0}_{-\delta} = 3.59^{\ 0}_{-0.02}$$

$$h_1 = 0.5 \pm \frac{\delta}{2} = 0.5 \pm 0.01$$

（2）凸凹模尺寸。

依公式（2.11）～（2.13），为防止间隙值超差，δ 取 $0.02t$。

$$a'_4 = (a_4 - 2c_{\min})^{\ 0}_{-\delta} = (9.98 - 1 \times 0.06)^{\ 0}_{-\delta} = 9.92^{\ 0}_{-0.02}$$

$$b'_6 = (b_6 + 2c_{\min})^{+\delta}_{\ 0} = (3.59 + 2 \times 0.06)^{+\delta}_{\ 0} = 3.71^{+0.02}_{\ 0}$$

$$h'_1 = h_1 \pm \frac{\delta}{2} = 0.5 \pm 0.01$$

（4）凸、凹模尺寸线注法。

①凹模尺寸注法。

a. 整体凹模。

通常将凹模中心与冲压件压力中心重合，从此中心引出型腔设计基准的位置尺寸线，再按机械制图国家标准尺寸注法，将计算出的型腔工作尺寸标注在图纸上。

型腔设计基准可为型面、轴线或轴线交点。图 2.32 所示零件设计基准为 α 和 β 面；图 2.35 所示零件设计基准为对称轴交点。模具型腔设计基准可与零件设计基准选取一致。

产品零件设计基准一般是根据产品装配需要选定，型腔设计基准与零件设计基准选择一致时易于保证冲压件精度，但有时不便于模具加工与测量。如图 2.36 所示零件为一电机定子冲件，其中 $\phi 18^{+0.1}_{\ 0}$ 中心为电机转子轴中心线，亦为定子装配后的中心线，装配后两者应同心一致，因而该中心即为产品设计基准线。其余尺寸均从该基准标注。但以此中心作为模具设计与加工的基准会很不方便。经查阅产品装配图，尺寸所示平面为电机永磁铁装配面，亦为电机定子的装配基准。该尺寸比较关键，因而我们将该面定为模具型腔设计基准面，其余尺寸从该面引出。换算后的尺寸必须满足原产品零件图的尺寸要求。凹模工作尺寸计算及标注从略。

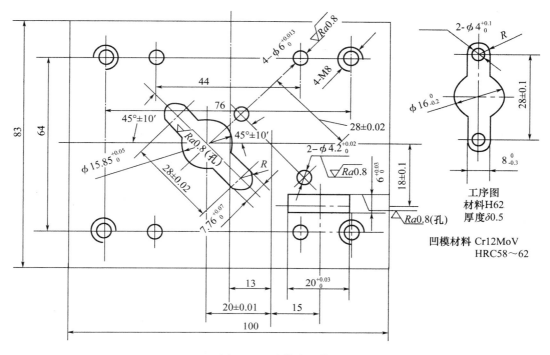

图 2.35　连接片凹模

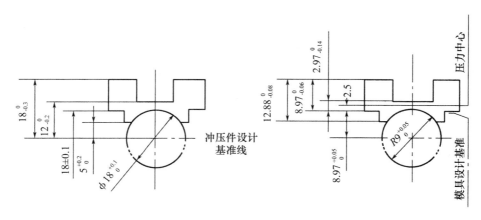

图 2.36　定子冲片工序图

b. 整体组合凹模。

通常是从整体组合的压力中心向其中的一个凹模拼合面引出尺寸线,再从此拼合面向另一个拼合面引出尺寸线,依此类推。而组合凹模中的每一块凹模都是从拼合面向该凹模型腔的设计基准引尺寸线,该型腔的其余尺寸标注同整体凹模。

c. 镶拼凹模。

由凹模拼块拼成的凹模或有镶块的凹模通常在拼块或镶块的组合图上标尺寸,其标注同整体凹模,以保证凹模组装后的精度。单个拼块的型面尺寸,可从拼合面引出尺寸线,其制造精度应满足组合后的要求;镶块尺寸可从镶拼基准面或对称轴引出尺寸线。

②凸模尺寸注法。

凸模尺寸标注类似凹模型腔,即从设计基准(面或轴线)向其他型面引尺寸,其标注法最好和相应的凹模腔一致,以便于保证冲裁间隙的均匀性。组合凸模尺寸注法与镶拼凹模类似。

③凸模和凹模型腔相对位置尺寸注法。

凸模的位置尺寸主要取决于凸模的安装定位面,后者通常设置在凸模、凸凹模固定板或卸料板上。凸模安装孔的尺寸注法类似于凹模型腔。压力中心向凸模固定板型腔设计基准(通常与凹模型腔设计基准一致)引出的位置尺寸线一般也不注公差,而是在装配时保证凸模和凹模型腔的同轴度。对于连续模来说,无论凹模还是凸模固定板,都涉及两个或两个以上的型腔。对于涉及"冲孔"之间的位置尺寸,应在凸模固定板(或卸料板)上标出公差,凹模冲孔型腔之间只注名义尺寸不注公差,而在技术条件上注明孔间距与固定板一致——此为"基准型面法"。若采用"全注公差法",难以保证间隙均匀;若采用"尺寸转换法",必须提高制造精度。对于涉及"冲孔"与"落料"之间的位置尺寸,其基准型面在凸模和凹模型腔构成的组合面上,宜采用"尺寸转换法",在凹模"落料"和"冲孔"型腔之间标尺寸及公差,固定板凸模安装孔之间只注名义尺寸,技术条件注明孔距与凹模一致。对于复合冲裁模来说,也存在上述问题,宜将尺寸转换到凸凹模上。

凸模固定板型腔如果是轴对称件,其设计基准最好放在对称轴线上。否则,即使固定板型腔与凸模刃口型面一致,转换起来也比较麻烦——凸模型面既存在与凸模固定孔型面的差异,也存在与凹模型面的差异。如图 2.32 所示 H_1 和 A_5 尺寸,分别表达了型孔与外形和圆孔之间的相对位置(实际很难保证)。它们所涉及的 B_1 和 H_4 尺寸具有共同的对称轴(也是 A_1 的对称轴),尺寸 14 所示型腔也是轴对称的。因此,在给定冲压件尺寸时宜改为标注轴线之间的距离。模具尺寸标注时,从压力中心向轴线构成的"设计基准"引出位置尺寸。改标注后的尺寸应该经校核,看是否满足原工件设计要求。

2.2　冲裁模的典型结构

2.2.1　落料模的典型结构

1.最简单的落料模

图 2.37 所示结构使用于非金属薄料冲裁。图 2.38 为该类结构模具的凸模刃口形式。

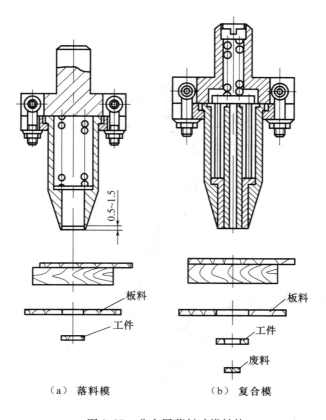

（a）落料模　　　　　　　（b）复合模

图 2.37　非金属薄料冲模结构

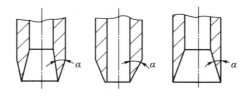

图 2.38　凸模刃口形式

2. 无导向单工序落料模

冷冲模按其有无导向装置可分为有导向装置的和无导向装置两大类。图 2.39 所示结构为无导向单工序落料模，模柄与凸模为一整体，便于制造。上模靠固定卸料板定位。凸模与凹模组成一对冲裁刃口，可用于一般金属、非金属冲裁，但不适用于冲裁间隙过小者。

特点：结构简单，固定卸料板，卸料力大。

缺点：工作不方便。无导柱、导套，导向精度差。固定卸料板，无压料，穿弯大。

适用于小批量、精度低、形状简单的冲裁件。

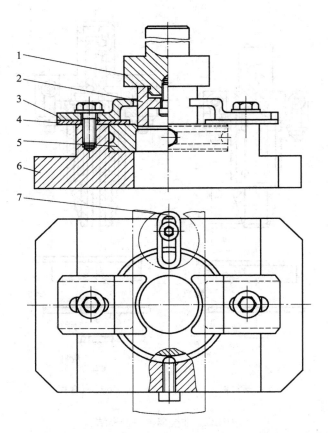

1—上模座;2—凸模;3—卸料板;4—导料板;5—凹模;6—下模座;7—定位板

图 2.39　无导向单工序落料模

3.导板式单工序落料模

有导向装置的模具按其导向装置的结构不同可分为导板导向的模具和导柱导向的模具。靠导板导向的模具俗称导板模,它是靠导板与凸模的精确配合,由导板准确地引导凸模进入(接触)凹模刃口,进行冲裁工作。图 2.40 所示为导板式单工序落料模。导板模比无导向装置的模具精度高、寿命长、安装使用容易、操作安全,但制造比较复杂,一般适用于形状简单尺寸不大的冲裁件。

4.导柱式单工序落料模

在有导向装置的模具中,导柱导向的模具用量最大,导柱式单工序落料模又可进一步细分。

$$导柱式单工序落料模典型结构\begin{cases}正装\begin{cases}下出件(图2.41,图2.42)\\上出件(图2.43)\end{cases}\\倒装打料出件(图2.44)\end{cases}$$

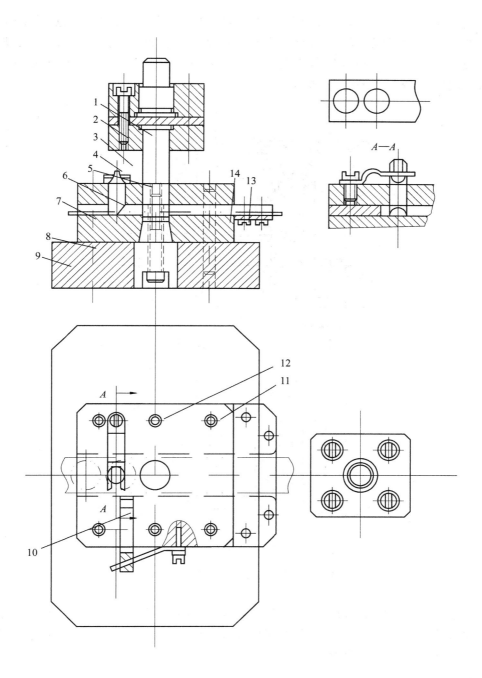

1—模柄;2—上模座;3—上垫板;4—凸模固定板;5—凸模;6—挡料销;7—固定卸料板;8—凹模;
9—下模座;10—侧压板;11—螺钉;12—销钉;13—承料板;14—导料板

图 2.40　导板式单工序落料模

图 2.41 所示为导柱导向正装下出件固定卸料板落料模,该结构的特点是采用导柱、导套的导向系统,冲裁间隙易于保证,结构简单,固定卸料板,卸料力大,加入了模架(上、下模板,导柱-导套),易装配,易保证同心度。缺点是工作不方便。但固定卸料板不压料,冲裁过程中材料不平整,穹弯大。

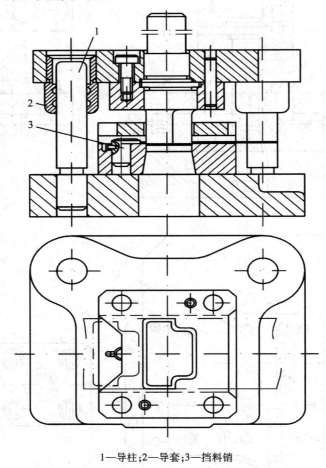

1—导柱;2—导套;3—挡料销

图 2.41 导柱导向正装下出件固定卸料板落料模

图 2.42 所示为导柱导向正装下出件弹性卸料板落料模,该结构采用导柱、导套的导向系统,冲裁间隙易于保证。开模时,卸料板随上模上升,凹模上平面敞开,便于观察与送料。采用弹性卸料板可得到较为平整的冲件。

特点:

(1)弹性卸料板置于上模,卸料力小,能压料,穹弯小。

(2)增加了行程高度限制器,起到保险和支撑的作用。

(3)增加了弹销,止转销。

(4)凹模外周边低于凹模刃口,因为刃口处平面面积小,所以可以磨得很平整;且凹模外周边低于凹模刃口,具有躲避作用,是安全装置。

（5）下出件凹模侧壁有磨损。

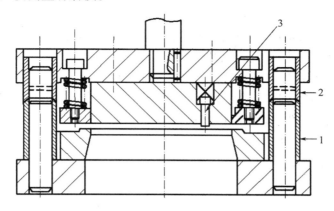

1—行程高度限制器;2—定位高度限制器;3—弹销

图 2.42　导柱导向正装下出件弹性卸料板落料模

图 2.43 所示为导柱导向正装上出件弹性卸料板落料模,该结构与下出件落料模相比,取件较为困难,但可得到更平整的制件。

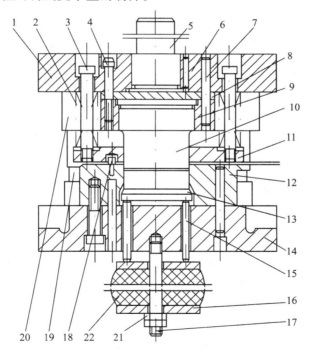

1—上模座;2—卸料弹簧;3—卸料螺钉;4—紧固螺钉;5—模柄;6—止转销;7—销钉;
8—上垫板;9—凸模固定板;10—凸模;11—卸料板;12—凹模;13—顶件块;14—下模座;
15—顶杆;16—圆板;17—螺栓;18—挡料销;19—导柱;20—导套;21—螺母;22—橡皮

图 2.43　导柱导向正装上出件弹性卸料板落料模

特点：

(1)采用了压入式模柄。

(2)采用了上出件,增加了顶件器,冲件平整且不磨损凹模。

(3)工作面敞开,利于观察,弹压卸料板可兼作压边,材料平整。

图 2.44 所示为导柱导向倒装打料出件落料模,该结构与上出件落料模类似,但采取了倒装的方式,且增加了打料机构。开模时,打料机构将冲件由上模打出,这样便于用机械手接取或用风吹走零件。此种出件方式与下出件方式都不适用于大型落料件,得到的冲件也都不如上出件落料模平整。

特点:采用了倒装式(凹模置于上模),增加了打料出件系统,不磨损凹模,适用于件大、漏料困难的情况。

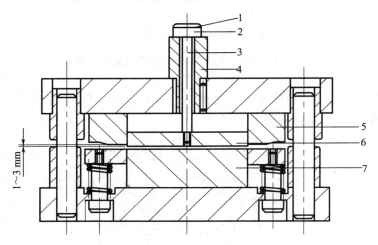

1—销子;2—挡圈;3—打料杆;4—模柄;5—凹模;6—打料板;7—凸模

图 2.44　导柱导向倒装打料出件落料模

2.2.2　切边模的典型结构

1.凸缘切边模

常用的凸缘切边模类似于落料模,也有上出件、下出件和打料出件的结构形式,但应注意解决工件的定位、切边废料的切断和冲裁毛刺的方向。

2.横向切边模

某些工件需要将立边修平整或冲出缺口,可采用图 2.45 ~ 2.47 所示的结构。图 2.45 所示的结构用于凸缘根部圆角半径较小时,冲切端面质量较差,但可以与拉深工序同时进行。图 2.46 所示的结构可获得较好的冲切端面,但需多次冲切才能完成整个端面的修边。图 2.47 所示的结构可一次完成立边的横向切边。其工作原理是:当凸模下降到一定深度时,限位柱与凹模接触,使得凸、凹模共同下降,而凹模在四块导板的作用下依次产生四个方向的水平运动,从而完成修边。对于大型零件亦可采用斜楔式修边模,但在四周应设置足够的滑块,互相不得干涉,并不留冲切死角。

3. 纵向剖切模

在成形工序中,某些对称成形件常两件一起冲压,然后剖切开。沿着纵向剖切立边的模具称为纵向剖切模,其结构如图 2.48 所示。

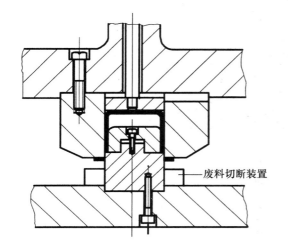
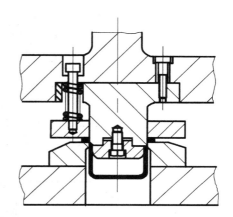

图 2.45　修边模

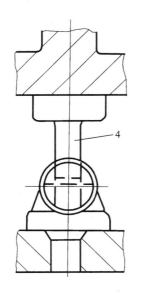
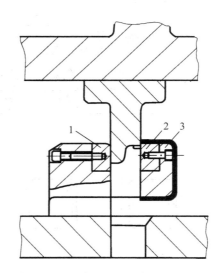

1—后挡块;2—凹模;3—成形件用的定位件;4—凸模

图 2.46　悬臂式修边模

43

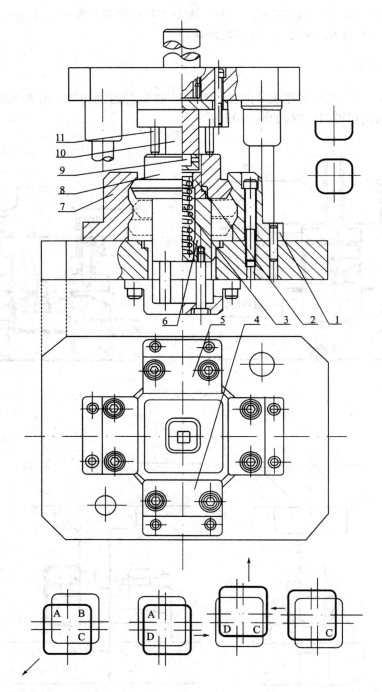

1—右导板;2—顶板;3—弹簧;4—前导板;5—后导板;6—凹模托板;
7—左导板;8—凹模;9—芯子;10—凸模;11—限位柱

图 2.47 浮动式切边模

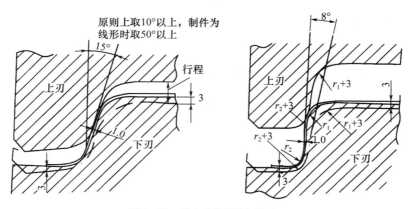

图 2.48 纵向剖切模结构图

2.2.3 冲孔模的典型结构

1.普通冲孔模

普通冲孔模类似于落料模,也有固定和弹压两种卸料板形式,但冲孔往往是在冲件上进行,所以应注意解决好制件的定位和取件的方便。图 2.49 所示为在拉深件上冲孔的模具图。

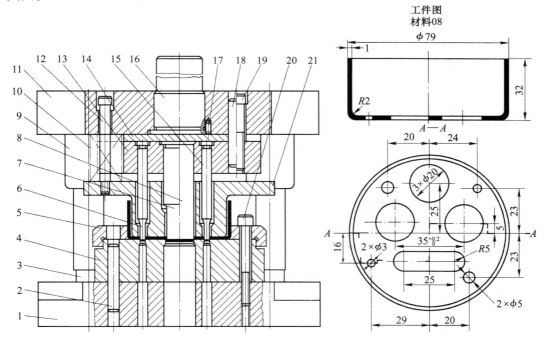

1—上模座;2、18—圆柱销;3—导柱;4—凹模;5—定位圈;6、7、8、15—凸模;9—导套;10—弹簧;11—下模座;
12—卸料螺钉;13—凸模固定板;14—垫板;16—模柄;17—止动销;19、20—内六角螺钉;21—卸料板

图 2.49 拉深件上冲孔模

2. 小孔精密冲模

对于小孔冲模,其凸模易折断,因此在结构上应予以保护。其方法是保护凸模端部,防止其失稳或移位,减小凸模长度。图 2.50 所示结构在卸料板上增加了小导柱,前者又与凸模滑配,可增加凸模刚度,对细小凸模起保护作用。小导柱可按需要设置。

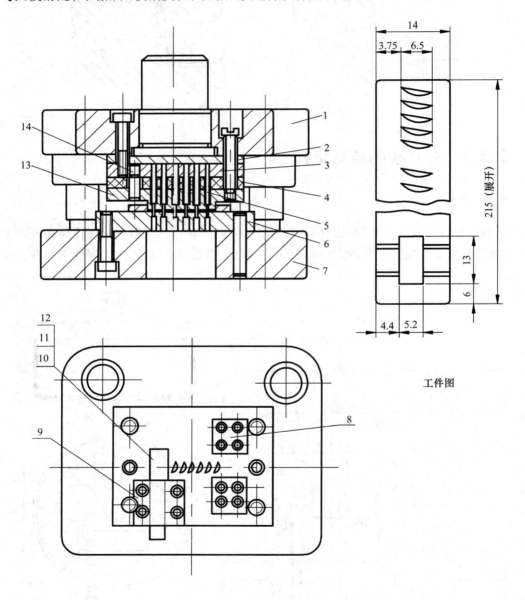

工件图

1—上模座;2—垫板;3—固定板;4—橡皮;5—凸模;6—凹模;7—下模座;8—定位板;
9—导板;10、11、12—定位板;13—卸料板;14—小导柱

图 2.50 冲孔模

图 2.51 所示结构中,起导向(对凸模)作用的卸料板与大导柱滑动配合,与小导柱(图 2.50)相比,更适合大批量生产。该结构通过可以伸缩的凸模导套,加强了对凸模的保护,从而可以更好地提高凸模刚性。凸模与凸模座可采用精度较低的松动配合。图2.51所示小孔冲模的特点是卸料板导向加在大导柱上,细小凸模加活动护套,全程保护,保护效果好,结构复杂。

当工件上分布若干小孔,相互间距又小,不适合采用加长护套时,缩短凸模长度是一种更为便捷的方法(图 2.52),加小固定板和小垫板。其缺点是凸模有效工作部分较短,使用到一定时候,必须更换凸模。

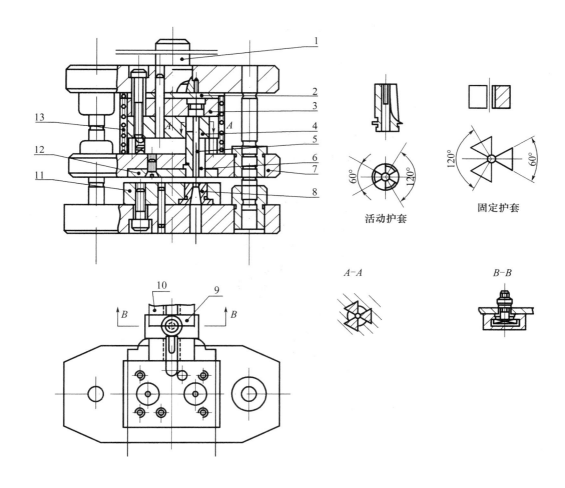

1—模柄;2—垫板;3、11—固定板;4—固定护套;5—凸模;6—活动护套;7—卸料板;
8—凹模;9—定位板;10—支持板;12—凹模固定板;13—弹簧

图 2.51　小孔冲模

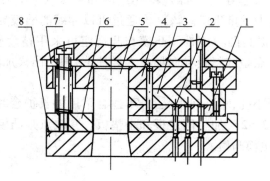

1、4—固定板;2、5—凸模;3、7—垫板;6—卸料板;8—凹模

图 2.52 中小孔凸模的设计

3.悬臂式冲孔模

图 2.53 和图 2.54 所示模具结构可以解决上、下的同心问题。图 2.53 中凹模是圆筒形,既是凹模又起定位作用,上、下凸模同时工作冲上、下孔。

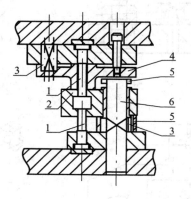

1—凸模;2—圆筒凹模;3—弹簧;4—卸料板;5—停止器;6—导柱

图 2.53 上、下同时冲孔

图 2.54 所示结构解决上、下孔同心问题,先冲上面孔,再顶废料用其作为凸模再冲下面孔,下面孔是通过上面孔的废料切出的,因此冲裁间隙尽量小,以避免下面孔过大。

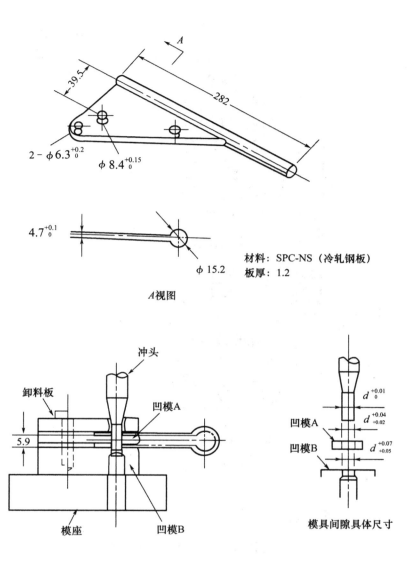

材料：SPC-NS（冷轧钢板）
板厚：1.2

图 2.54　制动杆冲孔模

4. 滑块式侧向冲孔模

该结构常用于壳体件立边的轴向多孔冲切,以保证各孔的位置。由于工件的形状及冲孔要求各异,其模具结构通常比较复杂,应注意保证滑块工作时的可靠性,如图 2.55 所示。

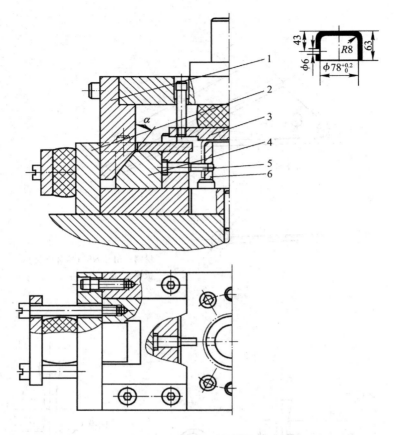

1—斜楔;2—座板;3—弹簧板;4—滑块;5—凸模;6—凹模

图 2.55　斜楔式水平冲孔模

2.2.4　复合模的典型结构

　　用于冲裁的复合模通常是指落料与冲孔同时完成的冲裁模(图 2.56 和图2.57)。其中,作为落料的凸模,又作为冲孔凹模的零件称为凸凹模。复合冲裁模有倒装(图 2.56)与正装(也称为顺装)(图 2.57)两种结构形式,倒装式凸凹模在下模,用于工件平整度要求不高、凸凹模强度足够时,它操作较为方便,具有两套除料、出件装置,缺点是不宜冲制孔边距离较小的冲裁件。正装式凸凹模在上模部分,具有三套除料、出件装置,优点是冲出的冲件平直度较高,缺点是结构复杂,冲件容易被嵌入边料中影响操作,因此顺装式复合模适用于冲制材质较软或板料较薄的平直度要求较高的冲裁件,也可以用于冲制孔边距离较小的冲裁件。

　　复合模与单工序模具相比,减少了冲压工序,工件外形与内孔的位置精度要求较高,但结构较复杂且受凸凹模最小壁厚限制。

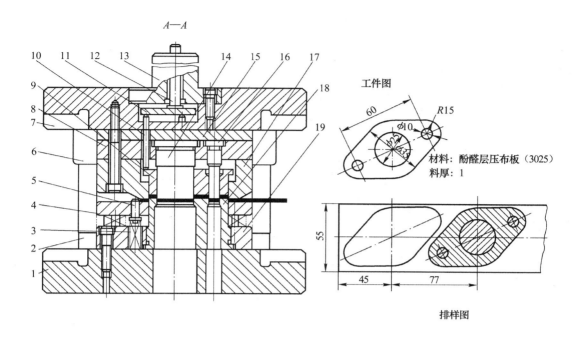

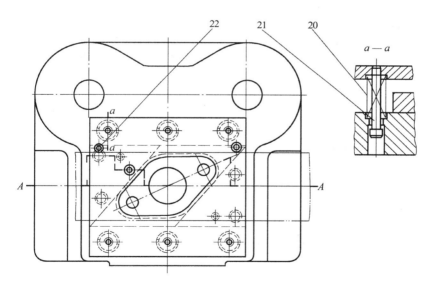

1—下模座;2—导柱;3、20—弹簧;4—卸料板;5—活动挡料销;6—导套;7—上模座;

8—凸模固定板;9—推件块;10—连接推杆;11—推板;12—打杆;13—模柄;

14、16—冲孔凸模;15—垫板;17—落料凹模;18—凸凹模;19—固定板;

21—卸料螺钉;22—导料销

图 2.56　倒装复合模

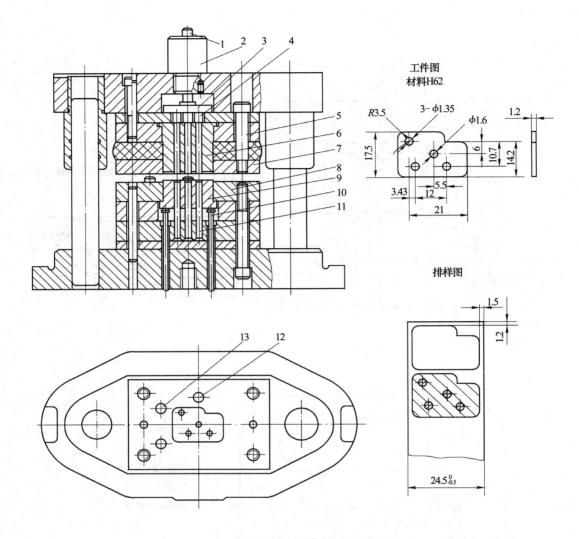

1—打料杆；2—模柄；3—推板；4—推杆；5—卸料螺钉；6—凸凹模；7—卸料板；
8—落料凹模；9—顶件块；10—带肩顶杆；11—冲孔凸模；12—挡料销；13—导料销

图 2.57　正装复合模

2.2.5　连续模的典型结构

一套模具可完成 2～3 道工序的冲压，并分工步进行，即靠条料的送进依次完成各工序，这样的模具称为连续模。图 2.58 所示为固定卸料板连续模。该模具先冲制一个小孔，随后条料送进一个步距，使其上的小孔与凹模上的工件外形冲制孔保持要求的相对位置，此时再进行落料(同时冲下一个工件上的小孔)，就会得到合格的工件。条料送进的正确定位依靠左、右导板和挡料销。

图 2.58 所示结构为固定卸料板,不便于观察零件冲制的情况,生产中更多采用上弹压式卸料板,并利用导柱 - 导套的导向系统,这样可获得更满意的效果。

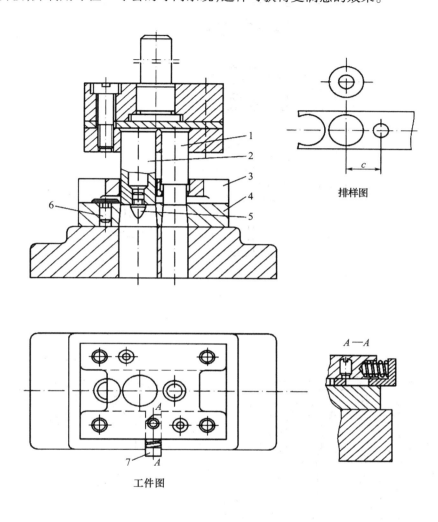

排样图

工件图

1、2—凸模;3—固定卸料板;4—凹模;
5—导正销;6—挡料销;7—始用挡料销

图 2.58　固定卸料板连续模

图 2.59 所示的连续模靠侧刃进行粗定距,但定位精度不高。

图 2.60 所示的连续模靠挡料杆进行定位,料头位置靠 2 个初始挡料销进行定位。

连续模可获得最好的生产效率,但其制造过程较单工序模复杂,冲件位置精度较复合模低。复杂连续模(也称多工位级进模)与简单连续模比较,冲件位置精度高,并可完成更多的工步和包括冲孔、落料、翻边、拉深等在内的更复杂的工序,其结构更复杂,制造精度更高,这部分内容将在第 6 章讲述。

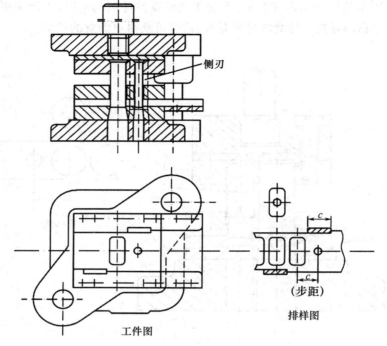

侧刃

(步距)

工件图

排样图

图 2.59　带侧刃的连续模

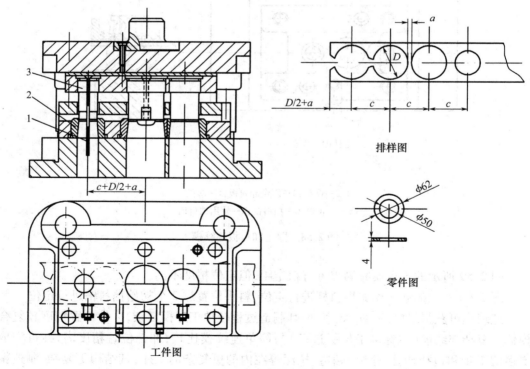

$c+D/2+a$

$D/2+a$

排样图

$\phi 62$

$\phi 50$

工件图

零件图

1—挡料杆;2—凹模镶块;3—凸模

图 2.60　带挡料杆的连续模

2.3　冲裁模的零件设计

冲裁模零件众多,只要掌握其分类,就会对模具零件及功能有直观清晰的认识。冲裁模零部件分类图如图 2.61 所示。

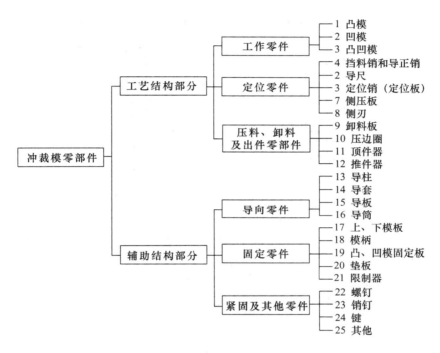

图 2.61　冲裁模零部件分类图

2.3.1　凸模设计

1. 凸模的结构与装配形式

(1)凸模结构基本类型。

镶拼式凸模——大型凸模可采用镶拼结构,如图 2.62 和图 2.63 所示。

整体式凸模——中、小型凸模常采用整体式,如图 2.64(b)(c)、图 2.65、图 2.66 所示。

阶梯式:成形部分磨削。

直通式:线切割,因其加工方便,现广泛使用。

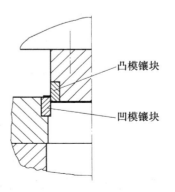

图 2.62　镶拼式凸模①

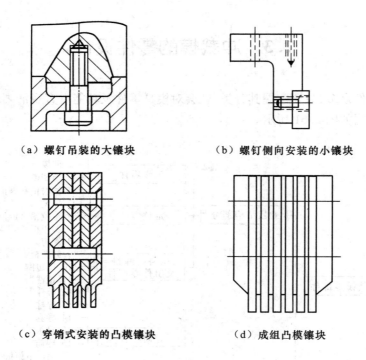

（a）螺钉吊装的大镶块　　　　　（b）螺钉侧向安装的小镶块

（c）穿销式安装的凸模镶块　　　　（d）成组凸模镶块

图2.63　镶拼式凸模②

（2）凸模的固定方式。

①凸模直接固定在模柄上，如图2.64所示。

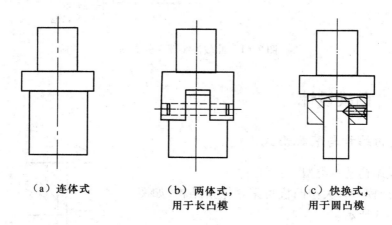

（a）连体式　　　（b）两体式，　　　（c）快换式，
　　　　　　　　　　用于长凸模　　　　用于圆凸模

图2.64　凸模直接固定在模柄上

②凸模直接固定在模座上，如图2.66（a）（b）所示。

③凸模用固定板固定，如图2.65所示，一般来讲如果凸模 ϕ80 以上，可以不用固定板，直接固定在模座上。

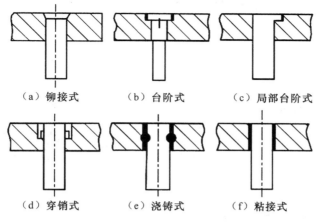

（a）铆接式　　　　（b）台阶式　　　　（c）局部台阶式

（d）穿销式　　　　（e）浇铸式　　　　（f）粘接式

图 2.65　用固定板固定的凸模

快换式固定的凸模如图 2.66 所示。

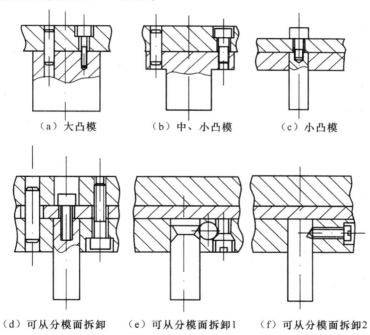

（a）大凸模　　　　（b）中、小凸模　　　　（c）小凸模

（d）可从分模面拆卸　（e）可从分模面拆卸1　（f）可从分模面拆卸2

图 2.66　便于拆卸的凸模安装形式

图 2.66(a)、(b)、(c)可从模具上面拆卸,其中图 2.66(a)用于大凸模,图 2.66(b)用于中、小凸模,图 2.66(c)用于小凸模;图 2.66(d)、图 2.66(e)、图 2.66(f)可从分模面拆卸,以便在冲床上快速更换凸模。

图 2.65 和图 2.66 所示异形凸模设计成上下一致,可以采用数控线切割机床或光学磨床加工,保证尺寸精度。直通式凸模采用穿销式(图 2.67)固定在凸模固定板内,销钉优先取 $\phi 4$,距离顶部距离也为 4 mm。圆形凸模可以设计成台阶式(图2.65(b)、图2.68),

便于加工和装配。局部台阶式凸模(图2.65(c))的台阶应留在直线刃口部位,以便其他复杂型面用线切割加工出来。

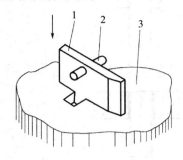

1—凸模;2—销钉;3—凸模固定板

图2.67　直通式凸模采用穿销式固定

图2.68　圆形凸模

圆形凸模的固定方式与尺寸的经验数据如图2.69所示。凸模与凸模固定板间采用过渡配合,优先选H7/m6或H7/n6,如果凸模承受侧向力,则采用过盈配合,优先选H7/r6。

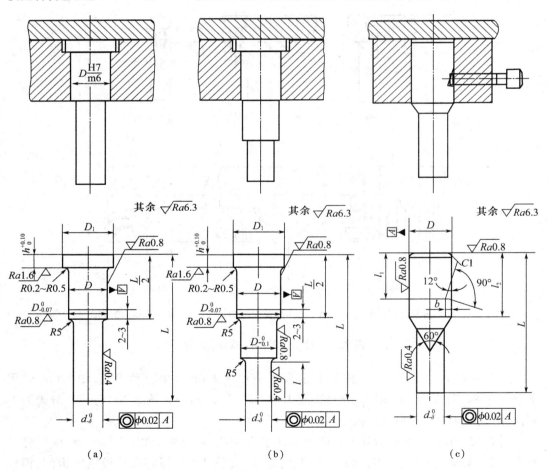

(a)　　　　　　　　　　　(b)　　　　　　　　　　　(c)

图2.69　圆形凸模的固定方式与尺寸的经验数据

$d < t$ 或 $d < 1$ 称为小孔冲模,小孔凸模易折断,故需要保护措施,如图 2.70 所示。一般在企业里冲 $\phi 7$ 以下小孔,做 3~4 个备用凸模,为了快换,常采用快换凸、凹模标准件。

模具装配通常选用内六角螺钉,夹具选用外六角螺钉,小件 M5 以下选用一字形螺钉。

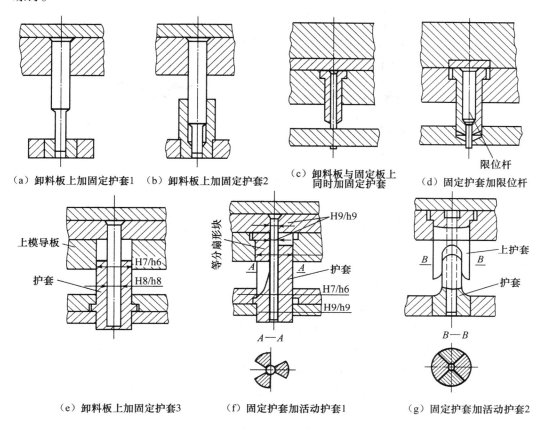

（a）卸料板上加固定护套1　　（b）卸料板上加固定护套2　　（c）卸料板与固定板上同时加固定护套　　（d）固定护套加限位杆

（e）卸料板上加固定护套3　　（f）固定护套加活动护套1　　（g）固定护套加活动护套2

图 2.70　小孔凸模保护措施

2. 凸模的结构尺寸

（1）凸模的长度。

当采用固定卸料板和导料板时,其凸模长度按下式计算

$$L = h_1 + h_2 + h_3 + h \tag{2.31}$$

当采用弹性卸料板时,其凸模长度按下式计算

$$L = h_1 + h_2 + t + h \tag{2.32}$$

式中　h_1——凸模固定板厚度;

h_2——卸料板厚度;

h_3——导料板厚度;

h——附加高度,包括凸模修模量、凸模进入凹模深度、凸模固定板与卸料板的安全

距离,一般取 $h = 15 \sim 20 \text{ mm}$。

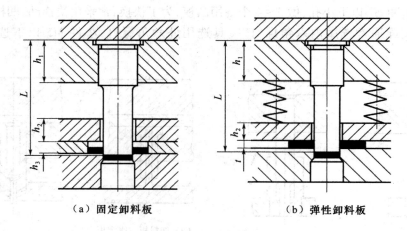

（a）固定卸料板　　　　　　　　（b）弹性卸料板

图 2.71　凸模的长度

有时为了减少凸模长度,常将弹簧窝入凸模固定板,此时凸模长度为

$$L = h_o + h_x - (2 \sim 3) \tag{2.33}$$

式中　h_o——弹簧原长;

h_x——卸料板厚度。

（2）凸模可能产生的破坏形式及对策。

①冲裁时,由于冲裁力的作用,凸模刃口部位承受压应力,而在卸料时又承受拉应力,因而刃口部位除了磨损还会有由交变应力作用产生的疲劳破损。因此在选择凸模材料时,应尽量减小碳化物偏析,并且有足够的强韧性和耐磨性。

②由于凸模端面承受的压应力,凸模最小截面可能会产生压缩性破裂,必要时,应进行强度校核。

③对于细长凸模,凸模也可能产生纵向失稳导致凸模折断。必要时,应进行弯曲应力校核,并采用相应的保护措施。

④由于冲裁间隙不均匀,凸模亦可能产生横向弯曲破裂。

⑤非封闭形状冲裁时,冲裁刃口部位产生的侧向挤压力,凸模也会产生横向弯曲,形成啃刃,使凸模松动,甚至破裂。因此,常在相应的部位加以支撑限位或采用斜刃冲裁,如图 2.72 所示。

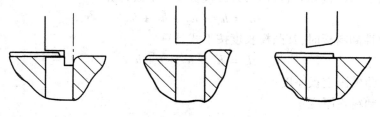

图 2.72　非封闭冲裁凸模的结构形式

⑥凸模固定部位的端面对模板的压力可能造成压缩性破坏,亦应进行强度校核。必要时,应改变承力部位的材料,提高抗压强度。

（3）凸模强度校核。

①压应力校核。

$$\frac{P}{F_k} \leqslant [\sigma_{0.2c}] \qquad (2.34)$$

式中　P——冲裁力;

　　　$[\sigma_{0.2c}]$——许用压应力;

　　　F_k——刃口与材料的接触面积,取接触宽度为 $t/2$。

②纵向弯曲应力校核。

凸模不发生纵向失稳的许用压力与凸模的结构形式、尺寸及其弹性模量有关。校核时应先判断凸模的类型。

A. 凸模类型判断。

a. 长度系数 μ。

长度系数 μ 与凸模端部支撑状态有关,见表 2.6。

表 2.6　长度系数 μ

等截面凸模	单台阶凸模	二台阶凸模
无导柱 $\mu = \mu_0 = 2.00$		
有导柱及卸料板 $\mu = \mu_0 = 1.35 \sim 1.00$	式(2.35)	式(2.36)
有导柱及导向卸料板 $\mu = \mu_0 = 0.7 \sim 0.5$		

注:优先选取大值,安全性高

等截面凸模:

模具无导柱时,$\mu = \mu_0 = 2.00$;

模具有导柱及卸料板时,$\mu = \mu_0 = 1.35 \sim 1.00$;

模具有导柱及导向卸料板时,$\mu = \mu_0 = 0.7 \sim 0.5$。

单台阶凸模:

$$\mu = \mu_0 \sqrt{\frac{l_2}{l} + \frac{J_2 l_1}{J_1 l} - \frac{1}{\pi}\left(\frac{J_2}{J_1} - 1\right)\sin\frac{\pi l_2}{l}} \qquad (2.35)$$

二台阶凸模：

$$\mu = \mu_0 \sqrt{\frac{J_3}{l}\left(\frac{l_3}{J_3} + \frac{l_2}{J_2} + \frac{l_1}{J_1}\right) + \frac{J_3}{\pi}\left[\left(\frac{1}{J_3} - \frac{1}{J_2}\right)\sin\frac{\pi l_3}{l} + \left(\frac{1}{J_2} - \frac{1}{J_1}\right)\sin\frac{\pi(l_3 + l_2)}{l}\right]}$$

(2.36)

式中 J_1、J_2、J_3——凸模端部的抗弯矩。

变截面凸模：

用锥面过渡的单台阶凸模可视为按锥面中点的单台阶凸模。

b. 柔度值 λ。

$$\lambda = \mu l\sqrt{\frac{F_n}{J_n}}$$

(2.37)

式中 F_n——凸模根部的横截面积；

J_n——凸模根部的抗弯矩。

c. 判断类型，三种凸模类型对应的 λ 值见表 2.7。

表 2.7　三种凸模类型对应的 λ 值

类型	碳素工具钢、低碳合金钢 $\sigma_s = 1 \times 10^3$ MPa	Cr12MoV 等高碳合金工具钢 $\sigma_s = 1.9 \times 10^3$ MPa
长	$\lambda \geqslant 64$	$\lambda \geqslant 47$
中长	$29 < \lambda < 64$	$21 < \lambda < 47$
短	$\lambda \leqslant 29$	$\lambda \leqslant 21$

B. 许用载荷。

长凸模许用载荷为

$$P \leqslant \frac{\pi^2 E J_n}{K(\mu l)^2}$$

(2.38)

中长凸模许用载荷为

$$P \leqslant \frac{\sigma_s F_n}{K}\left[1 - \frac{(\mu l)^2 \sigma_s F_n}{4\pi^2 E J_n}\right]$$

(2.39)

短凸模：不会产生纵向失稳。

式(2.38)、式(2.39)中，K 为安全系数，圆、正方、低矩形截面 $K = 2.5$，其他截面 $K = 3$。E 为弹性模量，工具钢 $E = 2.1 \times 10^5$ MPa。

【例 2.4】　已知某二台阶圆凸模各段直径和长度分别是 $\phi3 \times 8$，$\phi4 \times 17$，$\phi5 \times 5$，采用 Cr12MoV 制造，用于带导柱和薄导向卸料板冲裁模，冲裁抗剪强度为 300 MPa 的材料，Cr12MoV 的 $[\sigma_{0.2c}] = 2\,000$ MPa。

求：(1)该凸模可冲多厚的材料？

(2)若将 $\phi4$ 台阶也做成 $\phi3$ 直径，或 $\phi4$、$\phi5$ 台阶均做成 $\phi3$ 直径，该凸模又可冲多厚的材料？

解:(1)判断凸模类型。

①求 μ 值。

依题意,有导柱和导向卸料板,$\mu_0 = 0.7$,圆截面 $J = \dfrac{\pi d^4}{64}$,$J_1 = 3.976$,$l_1 = 8$,$J_2 = 12.566$,$l_2 = 17$,$J_3 = 30.680$,$l_3 = 5$,$l = 30$。

$$\mu_1 = \mu_0 = \sqrt{\frac{J_3}{l}\left(\frac{l_3}{J_3} + \frac{l_2}{J_2} + \frac{l_1}{J_1}\right) + \frac{J_3}{\pi}\left[\left(\frac{1}{J_3} - \frac{1}{J_2}\right)\sin\frac{\pi l_3}{l} + \left(\frac{1}{J_2} - \frac{1}{J_1}\right)\sin\frac{\pi(l_3 + l_2)}{l}\right]}$$

$$= 0.7\sqrt{3.6078 + 9.7657(-0.0234 - 0.1277)}$$

$$= 0.7\sqrt{2.1306} = 1.022$$

取消 $\phi 4$ 台阶,$J_1 = 3.976$,$L_1 = 25$,$J_2 = 30.680$,$L_2 = 5$,$L = 30$。

$$\mu_2 = \mu_0\sqrt{\frac{l_2}{l_1} + \frac{J_2 l_1}{J_1 l} - \frac{1}{\pi}\left(\frac{J_2}{J_1} - 1\right)\sin\frac{\pi l^2}{l}}$$

$$= 0.7\sqrt{\frac{1}{6} + 6.4302 - 1.0689} = 0.7 \times 2.3511 = 1.646$$

取消 $\phi 4$ 和 $\phi 5$ 台阶,则 $\mu_3 = \mu_0 = 0.7$。

②求 λ 值。

$$\lambda = \mu l\sqrt{\frac{F_n}{J_n}} = \mu l\sqrt{\frac{\pi d^2}{4} \cdot \frac{64}{\pi d^4}} = \frac{4\mu l}{d}, \quad \lambda_1 = 24.528$$

$$\lambda_2 = 39.504, \quad \lambda_3 = 28。$$

$21 < \lambda < 47$ 属中、长类型凸模,所以三种均为中、长型。

(2)求许用载荷。

$$P \leqslant \frac{\sigma_s F_n}{K}\left[1 - \frac{(\mu l)^2 \sigma_s F_n}{4\pi^2 E J_n}\right]，二台阶 F_n = \frac{\pi d^2}{4} = 19.635，J_n = 30.68，单台阶 F_n = \frac{\pi d^2}{4} =$$

19.635,$J_n = 30.68$,无台阶 $F_n = \dfrac{\pi d^2}{4} = 7.069$,$J_n = 3.976$。

代入得

$$P_1 \leqslant \frac{1900 \times 19.635}{2.5}\left[1 - \frac{(1.022 \times 30)^2 \times 1900 \times 19.635}{4\pi^2 \times 2.1 \times 10^5 \times 30.68}\right] = 12865(\text{N})$$

$P_2 \leqslant 9585.6\ \text{N}$,$P_3 \leqslant 4407\ \text{N}$。

(3)求许用冲裁厚度。

因为 $P \geqslant Lt\tau$,所以 $t \leqslant \dfrac{P}{Lt} = \dfrac{P}{\pi dt}$,$t_1 \leqslant 4.55$,$t_2 \leqslant 3.39$,$t_3 \leqslant 1.56$。

(4)校核许用压力。

$\dfrac{P}{F_k} \leqslant \sigma_{0.2}$,$P_{1\max} = 12865$,$F_k = \pi \times 1.5^2$(全接触)。

$\dfrac{P_1}{F_1} = 1892 < \sigma_{0.2} = 2000$,所以满足。

$$\frac{P_2}{F_2} = \frac{9\,585}{\pi \times 1.5^2} = 1\,355.3 < \sigma_{0.2} = 2\,000,\text{所以满足。}$$

$$\frac{P_3}{F_3} = \frac{4\,407}{\pi[1.5^2 - (1.5 - 0.78)^2]} = 810 < \sigma_{0.2} = 2\,000,\text{所以满足。}$$

所以上述三种凸模分别冲裁 $t_1 = 4, t_2 = 3, t_3 = 1.5$ 的材料时，既不会纵向失稳，也不会发生接触压应力失效。

2.3.2 凹模设计

1. 凹模的结构设计

（1）整体式凹模。

整体式凹模是指冲裁型腔含于内部的凹模，如图 2.73 所示。整体式凹模外形多采用矩形或圆形等规则形状。中、小型圆形冲件所需凹模多采用圆形，以便加工，其余多采用矩形凹模。矩形凹模有利于确定型腔加工及凹模装配的基准，中型矩形毛坯也容易制备。

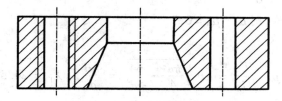

图 2.73 整体式凹模

为了便于加工和装配，含有多个型腔的中型整体凹模常由凹模镶块或若干块整体凹模组合而成。各块凹模可分别镶入或用其他方法固定在凹模座或模板上。具体形式可参见图 2.74 和图 2.75。

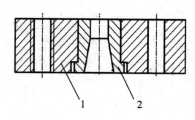

1—凹模座；2—凹模镶块

图 2.74 嵌套式组合凹模

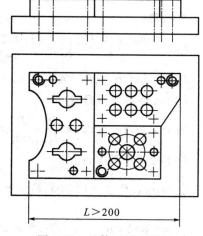

$L > 200$

图 2.75 整体凹模的拼装

(2)镶拼式凹模。

当凹模型腔过小或过大时均不便加工,有时也需考虑节约制模材料或维修模具方便。因此,常将凹模型腔用若干块(镶块)组合起来,形成镶拼式凹模。

①镶拼式凹模的结构形式。

a.平面式。

大型冲件的拼块较大时,可将拼块直接紧固在模座平面上,称为平面式(图2.76)。为防止拼块窜动,可在四周增加制动键。

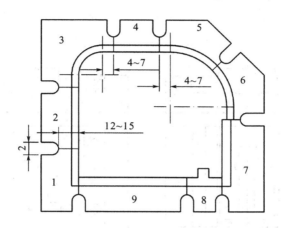

图 2.76 平面式拼装凹模

b.压入式。

压入式拼装结构是将凹模座开出通槽或孔(通孔或盲孔),将凹模拼块组合好后压入凹模座。压入深度及压合量应视凹模所需的锁紧力而定。为便于拆模,亦可采用小压合量加斜楔或紧定螺钉紧固。凹模座亦可用拼装框架,如图2.77、图2.78 和图2.79 所示。

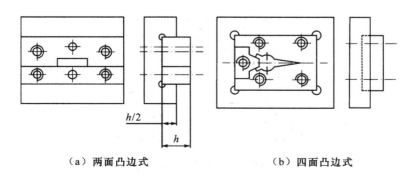

（a）两面凸边式　　　　　（b）四面凸边式

图 2.77 嵌入式凹模

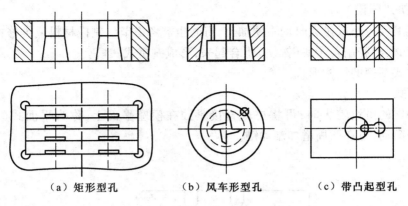

（a）矩形型孔　　　　（b）风车形型孔　　　　（c）带凸起型孔

图 2.78　压入式（四面埋入式）

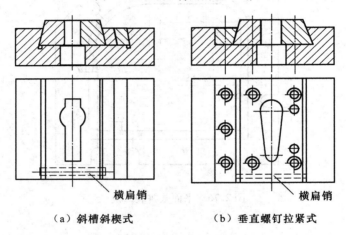

（a）斜槽斜楔式　　　　（b）垂直螺钉拉紧式

图 2.79　斜楔式

②拼块设计原则。

a.设计拼块时,接缝应尽量避免与冲切刃口轮廓线成锐角,否则易崩刃,如图 2.80 所示。

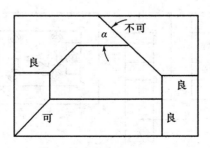

图 2.80　复杂形状工件的镶拼

b.设计拼块时,刃口处的分块点应取在拐角或直线与曲线相接处附近的直线段上（图 2.76）或取在对称轴上,凸、凹模拼块接缝处应错开,否则易产生冲切毛刺（图 2.81）。

图2.76中腰形槽是为了减少拼接面,以便加工和拼装。

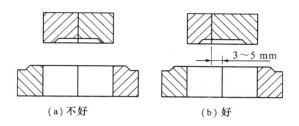

| (a) 不好 | (b) 好 |

图 2.81　凸、凹模上镶块接缝的要求

设计拼块时应考虑加工与维修的工艺性,如尖角、沟槽处应分开,以便加工和防止开裂;过小或过大的型腔也应分开,尽量将内形加工改为外形加工;受力的悬臂部分最好做成镶件,防止根部应力集中而断裂或断裂后便于更换,如图 2.77(b)和图 2.78(c)所示。

2. 凹模结构尺寸

(1)外形尺寸。

①厚度尺寸。

凹模理论厚度可按下列经验公式计算,即

$$H_L = 0.25 \sqrt[6]{LP^2} \tag{2.40}$$

式中　L——冲裁轮廓周长($L < 50$,按 50 计;$L > 500$,按 500 计);

　　　P——冲裁力(N)。

凹模实际厚度应在理论厚度的基础上增加修磨量,修磨量 h 见表2.12,或按经验值取 $3t$。但用于 160 kN 以下冲床的小型凹模,凹模实际厚度一般小于 25 mm;大、中型凹模也不超过 50 mm。使用时,凹模背面应用平板支撑,如厚度超过上述值时,可采用较厚的平板加固。

②长、宽尺寸。

切断轮廓线到凹模边缘的尺寸如图 2.82 所示。

轮廓为平滑曲线时,$W_1 \geqslant 1.2H_L$;轮廓为直线时,$W_2 \geqslant 1.5H_L$;具有复杂情况或尖端状况时,$W_3 \geqslant 2H_L$。

公式中 H_L 为凹模理论厚度,W 尺寸取决于型腔侧壁挤压应力(约为 40% 的被冲材料的剪切应力)。上述尺寸用于凹模边界为自由状态时。当凹模边界有预应力时,W 值可适当减小。图中量型孔之间最小壁厚一般不小于 5 mm。

③螺钉孔到凹模外缘的尺寸。

如图 2.83 所示,通常取 $a = (1.7 \sim 2.0)d$;

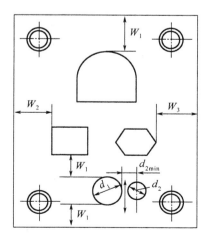

图 2.82　凹模腔到外缘取值

最小允许尺寸见表 2.8,按经验值通常取 $a = 1.5d$。

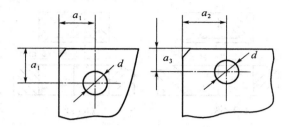

图 2.83　螺孔到凹模外缘尺寸

表 2.8　最小允许尺寸

模具材料状况	等距时 (a_1)	螺孔距外周不等距时	
		a_2	a_3
未经热处理	$1.13d$	$1.5d$	$1d$
淬火硬化	$1.25d$	$1.5d$	$1.13d$

(2)紧固孔尺寸。

①凹模厚度与螺钉规格见表 2.9。按经验值通常取 $d = H_L/3$。

表 2.9　凹模厚度与螺钉规格

凹模厚度/mm	< 13	13 ~ 19	19 ~ 25	25 ~ 32	> 32
使用紧固螺栓	M4,M5	M5,M6	M6,M8	M8,M10	M10,M12

选择螺钉规格时要考虑凹模大小,螺钉最少旋入量为其直径的 1.5 ~ 2 倍或板厚的 50% 。

②螺孔到凹模孔及圆柱销孔尺寸如图 2.84 所示。

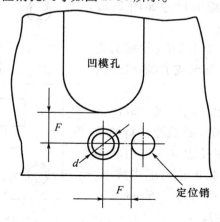

图 2.84　螺孔到凹模孔、销孔尺寸

通常取 $F > 2d$;最小允许尺寸见表 2.10。

表 2.10　最小允许尺寸(和平滑轮廓线接近)

模具材料状况	最小尺寸 F_{min}
未经热处理	$1d$
淬火硬化	$1.3d$

③按凹模厚度的螺孔间距见表 2.11,按经验值通常取 $10d$。

表 2.11　按凹模厚度的螺孔间距　　　　　　　　　　　　　　　mm

使用螺栓	最小距离	最大距离	凹模厚度
M5	15	50	10 ~ 18
M6	25	70	15 ~ 25
M8	40	90	22 ~ 32
M10	60	115	27 ~ 38
M12	80	150	35 以上

注:此尺寸用于固定凹模固定板、拼模等

(3)凸凹模的最小壁厚如图 2.85 所示。

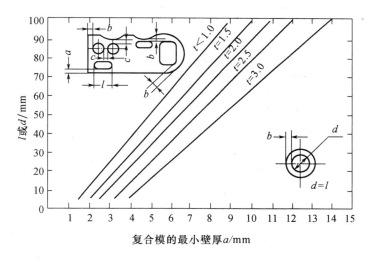

图 2.85　凸凹模最小壁厚的经验线图

注:①本线图的 a 值使用于 $\tau \leqslant 400$ MPa 的冲压材料,对于 $\tau = 600$ MPa 的冲压材料应乘以 1.2
　　②$b = 0.9a$,$c = 0.8a$
　　③圆弧部分狭边长度 l 按弦长计算,同心圆狭边长度等于直径

凸凹模的最小壁厚实际上取决于冲裁力与该处的抗变形能力。在形状与材料一定时,如何减小冲裁力,提高该处的抵抗变形力是设法减小最小壁厚的关键。其有效方法为

努力提高刃口的锋利度,降低粗糙度,选择合理的冲裁间隙,并尽量保持两侧冲裁间隙均匀一致。

(4)凹模型腔的截面尺寸与形状。

如图2.86所示,图中凹模工作部分主要参数见表2.12和表2.13。

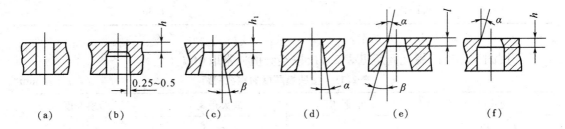

图 2.86　凹模工作部分的形式

表 2.12　凹模工作部分主要参数

材料厚度/mm	h/mm	α	β
≤0.5	≥4		
0.5~1	≥5	$15' \sim 30'$	2°
1.0~2.5	≥6		
2.5~6.0	≥8	$30' \sim 1°$	3°

注:上述 α、β 值适用于手工加工。电火花加工时,$\alpha = 4' \sim 20'$,$\beta = 30' \sim 50'$;线切割加工时,$\beta = 1° \sim 1.5°$,刃口部位粗糙度一般不高于 $0.80~\mu m$

表 2.13　各类凹模刃口对比

出件形式	上出件及打料出件	下出件			
图示	图2.86(a)	图2.86(b)	图2.86(c)	图2.86(d)	图2.86(e)	图2.86(f)
应用	有顶件器	无顶件器			
出件	顶出	较难		较易	
间隙变化	不变			变大	
刃口强度	高	较高		较低	
刃口加工方式	线切割			电火花	压印、手工钳修
空刀加工	……	先钻铣后腐蚀	钳修	电火花	钳修	钻铣

图2.86(a)形一般用于带有顶件器的凹模;图2.86(d)形为电火花加工的型腔;图2.86(b)、(c)为垂直壁刃口,刃口修磨后工作尺寸不会发生变化,刃口强度较高,制造方便,适用于形状复杂、质量要求较高的工件,但工件或废料与型腔侧壁摩擦阻力大。加大

冲裁间隙,减小摩擦力时,工件易反弹回凹模上平面。刃口直壁部分下端常扩大制造,便于工件或废料的排除;图 2.86(b)与图 2.86(f)所示形状常用于圆形型腔;图 2.86(c)与图 2.86(e)所示形状常用于非圆形工件。

【例 2.5】 已知某冲件如图 2.87 所示,求凹模结构尺寸。

解:1. 求外廓尺寸

(1)冲裁周长。$L = 20 + 20 + 20 + 10\pi = 91.416$

(2)冲裁力。$P = 1.3 \times 91.416 \times 1 \times 200 = 23\,768.160(P = 1.3t\tau)$

(3)厚度。$H_L = 0.25 \sqrt[6]{LP^2} = 15.26 = 16$(进一位取整数)考虑刃磨量,据表 2.12,刃口厚度 $h = 5$,实际厚度 $H = 16 + 5 = 21$。

(4)长宽尺寸。

①边宽。$W_1 = 1.2 \times 16 = 19.2$,$W_2 = 1.5 \times 16 = 24$

②压力中心。$x_0 = 0$,$y_0 = -6.6$

(压力中心 $y_c = \dfrac{l_1 y_1 + l_2 y_2 + l_3 y_3 + l_4 y_4}{l_1 + l_2 + l_3 + l_4} = -6.56 \approx -6.6$)

③长度尺寸。

$20 - 6.6 + W_2 = 37.4$,$10 + 6.6 + W_1 = 35.8$

压力中心定为凹模几何中心,则凹模长度为 $2 \times 37.4 = 74.8 \approx 75$(进一位取整数)

④宽度尺寸。

$20 + 2W_2 = 68$

所以凹模外形尺寸为 $75 \times 68 \times 21$。

注:通常凹模板外廓尺寸应按标准选取,可加大取为 $80 \times 80 \times 22$。

2. 求紧固孔尺寸

(1)紧固件直径。$d \approx \dfrac{H_L}{3} = \dfrac{16}{3} = 5.3$,进一位取 6。

如内六角螺钉 GB 70—1985　　　M6 × L

圆柱销　GB 119—1986　　A6 × L

A 表示过渡配合,B 表示间隙配合。

(2)紧固件长度 L。紧固件配合长度 L' 应大于 1.5d。

(3)紧固件位置及数量。

①距边尺寸。取 $1.5d = 9$

②螺孔间距。$75 - 2 \times 9 = 57$

$68 - 2 \times 9 = 50$

③销孔位置。

销孔边距螺孔中心 $\geqslant 1.5d = 9$

销孔中心距螺孔中心 $\geqslant 2d = 12$

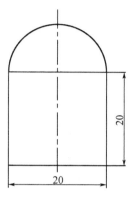

料厚 $t = 1$,抗剪强度 200 MPa

图 2.87　冲件图

销孔中心距 $57 - 2 \times 12 = 33$

凹模板零件图如图 2.88 所示。

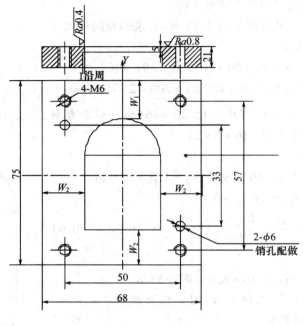

图 2.88　凹模板

2.3.3　定位装置的设计

冲裁模在安放条料或工件时,应与型腔保持一定的相对位置,以保证搭边正确或冲孔、切边位置正确。因此,模具中应有足够的定位装置。定位装置的主要类型有定位销(杆)、定位块及定位板。无论何种定位装置都应考虑定位可靠、满足所需要的定位精度、制件或条料取送方便等因素。定位零件的作用:①定距,在送料方向上控制送料的进距;②导向,保证板料沿送料方向正确送进。

1. 定位零件

(1)定位板与定位销。

定位板与定位销用于单个毛坯冲压加工,保证前后工序的相对位置精度及工件内孔与外轮廓的位置精度的要求,如图 2.89 所示。

(2)挡料销。

挡料销保证条料送进时的送进距离。常用于落料模和复合模,2~3 个工位的简单级进模有时也用。

①固定挡料销。用圆柱或大头销作为板料的侧向或定位方向的定位装置,如图 2.90 所示。

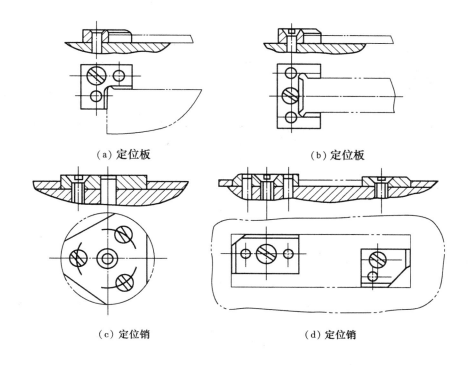

（a）定位板　　　　　　　　　　（b）定位板

（c）定位销　　　　　　　　　　（d）定位销

图 2.89　定位板与定位销

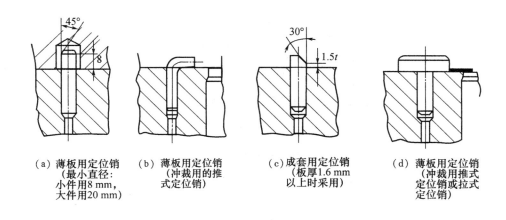

（a）薄板用定位销　　（b）薄板用定位销　　（c）成套用定位销　　（d）薄板用定位销
（最小直径：　　　（冲裁用的推　　　（板厚1.6 mm　　　（冲裁用推式
小件用8 mm，　　式定位销）　　　以上时采用）　　　定位销或拉式
大件用20 mm）　　　　　　　　　　　　　　　　　　　定位销）

图 2.90　固定挡料销

②弹性挡料销。

弹性挡料销也称为活动挡料销,固定挡料销一般设置在凹模或弹性卸料板上,当其中一件安装挡料销时,另一件必须开设躲避孔。当躲避孔在凹模上影响刃口强度时,可采用不必开躲避孔的弹性挡料销。弹性挡料销通常安装在倒装落料模或倒装复合模的弹性卸料板上,如图 2.91 所示。

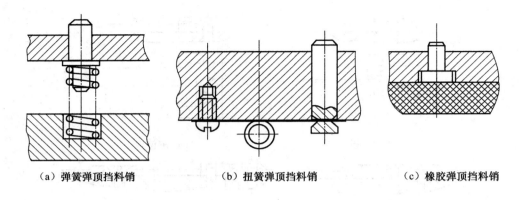

| （a）弹簧弹顶挡料销 | （b）扭簧弹顶挡料销 | （c）橡胶弹顶挡料销 |

图 2.91　弹性挡料销

③钩式挡料销(可调式活动挡料销)。

弹性挡料销以及图 2.90(b)、(d)所示固定挡料销虽然可以解决挡料销孔造成的凹模强度问题,但必须将条料抬起才能送进。当用固定卸料板时,可用钩式挡料销(图2.92),无须抬起条料也能送进。常用于通用冲模,安装在卸料板上,可调整挡料定位位置。挡料销在送进方向带有斜面,送进时搭边碰到斜面,使挡料销跳过搭边而进入下一孔中,然后将条料后拉,挡料销抵住搭边而定位。送料过程为一推一拉,适合料厚大于0.8 mm的板料。因为废料要有一定的强度,如果太薄,则顶不起挡料销。

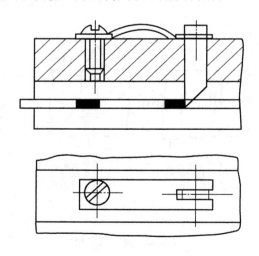

图 2.92　钩式挡料销

④初始挡料销。

初始挡料销(也称为起始挡料销)用作条料初始定位,用于确定级进模中条料料头在第一次送进时的准确位置,而临时使用的定位挡料装置,不适用于多工位的级进模,如图2.93 所示。

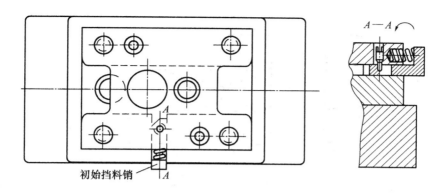

图 2.93　初始挡料销

（3）导料销。

保证板料沿送料方向正确送进，用于毛坯以外形定位，多用于有弹性卸料板的单工序模和复合模，如图 2.94 所示。

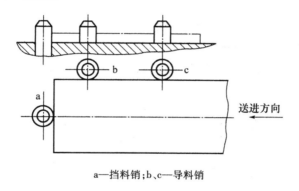

a—挡料销；b、c—导料销

图 2.94　板料定位示意图

（4）导料板。

导料板通常作为条料的横向定位，有分离式导料板和整体式导料板两种，如图 2.95 所示。条料依靠两块导料板定位，必要时可设置推料器，以消除条料与导料板的间隙误差，如图 2.96 所示。

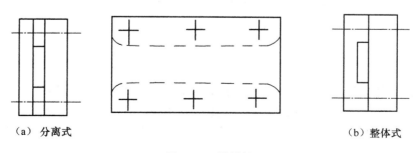

（a）分离式　　　　　　　　　　　　　　　　（b）整体式

图 2.95　导料板

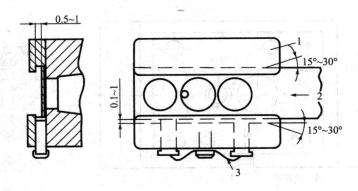

1—导料板;2—送料方向;3—板簧

图 2.96　导料板和推料器

　　该导料板的突出部分可兼作卸料用:当条料刚性足够时,可将条料从凸模上卸下或用于从导正销卸料。

　　(5)定距刀(侧刃)。

　　采用定距刀可实现条料不抬起得半自动连续送进,其结构形式如图 2.97 所示。定距刀也称为侧刃,侧刃切去条料旁侧少量材料来限定送料进距,提高送料精度及生产效率。

　　定距刀用于控制条料送进步距,它通常和导料板组合使用。后者负责条料横向定位,侧刃挡块一般安装在导料板上。

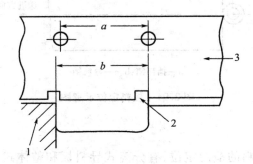

1—挡块;2—防止条料出现凸起和废料返出的形状;3—送料方向

a—步距;b—定距刀长度

$b = a + c$(c—导正销可矫正量),一般 $c = (0.05 \sim 0.1)$ mm,无导正销时,$c = 0$

图 2.97　定距刀

　　(6)导正销。

　　上述定位销通常安置在下模,不利于条料的连续送进,且定位精度一般只能达到 0.2 mm 左右。在连续模中常采用安置在上模的定位销——导正销。导正销插入条料零件孔中,其插入部分尺寸略小于冲孔凸模,因而可作为较精确定位,其结构形式如图 2.98 所示。

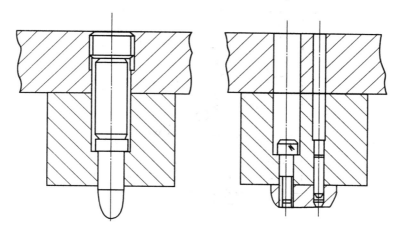

图 2.98 导正销结构

图中导正销均安装在凸模上,分别用于圆孔定位和方孔定位,其定位面约等于一个料厚,径向尺寸可略小于孔径,因而可作为较精确定位。导正销过细时,可在其后设置弹簧,防止折断。导正销尺寸参见图 6.26 和表 6.5。

(7)定位块。

定位块的使用方法类似固定式定位销,只是它的定位面较宽,定位面不易磨损,定位也较可靠,是介于定位销和定位板之间的定位装置,常用于大、中型模具。

2. 定位方式

(1)以导料销、挡料销组合定位。

以一挡料销定距,两导料销导向。一般用于单工序模和复合工序模等定位精度要求不高的场合。特点是制造简单,操作方便,对材料精度要求低,定位精度低,材料利用率低,生产效率低,如图 2.94 所示。

(2)以初始挡料销、挡料销和导料板组合定位。

以初始挡料销确定条料初始位置,挡料销定距,导料板导向。一般适用于三工位以下的连续模。特点是制造简单,对材料精度要求较低,定位精度较低,操作不方便,材料利用率较低,生产效率低。

(3)以初始挡料销、挡料销、导正销和导料板组合定位。

以初始挡料销确定条料初始位置,挡料销粗定距,导正销做精定位,导料板导向。一般用于三工位以下的连续模。其特点是制造简单,对材料精度要求较低,定位精度较高,操作不方便,材料利用率较低,生产效率低,如图 2.99 所示。

(4)以侧刃和导料板组合定位。

以侧刃定距,导料板导向,一般适用于三工位以下的连续模。特点是定位精度较高,操作方便,生产效率高,制造较复杂,材料利用率较低,如图 2.100 所示。

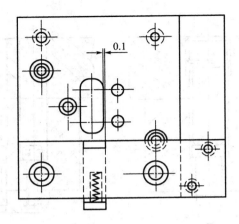

图 2.99　以初始挡料销、挡料销、导正销和导料板组合定位

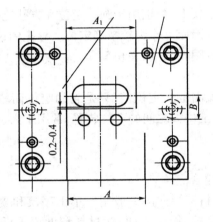

图 2.100　以侧刃和导料板组合定位

2.3.4　卸料机构的设计

冲裁模的卸料机构主要用于克服脱料力,将冲件或者废料(料芯、料边)从凸凹模上脱卸下来,以便模具能继续工作。该机构通常包括卸料件(卸料板、卸料钩、顶件器、顶杆等)及其附属的施力装置(橡胶元件、弹簧、汽缸或者油缸)和支撑限位机构(阶形螺钉、弹簧限位柱等)。

1.卸料件的各种形式

(1)卸料板。

固定式卸料板如图 2.101、图 2.102 所示。固定式卸料板适用于刚性较好的材料卸料,结构简单,但工作视野不够大。

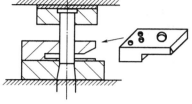

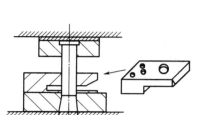

图 2.101　开放式固定式卸料板结构 　　　　图 2.102　封闭式固定式卸料板结构

　　弹性卸料板如图 2.103 所示,适用于冲制薄料或要求平整的工件。当采用较大的冲裁间隙时,宜采用弹性卸料板以减小材料的穿弯。

　　橡胶卸料板如图 2.104 所示,它适用于材料刚性大,而卸料力不大的简易冲模。

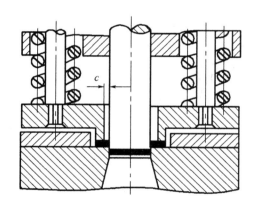

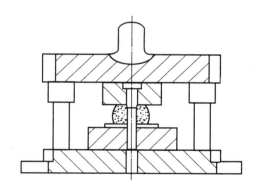

图 2.103　弹性卸料板结构 　　　　　　　图 2.104　橡胶卸料板

　　(2)顶件器和打料杆。

　　顶件器和打料杆用于将工件从凹模腔内顶出,如图 2.43、图 2.56 和图 2.105 所示。

　　(3)弹性顶杆。

　　弹性顶杆是将条料、零件或废料从凸模端面上顶落,防止其因润滑剂或空气的吸附而带起,有时也用于将条料或零件从导正销上推出,如图 2.106、图 2.107 所示。

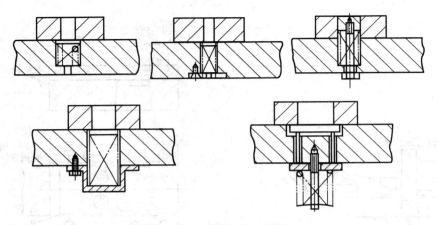

图 2.105　安装于下模的顶件器

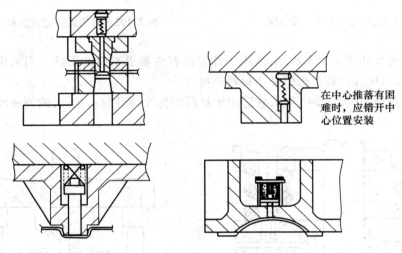

在中心推落有困
难时，应错开中
心位置安装

图 2.106　弹性顶销的各种使用方法

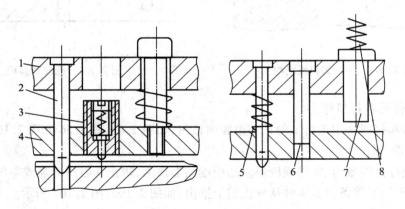

1—凸模座;2—导正销;3—弹性顶销;4—卸料板;5—弹簧;6—凸模;7—顶杆;8—弹簧

图 2.107　卸料板上的弹性顶销、顶杆

2. 卸料件的尺寸

卸料板外形尺寸通常与凹模一致,厚度约取凹模的一半(应满足卸料板的刚性要求)。卸料板与凸模的配合一般可采用 $0.2 \sim 0.5$ mm 间隙,若对凸模起导向或保护作用时宜选用 H7/h6 滑配。弹性顶销的配合精度可低些,而顶件器与打料杆可采用更大的间隙配合。

3. 卸料机构弹性元件的安装与选用

(1)卸料板弹簧的安装。

弹簧的安装方式如图 2.108、图 2.109、图 2.110 所示。弹簧窝安装尺寸可从表 2.14 中选取。图 2.108 为外支撑结构,适用于 $H_0 < 3d$。图 2.109 为内支撑结构,适用于 $H_0 > 3d$。

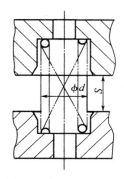 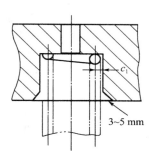

（a）用于 $S>d$ 时　　（b）$S<d$ 时,凹模深度等于弹簧自由长度的2/3以上　　（c）弹簧窝尺寸

图 2.108　弹簧窝结构形式与尺寸

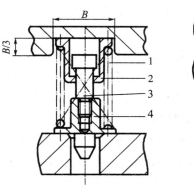 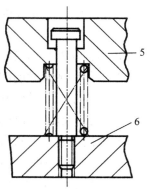

1—弹簧;2—加长套;3—阶梯螺钉;4—弹簧座;5—上模座;6—卸料板

图 2.109　阶梯螺钉弹簧安装

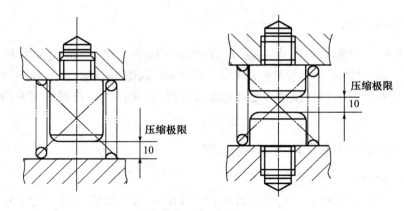

图 2.110　使用弹簧销

表 2.14　弹簧窝安装尺寸

弹簧外径/mm	c_1/mm
6 ~ 10	+ 1.0
10 ~ 15	+ 1.5
15 ~ 20	+ 2.0
20 ~ 25	+ 2.5
25 ~ 30	+ 3.0
> 30	+ 3.5

（2）圆柱形压缩弹簧的选用与计算。

冲模的卸料机构中所采用的施力元件有气（油）缸、弹簧、橡胶等。气（油）缸的采用受压力机附属装置的限制（看是否具有相应的气动或液压机构），中、小型模具一般采用弹簧或橡胶作施力元件。

弹簧占用的面积较小，压缩时其直径不涨大。弹簧丝为圆截面的弹簧产生的力小，许用工作行程较大。而矩形截面弹簧丝的圆柱形弹簧可以产生较大的力（如采用优质铬钒钢丝制造的外形为 50 mm 的弹簧，可获 10 kN 力），许用工作行程较小。弹簧力的特性是随压缩量呈线性改变，不能像液压缸那样提供恒定或可调的力。

模具设计时对弹簧提出的基本要求有弹力大小及其变化激烈程度、弹簧反应速度、使用寿命、工作行程和适当的安装尺寸。这些要求反映在弹簧材质及其机械性能和几何尺寸（如弹簧丝截面形状及其尺寸）上（圆钢丝为直径 d、中径 D_2、节距 t、有效圈数 n、自由长度 H_0）。

在设计弹簧考虑弹力大小及其变化时，选择的 D_2 越大或 d 越小，在单圈变形量 f 一定的条件下，所能得到的弹力越小，要想获得同等的弹力必须加大变形量，此时弹力的变化比较平缓，所能得到的最大弹力也小。要想得到较大而变化平缓的弹力，只能增加弹簧圈数,而不能靠改变直径。

弹簧的有关计算公式如下。

每个弹簧所应提供的弹力 $P_{\min}$:

$$P_{\min} = \frac{P}{mka}(\text{N}) \qquad (2.41)$$

式中　m——弹簧个数;

　　　k——卸料类型,卸料、推料、顶料分别取 7、5、3;

　　　a——单面冲裁间隙为料厚的百分点;

　　　P——冲裁力,计算推料力时应乘以凹模内所含零件个数。

当采用式(2.14)计算的卸料力过大时,需采用式(2.41)计算每个弹簧的力。

卸料弹簧的选用原则与步骤(《冲压手册》)。

①根据总的卸料力 F_x 估计拟用弹簧个数 n,算出每个弹簧所承受的负荷 F_y。

$$F_y = \frac{F_x}{n} \qquad (2.42)$$

②根据 F_x 的大小,从标准中(《冲压手册》中表 10 − 1)初选弹簧规格,使所选用的弹簧的最大工作负荷 $F_j > F_y$。

③根据所选某号弹簧的最大工作负荷 F_j 和最大工作负荷下的总变形量 h_j,作出该号弹簧的特性曲线。

④检查弹簧最大允许压缩量,如满足下列条件,则弹簧选的合适。

$$h_j \geq h_y + h + h_{xm} \qquad (2.43)$$

式中　h_y——弹簧预压缩量;

　　　h——卸料板工作行程,一般取料厚 + 1 mm;

　　　h_{xm}——凸、凹模修磨量,一般取 4 ~ 10 mm。

如果 $h_j < h_y + h + h_{xm}$,则必须重新选择弹簧。

【例 2.6】　计算图 2.32 所示零件到弹性卸料板所用弹簧。选用 4 个弹簧,使用寿命要求不小于 30 万次。

解:(1)该零件外廓周长为 136 mm,抗剪强度取 400 MPa。

冲裁力　　$P = 1.3lt\tau = 1.3 \times 136 \times 1 \times 400 = 70\ 720(\text{N})$

则为 70.72 kN,单面冲裁间隙为 $c = 0.06,\dfrac{c}{t} = 6\%$,所以 $a = 6$,

所以每个弹簧弹力 $F_y = P_{\min} = \dfrac{P}{mka} = \dfrac{70\ 720}{4 \times 7 \times 6} = 421(\text{N})$。

(2)查《冲压手册》中表 10 − 1,考虑模具结构尺寸,初选弹簧规格标记为 3.5 × 18 × 50。

具体参数为

$d = 3.5, D_2 = 18, t = 5.93, F_j = 557, h_0 = 50, n = 7.5, h_j = 16.2, L = 537$。

(3)弹簧的特性曲线如图 2.111 所示。

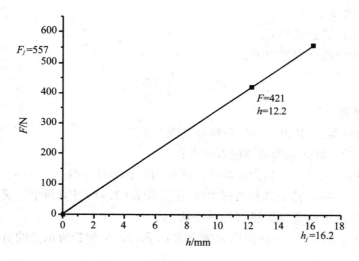

图 2.111　弹簧的特性曲线

$$h_y = \frac{h_j}{F_j}F_y = \frac{16.2}{557} \times 421 = 12.2$$

(4)检查弹簧最大压缩量是否满足上述条件：

$$h_j = h_y + h + h_{xm} = 12.2 + 2 + 6 = 20.2 > 16.2，故不合适。$$

重复上述选取过程，初选弹簧规格标记为 $4.5 \times 25 \times 75$。

具体参数为

$d = 4.5, D_2 = 25, t = 7.85, F_j = 786, h_0 = 75, n = 8.5, h_j = 25.4, L = 825$。

弹簧的特性曲线略。

$$h_y = \frac{h_j}{F_j}F_y = \frac{25.4}{786} \times 421 = 13.6$$

检查弹簧最大压缩量是否满足上述条件：

$$h_j = h_y + h + h_{xm} = 13.6 + 2 + 6 = 21.6 < 25.4，故合适。$$

强力弹簧适用于弹力大，行程长的模具结构和体积小、弹力大的机械产品，考虑到制造方便，可用 50CrV(65Mn)扁圆钢丝绕制而成，热处理硬度为 HRC(45±3)。强力弹簧的选用方法与圆柱螺旋压缩弹簧相同。

(3)橡胶弹性元件的安装与选用。

冲模中常采用普通橡胶或聚氨酯橡胶作弹性元件。前者硬度较低，只有在较大的面积或较大的压缩比(压缩至最短距离/弹簧原长)时才产生较大的弹力，因而常以板式结构出现，且用于工作行程不太大的场合。其面积的大小受卸料板结构尺寸的限制。当采用较大的压缩比(最大不允许超过 45%)和较厚的橡胶板时(满足弹力及工作行程的要求)，该元件的寿命大大降低，因橡胶压缩产生的横向变形也较大，所以常常没有足够的空间支撑和容纳。因此，普通橡胶板一般只用于冲裁模的卸料机构。

聚氨酯橡胶硬度较高，其肖氏硬度可选用 60 A～95 A，以满足模具的不同需要。卸料用的弹性元件一般选用硬度为 80 A 的聚氨酯橡胶制造,它可以在同样的压缩比下产生比矩形截面弹簧更大的弹力(横截面积相同时)。因此,它常以柱形或厚壁筒形结构出现。但是该种橡胶的极限压缩比一般不超过 30% ,因此,也不适用于工作行程大的场合。在实际使用中应留有足够空间,并防止橡胶柱的纵向失稳。

(4)橡胶弹性元件尺寸计算。

①普通橡胶弹性元件。

橡胶弹性元件所生产的弹力只与其截面积和压缩量有关,可参见下式:

$$F = Ap(\text{N}) \tag{2.44}$$

式中　F——橡胶元件被压缩后产生的弹力;

A——橡胶元件截面积(mm^2);

p——与橡胶元件压缩量有关的单位弹力(MPa)。

为保证橡胶元件的使用寿命,它的总压缩量不应超过自由高度的 45% ,一般可取 35% ~45% ,预压缩量取 10% ~15% ,为防止橡胶元件的纵向失稳,在安装时应采取类似弹簧安装的支持、限位措施,否则其高度不得超过该元件直径的 1.5 倍。不同压缩比的橡胶压力参见表 2.15。

表 2.15　橡胶不同压缩比的单位压力

ε	10%	15%	20%	25%	30%	35%
p/MPa	0.26	0.50	0.70	1.06	1.52	2.10

橡皮的选用原则与步骤(《冲压手册》)。

a. 为保证橡皮不致过早失去弹性而损坏,其允许最大压缩量应不超过其自由高度的 45% ,一般取 $h_z = (0.35 \sim 0.45)h_{zy}$,橡皮的预压缩量一般取其自由高度的 10% ~15% , $h_y = (0.01 \sim 0.15)h_{zy}$,即工作行程 $h = h_z - h_y = (0.25 \sim 0.3)h_{zy}$。

由所需的工作行程,可求出橡皮高度(单位为 mm):

$$h_{zy} = \frac{h}{(0.25 \sim 0.3)} \tag{2.45}$$

b. 橡皮所产生的压力 $F = Ap$。

c. 对橡皮高度与直径之比按下式进行核算:

$$0.5 \leqslant \frac{h}{D} \leqslant 1.5(D\text{——橡皮直径,单位为 mm})$$

如果 $h/D > 1.5$,应适当将橡皮分开若干块,在其间垫以钢垫圈。

②聚氨酯橡胶弹性元件计算。

其弹力计算公式:

$$p = S_1 \varepsilon E \tag{2.46}$$

式中　S_1——橡胶元件截面积(cm^2);

ε——压缩比(%);

E——弹性模量($\text{kN} \cdot \text{cm}^{-2}$)。

弹性模量 E 与橡胶硬度、该元件的形状系数、压缩比 ε 及橡胶元件承载面的摩擦系数有关。

形状系数计算见下式：

$$K = S_1/S_2 \tag{2.47}$$

式中　K——形状系数；

　　　S_1——载荷作用面积或最小面积；

　　　S_2——该元件侧表面面积。

各种情况下的弹性模量值如图 2.111 所示。

图 2.112 所示 E 是压缩比 ε 为 10% ~35% 的平均值，虚线所示采用 20#机油润滑承载表面（钢与橡胶）时的 E 值。

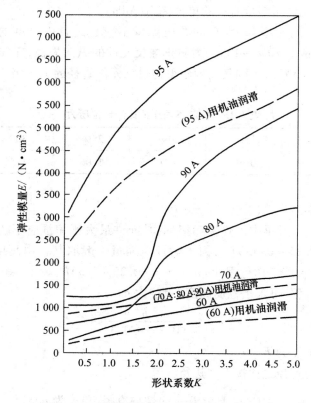

图 2.112　聚氨酯橡胶的形状系数与弹性模量

聚氨酯橡胶的许用压缩比 ε 比黑色橡胶低，一般为 10% ~35%，硬度高（如 95 A）的采用下限值（如 15%），硬度低的可采用上限值，其使用寿命与实际压缩比关系很大。

【例 2.7】　某冲模需要一个最大压缩量为 12 时产生 3 kN 力的弹性元件，其安装空间不超过 $\phi50$，求该元件材料及几何尺寸。

解：根据上述要求可知，该弹性元件承受的力较大，压缩和安装空间比较小，拟采用肖氏硬度为 80 A 的聚氨酯橡胶作弹性元件。该种橡胶压缩比初步定为 30%。

其高度尺寸

$$L_0 = \frac{12}{0.30} = 40$$

假定该元件压缩 12 后最大外径尺寸为 $\phi45$，求该元件外径。根据体积不变原理，该元件压缩前后体积不变，所以，

$$\frac{\pi 45^2}{4} \times (40 - 12) = \frac{\pi D^2}{4} \times 40$$

解得　$D = 37.6$，取 $\phi36$。

$$S_1 = \frac{\pi D^2}{4} = \frac{\pi \times 3.6^2}{4} = 10.2 (\text{cm}^2)$$

$$S_2 = \pi D h = \pi \times 3.6 \times 4 = 45.2 (\text{cm}^2)$$

$$K = \frac{S_1}{S_2} = \frac{10.2}{45.2} = 0.23$$

据图 2.111，查得其弹性模量为 1 050 N/cm^2，则根据公式计算得

$$p = 10.2 \times 0.30 \times 1 050 = 3.21 (\text{kN})$$

所以上述橡胶柱可以满足使用要求。

2.3.5　导向装置的设计

为满足冲裁模凸、凹模间隙的均匀，对于批量大或者冲裁间隙较小的模具应在上下模之间设置导向装置。

1. 导向装置的主要类型

冲模的导向系统主要有导柱 – 导套、导块、导板三种类型。导柱 – 导套系统主要用于中、小型模具，导向比较紧密，承受侧向力的能力差；导块、导板导向精度较差，承受侧向推力的能力较大，常用于大、中型成形模；在需要时可混合设置，以弥补各自的缺点。具体结构如图 2.113 所示。

图 2.113(a) 所示结构是最经常采用的小型冲模导向装置；图 2.113(b) 所示易拆导柱压入部做成锥度，以便于修磨刃口时容易拆卸并保持装配精度，采用导柱(导套)座可避免在大型模板上加工导柱(导套)压入孔，因而常用于大、中型模具；图 2.113(c) 所示系滚动导向装置用于冲裁间隙很小的精密模具或每分钟超过 200 冲次的模具(摩擦小、易于散热，可避免咬合)。

2. 导柱 – 导套的数量与尺寸

(1) 导向装置通常成对安装(小型模具装一对，大、中型模具装两对)，安装一对时可置于对称轴或对角线上，最好采用不同直径的导柱(套)，以避免合模时装反。

(2) 导柱(套)的直径可参考有关冲模标准确定。确定导柱长度时要注意以下几个问题：考虑冲床行程，开模时以导柱、导套不脱离为宜；合模时导柱插入导套长度不小于 1.5 倍的直径，而且导柱上平面至少低于上模板上平面 5～10 mm，防止与冲床滑块顶死。

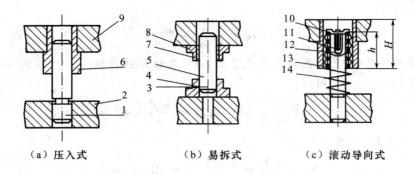

（a）压入式　　　　　（b）易拆式　　　　　（c）滚动导向式

1—导柱;2—下模板;3—止动螺钉;4—导柱座;5—易拆导柱;6—导套;7—衬套;8—导套座;
9—上模板;10—限位圈;11—止动销;12—限位杆;13—钢球保持架;14—支撑弹簧

图 2.113　导柱 – 导套的形式

3. 滚动导向的钢球保持架设计

保持架长度 h（图 2.113（c））：

$$H, L \geqslant h = \frac{nt}{2} + 2l \geqslant (2 \sim 3)d$$

式中　H——导套长度;

　　　L——导柱、导套配合期间的运动行程;

　　　n——钢球排数;

　　　t——同一母线上的钢球节距;

　　　l——保持架边缘至首排钢球的距离（l、t 尺寸见表 2.16）;

　　　d——导柱直径;

　　　d_1——钢球直径。

保持架在导柱上的位置如下。

开模状态时,保持架插入导柱的深度为 $h_1 = 0.5h$。

合模状态时,保持架插入导柱的深度为 $h_2 = 0.5(h + L)$。

保持架内、外直径与导柱、导套直径可分别相差 0.5 mm。

表 2.16　保持架尺寸　　　　　　　　　　　　　　　　　　　mm

d	$\phi18 \sim \phi25$	$\phi25 \sim \phi35$
d_1	3	4
l	3.5	4
t	6	8

2.3.6　出件与废料排出部分的设计

应采取可靠措施保证冲压件与废料的排出,否则将引起设备故障,严重时可危及人身和模具的安全。

1. 出件

按模具结构,可分为上出件和下出件。

上出件:

制件由上模落下(打料杆打出),可通过人工或机械手接取,也可用压缩空气吹出。大制件应避免采用上出件的形式。

下出件:

可在凹模腔下部做出空刀,模板做出相应的排料孔,工件或废料由冲床工作台孔漏出。当工作台无孔或孔的位置不在排料孔下方时,可采用滑槽将工件或废料导入工作台孔或工作台外。凸模滑槽表面与水平线的夹角和凹模材质有关。凹模为铸件,此角度大于或等于 45°,凹模为钢件,此角度大于或等于 30°。工作台无孔时,必须安装模脚,将模具垫起以保证模具与工作台之间有足够的空间容纳工件(废料)或工件(废料)取出装置。工件与废料的排出原则上应分开进行,以免混杂、不易清理。

2. 废料的排出

废料的排出原则上同工件排出,对于成卷的条料或封闭的料边应尽量在模内切断,并注意切削的飞溅。

3. 防止零件或废料上升

当冲裁间隙过大时,冲件(或废料)比凹模孔小。此时由于凸模底平面与该件产生的真空吸附会造成工件(或废料)上升,落在凹模平面上,影响生产正常运行。此时,应采取下列措施:在凸模上安装弹顶器或采用压缩空气吹(图 2.106)。

2.4　冲模设计程序及有关问题

1. 有关冲压件的工作程序

一个冲压件从图纸到生产入库的流程参看框图(图 2.114)。

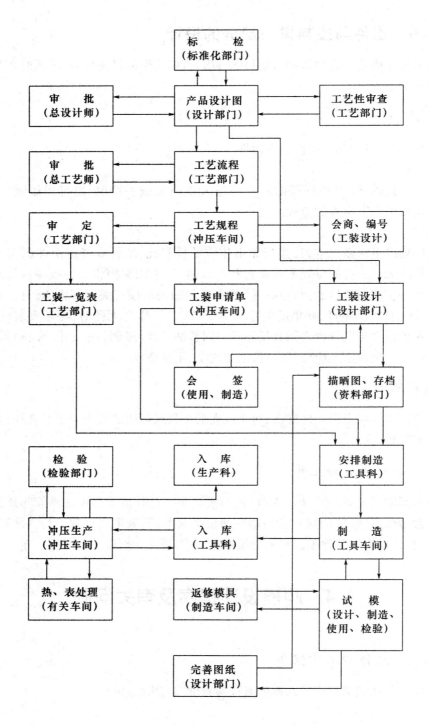

图 2.114　冲压件生产流程图

2. 冲模的设计程序

（1）准备工作。

①外部条件。

如前所述，工装设计部门在开始设计模具之前一般应具备下列条件：产品图、工艺规程、工装设计申请书。

a. 产品图可提供冲压件的使用与装配关系。工装设计人员可以从中明了该冲压件的质量要求，并可进一步从专业角度进行工艺审查：从该件的形状、尺寸精度、原材料选用等方面看是否适合冲压工艺性；如果做适当的修改可否使模具更简单；可否减少冲压工序；可否提高材料利用率等。

b. 工艺规程可提供该件冲压工序数目及顺序，各工序的冲压部位：形状、加工方向、加工基准、条料排样。也可提供各工序所用设备及附属装置、作业人数、进出料方式、单位时间生产效率、模具结构形式、模具使用寿命等。工装设计人员在工艺规程编制过程中亦可从专业角度审查工序安排是否合理，能否实现工艺规程所提要求，拟采用的冲压设备的吨位、能量、行程、闭合高度是否适用。工装设计人员对所采用的冲压设备的安装尺寸，如模柄孔径、深度、T形槽位置、大小、上顶杆和下顶杆的位置、尺寸、漏料孔尺寸，工作台尺寸，导轨至工作台的高度，该冲床每分钟冲次等都应有所了解。

c. 工装设计申请书也是模具设计的依据之一。模具造价高、周期长。重新设计制造一套模具必须采取慎重的态度。一个零件所需模具是在整个工艺流程确定之后，按工艺规程编制的工装一览表所规定的项目提出的。"三化"程度高，尽量采用通用件、标准件，就可减少专用工装的制造，大大加快新产品投产周期，降低生产成本。对未定型的产品也应少投工装，避免情况变化而造成报废。

②模具人员应具备的技术素质。

由以上所述可知，模具设计人员必须具备冲压工艺知识，同时也应掌握模具加工工艺，知道设计的模具如何加工，并了解模具制造车间所拥有的加工设备、加工方法、所能达到的精度等级，必要时可提出具体的加工方法。模具设计人员还必须熟悉模具设计所涉及的各项标准。这些标准包括一般标准，如机械制图、形位公差、紧固件等国家标准以及一般的编号标准、模具出图形式等。

有关专业标准及模具出图形式。

a. 冷冲模国家标准（JB/T 8065～8069—1995）。

冷冲模国家标准于 1984 年开始实施，1998 年进一步进行归纳与调整，已纳入有关的国际标准。该标准的主要内容包括以下。

（a）各类冲模的典型组合。

（b）各种标准模架。

（c）各种标准模板。

（d）各种通用零件，如导柱、导套、模柄等。

（e）各种标准圆凸模、圆凹模块。

(f)冷冲模零件技术条件(JB/T 7653—1994)。该标准规定冷冲模零件未注公差按国标规定的 IT14;各种模板平行度公差按国际 4 级(滚动导向)或 5 级(滑动导向);垂直度公差按 5 级。

(g)冷冲模具典型组合技术条件(JB/T 8069—1995)。该标准可用于一般冲模装配后的技术要求。

上述两项技术条件国家标准一经明确执行,则图纸中可不再标注。

b. 模具出图形式。

模具出图形式现无统一标准,主要取决于模具标准化程度,看具备多少标准及标准件储备。标准化程度越高,出图形式越简单。

(a)仅具备紧固件标准时,总装配图及零件图必须全部绘出。

(b)当执行冷冲模标准时,总装配图须全部绘出。标准件不出图,只列出标准件代号。有补充加工时,其标准部分用假想线勾出轮廓线,补充加工部分须绘出。

(c)当建立典型组合储备时,总装配图用假想线勾出轮廓线,将其补充加工部分及非标准件绘出,其余同上一条。

(d)具备 CAD/CAM 条件时,主要储备标准代号及补充加工部分、非标准件的程序加工软件实现设计加工一体化。图形可随时显示以备对照,无正式图纸。

c. 总装配图及零件图标题栏格式。

现在没有统一标准,模具的标题栏格式可不同于一般机械装配图。它的特点是用于单位生产,一般也没有部件图,只有一张装配图,将全部零件都列于这种装配图中。因此,可用件号代替零件图号。对于复杂的模具装配图(如复杂连续模),一工位的若干零件可用分件号方式表达,如 1—1、1—1A 可表示位于同一位置的形状基本一致的上下两个零件;1—1、1—2、1—3 等表示位于同一型腔的若干个拼(镶)块;1—1、1—11 表示位于同一工位的上、下模的相应零件。

(2)模具结构的选择。

完成同一种零件所需要的冲模有多种结构形式和不同的精度等级,所采用的模具材料也不同。它们的区别主要取决于所冲零件的年产量。冲压件生产批量的划分见表 2.17。

表 2.17　冲压件生产批量的划分　　　　　　　　　　万件

生产量 材料	低产量	中等产量	高产量	最高产量
铝,黄铜	< 5	~ 50	~ 1 000	> 1 000
软钢	< 2	~ 20	~ 500	> 500
不锈钢	< 3	~ 10	~ 200	> 200
硬钢	< 0.5	~ 5	~ 100	> 100

①高产量和最高产量。采用高效率、高寿命模具。从结构上看,多为连续模、多工位模、多滑块弯曲模。从自动化程度上看,应采用自动送料、自动监控检测、自动输出冲件和废料。从冲压速度上看,能适应每分钟几百次以上的工作。从选用的模具材料上看,能适应高速冲击和高耐磨性。

②中等产量。应尽量采用典型组合结构,扩大标准件、通用件使用范围,尽量减少设计和制造工时。

③低产量和新品试制。采用结构简单、制造快、成本低的简易、经济冲模,如组合冲模(包括成组模具和装配式组合模具)、钢片模、薄板模、夹板模、聚氨酯橡胶冲模、锌基合金模、低熔点合金模、金属喷镀模等。

本书涉及的主要是适用于中等以上产量的典型模具,其他批量适用的模具请查阅有关资料。

(3)模具设计时应遵循的原则。

模具的损坏可分为两大类型:破裂和磨损。冲压件的报废则可由尺寸超差或表面质量不合格(主要为毛刺过大)引起。为此,设计模具时要注意下列问题。

①相对位置的控制。

模具动作时,各部分零件必须保持正确的相对位置。保持模具间隙(冲裁间隙或弯曲、拉深间隙等)均匀是最主要的一条。模具的静态间隙取决于模具结构的合理性、模具零件的加工和装配精度等;模具的动态间隙取决于压力机的精度、刚性及模具本身的刚性及承受侧向力的情况。设计模具时应对以上诸因素有足够的认识。

②冲压材料位置的控制。

模具动作时,被冲材料或半成品应保持正确的位置。宏观的位移容易被发现,材料的局部变形往往被忽视。如单面冲裁会引起条料位移;封闭冲裁时,凸模周围的被冲材料也会发生局部变形。如果其附近有细小凸模,则此变形会对细小凸模产生侧向挤压,严重时会将其折断。材料的这种额外位移在弯曲、拉深工序中更为严重,会造成工件尺寸超差及模具损坏。因此,设计模具时要充分考虑对被冲材料施加可靠定位,如采用强力压板等。

③振动的控制。

凸模在进入材料及材料断裂时会产生振动,为使此振动正常地传递出去而不引起小凸模折断,应采取一些可靠措施,如凸模压合部分截面积应为端部的 2 倍,而尾部横截面积则应为 4 倍;凸模不导向时,凸模端部长度不应超过端部直径的 2.5 倍(工具钢凸模)或 4 倍(高速钢凸模);凸模座应采用淬火件以防凸模松动。

④废料的控制。

必须避免废料上升与堵塞,否则会造成模具凹模破裂。废料飞溅则会引起人身事故或机械故障。

⑤磨损的控制。

正常报废的模具多为刃口磨损以致经反复修刃而使刃口丧失,如何减少磨损就成为延长模具寿命的关键问题之一。一般来说,可以从以下几个方面入手。

　　a.适当地加大冲裁间隙。

　　根据对冲裁机理的研究,冲裁间隙的大小、被冲材料的约束条件都对刃口的磨损有很大影响。冲裁过程中,形成光亮带的挤压阶段对凸、凹模刃口侧壁挤压会造成侧壁磨损,而刃口端面的磨损主要是被冲材料的水平滑动造成的。随着冲裁间隙的加大,侧壁磨损减小,端面磨损增大。当冲模间隙达到一值时(如低碳钢,单面冲裁间隙为 $12\%\,t$ 时),对刃口磨钝的综合影响达到最小,模具寿命可提高 $2\sim3$ 倍。

　　这种最佳寿命冲裁间隙值随着被冲材料的约束条件而发生改变。当被冲材料受到较大的约束时(如采用强力压板),凹模端面磨损减小,凸模端面磨损增大,凸、凹模侧壁磨损都减小。因为侧壁磨损对模具寿命影响最大,增加卸料板的压力无疑是有好处的。如果冲压件存在小孔、尖角、窄槽或冲压时被冲材料的约束条件发生改变,都应适当改变间隙值。

　　b.正确地选用模具钢材和热、表处理方法。

　　选用模具材料时应考虑下列因素:抗冲击性与耐磨性,加工性及热、表处理性能,被冲材料的特性与冲压工序的特性等。

　　一副模具可根据不同要求选用多种钢材,一般冲孔件受凹模磨损的影响大,落料件受凸模的磨损影响大,而细、窄件受冲击影响大。一般应主要考虑钢材的耐磨性,细、窄件主要考虑韧性。材料的硬度越高,耐磨性越好,但硬度超过一定值时,韧性会有所下降。选用何种钢材(各种合金工具钢、高速钢、硬质合金钢),进行什么样的热、表处理都应综合考虑后再确定。

　　被冲材料不同,模具材料也应有区别。冲裁贝氏体钢材及带有绝缘薄膜的硅钢板等材料时,最好采用抗刮伤、磨损性能好的 Cr12MoV 或采用超硬合金材料。被冲材料表面的无机绝缘薄膜或热处理产生的氧化膜会使模具剧烈磨损。冲制不锈钢时,被冲材料会和模具材料发生粘结,此时采用 W6Mo5Cr4V2 这样的高速钢较好。

　　c.正确地选用润滑剂。

　　冲裁时,不锈钢和铝材极易黏着在模具上,此时采用润滑剂可使磨损大大降低。润滑剂应选能耐高压、耐高速、黏度高的。

　　d.注意冲裁速度对磨损的影响。

　　在曲轴冲床上改变冲裁速度时,速度加快,其磨损略微减小。当采用高速冲床时,磨损会明显减小,这是因为提高冲裁速度后,被冲材料破裂得早。

　　e.注意凸模压入量对磨损的影响。

　　凸模进入凹模腔时,深度越浅,模具刃口侧面磨损越小,特别是对凸模侧壁的磨损,效果更加明显。

　　f.注意刃口钝角对磨损速度的影响。

　　模具使用时,初期刃口磨损发展较快,随后进入一个稳定期,当刃口尖端圆角钝到一定程度,凸模压入被冲材料较深时材料才破裂,这就使刃口磨损加剧。因此,为保持模具总的寿命,应在进入过度磨损时就及时开刃。

⑥崩刃的控制。

崩刃是影响模具寿命的另一主要原因,为此,应从下述几个方面加以预防。

a. 模具材料材质应均匀,防止内部缺陷,热处理不可过度,应保持足够的韧性(如采用锻件制造凸模,碳化物偏析不低于二级,采用 HRC64 淬火后回火至 HRC62)。

b. 冲制不锈钢、铝等黏着性大的材料时应采用润滑剂。

c. 防止冲裁间隙过小或偏向一边,以免因冲裁力过大、卸料力过大而产生崩刃。

d. 降低刃口侧壁的表面粗糙度。

e. 防止出现异常冲裁,如同一地方冲裁两次或一次冲裁两件等。

f. 提高冲床和模具刚性。

⑦负荷的控制。

设计模具时要使模具的压力中心与冲床滑块的轴线保持一致,否则将引起偏载而造成上、下模的相对位置偏移。选用压力设备时应使模具总的冲压力为压力机额定载荷的 70% ~80%,设备负荷过大,振动将加大。

(4)冲裁间隙的计算与选择。

冲裁间隙是模具设计的重要基础数据,其值大小直接影响冲件质量、模具寿命和冲裁力。它与冲压材料的种类、状态、冲件的相对厚度和形状有关。冲裁间隙可按下列经验公式计算,也可参考其他经验数据选取。

$$c = \left(kt\tau \times 10^{-4}\right)_0^{0.02t}$$

式中　　c——单位冲裁间隙;

k——系数,当冲件的尺寸精度、平整度和断面质量要求较高(如冲制装配、定位面)时,$k=1$,对于一般冲裁件,$k=3$ 时可获得较小的冲裁毛刺、冲裁力和最高的模具寿命;

τ——材料抗剪强度(MPa);

t——材料厚度。

对于冲件相对厚度较大者以及锐角冲孔件,应加大冲裁间隙;锐角落料件应减小冲裁间隙避免掉角。当 $k>1$ 时,通常冲件的外、内形尺寸分别小于和大于模具的基准型面尺寸——对于一般精度的冲件来说可忽略不计,但应注意轻薄零件的反跳。

(5)冲模设计步骤(广义)。

①设计人员接到模具设计申请书后应先认真消化好产品图、工序图、排样图并进行工艺性审查,了解该冲压件的使用情况。然后再根据工艺规程的要求考虑模具结构。其后进行冲裁力计算,核对冲床负荷能力、安装尺寸等看其是否可以满足设计要求。

②根据排样图确定压力中心,绘制下模平面图(上模平面图按需要绘制),主要剖面图,标明模具的外形尺寸及与冲压作业有关的主要安装、使用尺寸;如送料平面高度,导料板间距,模具安装槽尺寸等。凡是模具组装后的相对尺寸,都应在总装配图中表明。

③复杂的模具应先绘制结构草图交讨论或审批后再正式绘制。

④绘制零件图。零件图上应表达清楚该零件的结构,尺寸、精度、表面粗糙度,选用的材料,进行何种热处理和表面处理,有何其他技术要求,零件的数量等。

⑤图纸绘制完毕后,应送交校对、审核、会签、批准后转描、晒图。设计人员对白图负责,描图员对底图负责。

⑥图纸下达生产后,设计人员应经常深入生产现场,及时发现图纸中的不足之处,了解生产过程中出现的制造问题,做到心中有数,及时处理,并经过试模后进一步完善图纸,至此才算完成该图纸的设计过程。

(6)冲模设计步骤(具体)。

①冲裁件工艺性分析。

a. 审图。

收集并分析冲压件的产品图及技术条件,原材料的尺寸规格、性能,产品的生产批量;此外,工厂现有的冲压设备条件、工厂现有的模具制造条件及技术水平、其他技术资料等也应作为设计的资料。

b. 冲裁工艺性分析。

应充分研究设计要求,了解产品用途,并进行冲压件的工艺性及尺寸公差等级分析,改进冲压件结构或工艺性。

②确定冲裁工艺方案。

在冲压工艺性分析的基础上,拟定出可能的几套冲压工艺方案,然后根据生产批量和企业现有生产条件,通过对各种方案的综合分析和比较,确定一个技术经济性最佳的工艺方案。

根据已确定的冲压工艺方案,综合考虑冲压件的质量要求、生产批量大小、冲压加工成本以及冲压设备情况、模具制造能力等生产条件,选择模具类型。

③选择模具的结构形式。

冲裁方案确定之后,模具类型(单工序模、复合模、级进模等)即选定。就可确定模具的各个部分的具体结构,包括模架及导向方式、毛坯定位方式、卸料、压料、出件方式等。

在进行模具结构设计时,还应考虑模具维修、保养和吊装的方便,同时要在各个细小的环节尽都可能考虑到操作者的安全等。

④进行必要的工艺计算。

a. 排样设计与计算。

b. 计算冲压力,初步选取压力机的吨位。

c. 计算模具压力中心。

d. 计算凸、凹模工作部分尺寸并确定其制造公差。

e. 弹性元件的选取与计算。

f. 必要时,对模具的主要零件进行强度的验算。

⑤选择与确定模具的主要零部件的结构与尺寸。

模具主要零部件的结构设计,就是确定工作零部件、定位零件、卸料和出件零件、导向零件以及连接与固定零件的结构形式和固定方法。在设计时,要考虑到零部件的加工工艺性和装配工艺性。

⑥校核模具闭合高度及压力机有关参数。

冲裁模总体结构尺寸必须与所选用的压力机相适应。

a. 模具的总体平面尺寸应与压力机工作台或垫板和滑块下平面尺寸相适应。

b. 模具的封闭（闭合）高度应与压力机的装模高度或封闭高度相适应。模具的其他外形结构尺寸也必须与压力机相适应。

c. 模具外形平面尺寸与压力机的滑块底面及工作台面尺寸。

d. 模具的模柄与滑块的模柄孔尺寸。

e. 模具下弹顶装置的平面尺寸与压力机工作台面孔的尺寸。

⑦绘制模具总装图及零件图。

a. 绘制模具总装图。

绘制模具总装图应清楚表达各零件之间的装配关系以及固定连接方式。模具总装配图的格局如图 2.115 所示。模具总装配图的示例如图 2.116 所示。

（a）主视图。

剖视图,闭合状态,闭合高度尺寸,条料和工件剖切面涂红/黑。

（b）俯视图。

俯视可见部分,未见部分可用虚线表示,平面轮廓尺寸,图中排样图轮廓线用双点画线表示。

（c）侧视图、局部视图和仰视图。

一般不要求,必要画时出,宜少勿多。

（d）冲裁零件图。

按比例,与冲压方向一致,注明零件名称、材料、厚度及有关技术要求。

（e）排样图。

对于落料模、含有落料的复合模及级进模,必须绘出排样图。

（f）标题栏和明细表。

所有零件（含标准件）都要详细填写在明细表中。标题栏和明细表示例如图 2.117 所示。

（g）技术要求。

简要注明对本模具的使用、装配等要求和应注意的事项。当模具有特殊要求时,应详细注明有关内容。

b. 绘制模具零件图。

模具零件图是模具加工的重要依据,应符合如下要求。

（a）视图要完整,且宜少勿多。

（b）尺寸标注要齐全、合理、符合国家标准。

（c）制造公差、形位公差、表面粗糙度选用要适当。

（d）注明所用材料牌号、热处理要求以及其他技术要求。

模具零件图如图 2.118 所示。

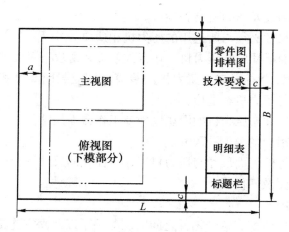

图 2.115　模具总装配图的格局

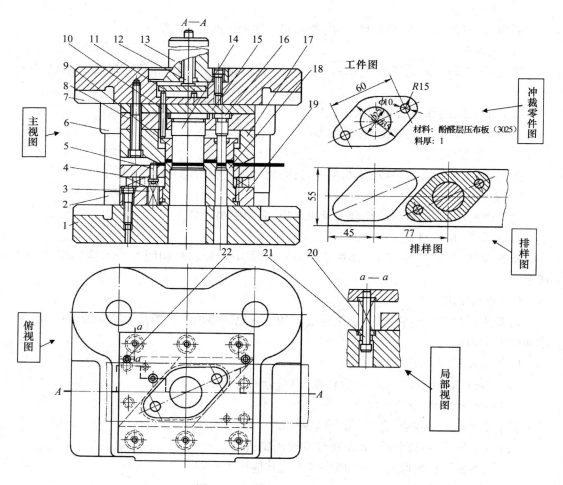

图 2.116　模具总装配图的示例

序号	名称	数量	材料	热处理(HRC)	标准代号	参考尺寸	页次
27	螺钉	1	45#		GB 70—86	M8×25	
26	导料销	2	45#		GB/T 3649.10—94		
25	卸料螺钉	4	45#	HRC24~28	JB/T 3650.5—94		
24	下垫板	1	T8A	HRC54~58	JB/T 3643.3—94	125×125×6	3
23	凸凹模固定板	1	45#	HRC24~28	JB/T 3643.1—94	125×125×14	9
22	弹簧	4	60SiMnA	HRC40~48	JB/T 3183.6—95		
21	卸料板	1	45#			125×125×10	5
20	凹模板	1	Cr12	HRC24~28	JB/T 3643.1—94	125×125×14	4
19	圆柱销	2	45#		GB 119—86	φ10×62	
18	空心垫板	1	45#	HRC24~28	JB/T 3643.3—94	125×125×12	10
17	凸模固定板	1	45#	HRC24~28	JB/T 3643.1—94	125×125×14	8
16	上模座板	1	HT200		GB/T 2855.5—90	125×125×30	2
15	防转销	1	45#		GB 119—86	φ4×14	
14	推杆	1	45#	HRC24~28			
13	模柄	1	Q235—A,F		JB/T 3646.1—94		
12	凸模	2	T10A	HRC56~60	GB/T 5825—91		12
11	推件块	1	45#				12
10	圆柱销	2	45#		GB 119—86	φ10×35	
9	螺钉	4	45#		GB 70—86	M8×60	
8	导套	2	GCr15	HRC62~64	GB/T 2861.6—90	φ22×80	
7	导柱	2	GCr15	HRC62~64	GB/T 2861.1—90	φ22×150	
6	上垫板	1	T8A	HRC54~58			6
5	挡料销	1	45#	HRC43~48	GB/T 3649.10—94		
4	凸凹模	1	Cr12	HRC58~62			11
3	圆柱销	2	45#		GB 119—86	φ10×45	
2	螺钉	4	45#		GB 70—85	M8×40	
1	下模座板	1	HT200		GB/T 2855—90	125×125×35	3
序号	名称	数量	材料	热处理(HRC)	标准代号	参考尺寸	页次

			止动件冲孔落料 复合模					
标记								
描图					J23-63		第　版	
设计		型别	零组件号	工序号	设备 型号			
校对								
审核					比例	1:1	共12页	第1页
标检		车间 同意		算稿号				
批准								

图 2.117　标题栏和明细表示例

99

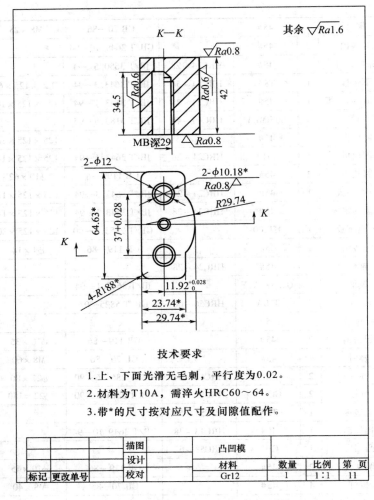

图 2.118　凸凹模示例

技术要求如下。

(1)各模板装配前倒去除工作零件的工作部分外所有棱边。

(2)模具装配后卸料板高出凸模 1 mm。

(3)模具装配后顶件板高出凹模 2 mm,模具闭合后凸模进入凹模 1.2 mm。

(4)模具装配后保证凸模与凹模之间的冲裁间隙为 0.072 mm 且均匀。

(5)模具安装在 J23 - 63 冲床上,该冲床的主要参数为:公称压力 63 kN,最大封闭高度 170 mm,封闭高度调节量 40 mm,工作台尺寸(左右×前后)315 mm×200 mm,模柄孔尺寸 $\phi 30 \times 50$。

(6)模具涂绿色防锈漆。

(7)模具中的配合关系,如凸模与凸模固定板采用 h7/n6,凸模与卸料板之间采用 H7/h6 配合,压边圈与凸模采用 H7/h6 配合,顶件器与凹模之间采用 H7/h6 配合等。

2.5　工程案例

此工程案例选自文献[3]。

工件如图 2.119 所示。

生产批量:大批量

材料:30 钢

材料厚度:0.3 mm

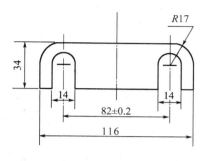

图 2.119　工件图

1. 冲压件的工艺分析

分析该工件的尺寸精度,其两孔中心距的尺寸及公差为(82 ± 0.2)mm,按《冲压手册》中表 10 - 8 查得,两孔中心距离公差 IT12,即该工件的精度要求适中。从零件的形状、尺寸标注及生产批量等情况看,也均符合冲裁的工艺要求,并且只需一次落料即可,故采用单工序落料模进行加工。

2. 排样

采用直排有废料排样方式,如图 2.120 所示。

计算冲裁件的面积 A:

$$A = \left[(116 + 82) \times 17 + \frac{\pi \times 17^2}{2} - 2 \times 14 \times 17 - \pi \times 7^2 \right] = 3\,190(\text{mm}^2)$$

按《冲压手册》中表 2 - 18 查得最小搭边值:

$a = 2$,　$a_1 = 1.5$

条料宽度:$b = (116 + 2 \times 2 + 0.6)_{-0.6}^{0}$

进距:$h = 34 + 1.5 = 35.5$

一个进距的材料利用率:

$$\eta = \frac{nA}{bh} \times 100\%$$

$$= \frac{1 \times 3\,190}{120.6 \times 35.5} \times 100\% = 74.5\%$$

选取 1.8 m × 2 m 的板材,则整张板的材料利用率:

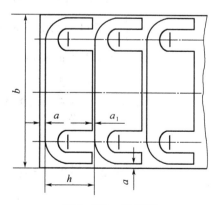

图 2.120　排样图

$$\eta = \frac{nA}{LB} \times 100\%$$

$$= \frac{50 \times 16 \times 3\,190}{2\,000 \times 1\,800} \times 100\% = 70.9\%$$

3. 计算冲压力

该模具采用弹性卸料和上出料方式。

①冲裁力。

$$F = 1.3lt\tau(\text{N})$$

其中，$L = (116 - 2 \times 14) + 82 + 6 \times 17 + 2 \times 7\pi = 369.34$

$t = 0.3$，$\tau = 353$ MPa

故 $F = 1.3lt\tau = 1.3 \times 369.34 \times 0.3 \times 353 = 50.85 \times 10^3 (\text{N})$

②卸料力。

$F_X = K_X F$ 查《冲压手册》中表 2-37 得 $K_X = 0.05$

$F_X = K_X F = 0.05 \times 50.85 \times 10^3 = 2.54 \times 10^3 (\text{N})$

③顶出力。

$F_D = K_D F$ 查《冲压手册》中表 2-37 得 $K_D = 0.08$

$F_D = K_D F = 0.08 \times 50.85 \times 10^3 = 4.068 \times 10^3 (\text{N})$

选择冲床时的总冲压力：

$$F_Z = F + F_X + F_D = 57.64 \text{ kN}$$

4. 确定模具压力中心

按比例画出工件形状，将工件轮廓线分成 l_1、l_2、$\cdots$、l_5 的基本线段，并选定坐标系 XOY，如图 2.121 所示。因工件左右对称，其压力中心一定在对称轴 Y 上，即 $x_c = 0$。故只计算 y_c。

$l_1 = 116 - 2 \times 14 = 88$；$y_1 = 0$

$l_2 = 6 \times (34 - 17) = 102$；

$y_2 = \dfrac{1}{2} \times (34 - 17) = 8.5$

$l_3 = 2 \times 7 \times \pi = 44$；

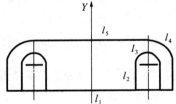

图 2.121　设定坐标系 XOY

$$y_3 = 17 + \frac{7\sin\dfrac{\pi}{2}}{\dfrac{\pi}{2}} = 21.4$$

$$l_4 = 2 \times \frac{17\pi}{2} = 53; \quad y_4 = 17 + \frac{17\sin\dfrac{\pi}{4}}{\dfrac{\pi}{4}}\cos\frac{\pi}{4} = 27.69$$

$$l_5 = 82; \quad y_5 = 34$$

$$y_c = \frac{l_1 y_1 + l_2 y_2 + l_3 y_3 + l_4 y_4 + l_5 y_5}{l_1 + l_2 + l_3 + l_4 + l_5} = 16.44$$

5. 计算凸、凹模的刃口尺寸

单面冲裁间隙值 $c = (kt\tau \times 10^{-4})_0^{0.02t} = (3 \times 0.3 \times 353 \times 10^{-4})_0^{+0.006} = 0.031_0^{+0.006}$

对零件图中未注公差的尺寸,进行分类,查《冲压手册》中表 $10-8$,其极限偏差如下。

A 类尺寸:$116_{-0.87}^{0}$,$34_{-0.64}^{0}$,$17_{-0.43}^{0}$

B 类尺寸:$14_0^{+0.43}$

H 类尺寸:82 ± 0.2

基准型面在凹模上,基准型面尺寸如下。

方法 1:基准型面法:$(\delta = \Delta/4)$

　　凹模标注:

$$a_1 = 115.35_{\ 0}^{+\frac{0.87}{4}} = 115.35_{\ 0}^{+0.22}$$

$$b_1 = 14.32_{-\frac{0.43}{4}}^{\ 0} = 14.32_{-0.11}^{\ 0}$$

$$h = 82 \pm \frac{0.4}{8} = 82 \pm 0.05$$

　　凸模标注:$*a_1$,$*b_1$,$*h_1$。

　　技术要求:带 $*$ 尺寸按凹模配做,保证单面间隙 $0.031 \sim 0.037$。

方法 2:尺寸转换法:$(\delta = \Delta/4)$

　　凸模标注:

$$a''_1 = (115.35 + \delta - 2c_{\min})_{-\frac{\Delta}{4}}^{\ 0} = 115.51_{-0.22}^{\ 0}$$

$$b''_1 = (14.32 - \delta + 2c_{\min})_{\ 0}^{+\frac{\Delta}{4}} = 14.27_{\ 0}^{+0.11}$$

$$h'' = 82 \pm \frac{0.4}{8} = 82 \pm 0.05$$

　　凹模标注:$*a''_1$,$*b''_1$,$*h''_1$。

　　技术要求:带 $*$ 尺寸按凸模配做,保证单面间隙 $0.031 \sim 0.037$。

　　校核:当凹模按凸模配最大间隙时,A_1:$115.51 + 2 \times 0.037 = 115.58$,满足 $116_{-0.87}^{0}$,还有 0.42 mm 磨损量;B_1:$14.27 - 2 \times 0.037 = 14.19$,满足 $14_0^{+0.43}$,有 0.19 mm 磨损量。所以此标注方法合理。

方法 3:全注公差法:$(\delta = 0.02t = 0.006)$

　　凹模标注:

$$a_1 = 115.35_{\ 0}^{+0.006}$$

$$b_1 = 14.32_{-0.006}^{\ 0}$$

$$h = 82 \pm 0.003$$

　　凸模标注:

$$a'_1 = (115.35 - 2c_{\min})_{-\delta}^{\ 0} = 115.29_{\ 0}^{\ 0.006}$$

$$b'_1 = (14.32 + 2c_{\min})_{\ 0}^{+\delta} = 14.38_{\ 0}^{+0.006}$$

$$h' = 82 \pm 0.003$$

6. 凹模的外形尺寸

$$H_L = 0.25 \sqrt[6]{LP^2} = 25.5 \approx 26$$

$$L = 369.39, \quad P = 55.4 \times 10^3 \text{ N}$$

$$h_{xm} = 4$$

$$H = 26 + 4 = 30$$

$$W_2 \geqslant 1.5 H_L = 1.5 \times 26 = 39$$

$$L = 116 + 2 \times 39 = 194$$

$$B = 34 + 2 \times 39 = 112$$

7. 紧固件(螺钉、圆柱销)尺寸

(1)直径与配合长度。

①直径 d。查《冲压手册》中表 2 −2,通常取 $d = \dfrac{1}{3} H_L = 8.7$ 取 M10

②配合长度。 通常取配合长度 $\geqslant 1.5d$

(2)位置尺寸。

①距边尺寸。取 $1.5d = 15$

②螺孔间距: $194 - 2 \times 15 = 164$

$$112 - 2 \times 15 = 82$$

③销孔位置:销孔边距螺孔中心 $\geqslant 1.5d = 15$

销孔中心距螺孔中心 $\geqslant 2d = 20$

销孔中心距 $164 - 2 \times 20 = 124$

凹模板零件图如图 2.122 所示。

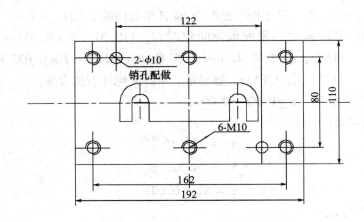

图 2.122　凹模板

8. 模具总体设计及主要零部件设计

本例的模具总图如图 2.123 所示。该模具为正装上出件单工序落料模。

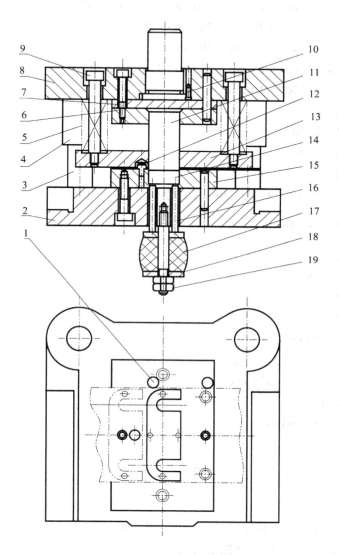

1—导料销；2—下模座；3—导柱；4—导套；5—弹簧；6—凸模固定板；7—垫板；8—上模座；9—卸料螺栓；
10—圆柱销；11—凸模；12—挡料销；13—卸料板；14—顶件块；15—凹模；16—顶杆；17—橡胶；18—托板；19—螺母

图 2.123　正装上出件落料模

条料的送进，由两个导料销 1 控制其方向，由固定挡料销 12 控制其进距。卸料采用弹性卸料装置，将条料从凸模上卸下。同时由装在模座之下的顶出装置实现上出件，通过调整螺母 19 压缩橡胶 17，可调整顶出力。由于该弹性顶出装置在冲裁时能压住工件，并及时地将工件从凹模内顶出，因此可使冲出的工件表面平整。适用于厚度较薄的中、小工件的冲裁。

卸料弹簧的设计计算（略）。

模架选用后侧导柱标准模架。

上模座：$L/\text{mm} \times B/\text{mm} \times H/\text{mm} = 200\ \text{mm} \times 200\ \text{mm} \times 45\ \text{mm}$

下模座：$L/\text{mm} \times B/\text{mm} \times H/\text{mm} = 200\ \text{mm} \times 200\ \text{mm} \times 50\ \text{mm}$

导　柱：$d/\text{mm} \times L/\text{mm} = 32\ \text{mm} \times 160\ \text{mm}$

导　套：$d/\text{mm} \times L/\text{mm} \times D/\text{mm} = 32\ \text{mm} \times 105\ \text{mm} \times 43\ \text{mm}$

模架的闭合高度：$170 \sim 210\ \text{mm}$

垫板厚度：10 mm

凸模固定板厚度：30 mm

卸料板厚度：20 mm

模具的闭合高度：

$$H = 45 + 10 + 30 + 凸模露出高度 + 20 + 30 + 50$$

9. 冲压设备的选择

选用开式双柱可倾压力机 J23 – 16。

公称压力：160 kN

滑块行程：55 mm

最大闭合高度：220 mm

闭合高度调节量：45 mm

滑块中心线至床身距离：160 mm

工作台尺寸：300 mm × 450 mm

垫板厚度：40 mm

模柄孔尺寸：$\phi 40 \times 60\ \text{mm}$

习　　题

1. 计算图 2.32 所示其他零件尺寸的冲裁型面刃口尺寸（用三种方法进行计算）。

2. 完成图 2.32 所示零件的凹模结构设计。

3.【例 2.4】中的凸模若改为固定卸料板（$\mu 0 = 1.35$），试解之。

第3章 弯曲类零件模具设计

弯曲是将板料、型材、管材或棒料等按设计要求弯成一定的角度和一定的曲率,形成所需形状零件的冲压工序。弯曲也是冲压基本工序。弯曲方法可分为在压力机上利用模具进行的压弯以及在专用弯曲设备上进行的滚弯、折弯、拉弯等,如图 3.1 所示。

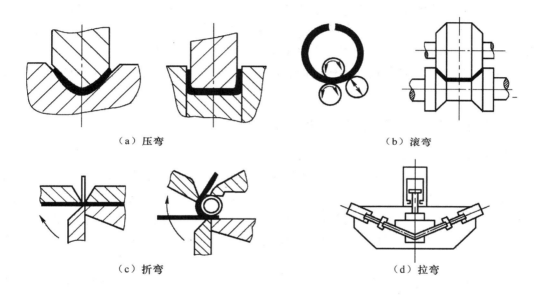

（a）压弯   （b）滚弯

（c）折弯   （d）拉弯

图 3.1　常见弯曲方法

飞机中弯曲类零件包括角形型材、Ⅱ 形型材、圆弧形型材、半圆形型材、复杂形型材等 5 类,如图 1.4 所示。由于飞机设计技术和制造技术的发展,该类型材数量不断减少。但在民用生产中,弯曲类零件种类和数量有增无减。板弯型材采用弯曲方法成形,通过一系列弯曲模具完成型材成形。

本章介绍压弯中弯曲模典型结构、弯曲工艺计算、工艺方案制定和弯曲模设计。涉及弯曲模的典型结构,弯曲件坯料尺寸计算、工艺性分析与工艺方案确定、弯曲模工作零件设计等。

弯曲与冲裁相比,其不同之处在于弯曲有回弹现象发生,而冲裁没有;弯曲属于立体成形,需要计算毛坯展开长度(简称展长),而冲裁属于平面切断,不需要计算展长;弯曲的形式多种多样,故而弯曲模结构五花八门,准确工艺计算难,模具动作复杂,结构设计规律性不强,而冲裁模结构相对规范,典型结构具有一定的代表性;弯曲模与冲裁模的刃口不一样,弯曲模以改变形状为主,刃口有较大圆角半径,而冲裁模以切断为目的,刃口锋利无圆角。

3.1 弯曲模的典型结构

弯曲件的形式多种多样,最常见的有 V(L)形弯曲,U 形弯曲,∏ 形弯曲,Z 形弯曲,O 形弯曲以及铰链件的弯曲等,因此弯曲模的结构也随之多种多样。在设计弯曲模时,由于弯曲件形状复杂,种类繁多,因此第一要考虑的是工件的定位问题。立体成形尤其在工件左右不对称时,弯曲过程中工件会产生侧向滑移。第二要考虑的是弯曲成形的问题,即工件上的多个弯曲部分的弯曲顺序及弯曲次数的确定。此外,弯曲成形包括自由弯曲和校正弯曲。自由弯曲是指弯曲件在弯曲过程中没有受到模具的校正,校正弯曲是指弯曲件弯曲结束时受到模具的校正。校正弯曲相比自由弯曲,弯曲力增大,同时弯曲件质量好,回弹小。以下弯曲模具的典型结构我们从定位、弯曲成形、自由弯曲、校正弯曲四个方面来了解。

3.1.1 V(L)形件弯曲模

普通 V 形弯曲模如图 3.2(a)所示为对称弯曲,适用于弯曲任意角度,用定位板定位;图 3.2(b)用定位尖定位;图 3.2(c)用顶杆定位;图 3.2(d)用 V 形顶杆定位。图 3.2 所示弯曲均为校正弯曲。折板式 V 形弯曲模如图 3.3 所示,其凹模是折板式活动凹模,在弯曲过程中,板料始终与活动凹模相接触,折板凹模起压料作用,故所成形的 V 形件精度较高。此套模具采用定位板进行板料的定位。适用于精度要求较高、不对称、窄而长的 V 形弯曲件。

L 形弯曲件的模具如图 3.4 所示,图 3.4(a)为工件水平放置,向上弯曲 90°,此套模具采用定位销定位,工件上的工艺孔先套在定位销上,然后进行弯曲;图 3.4(b)为大型件端头 90°向下弯曲。当 L 形件两直边长度相差较大时,采用向下弯曲,多用于级进模中。图 3.5 所示为任意角度的端头弯曲模。

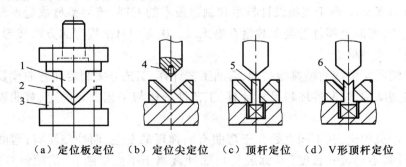

（a）定位板定位　（b）定位尖定位　（c）顶杆定位　（d）V 形顶杆定位

1—凸模;2—定位板;3—凹模;4—定位尖;5—顶杆(顶针);6—V 形顶杆

图 3.2 V 形弯曲模

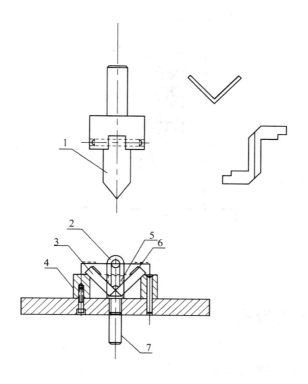

1—凸模;2—支柱;3—折板活动凹模;4—靠板;5—铰链;6—定位板;7—顶杆

图 3.3 折板式 V 形弯曲模

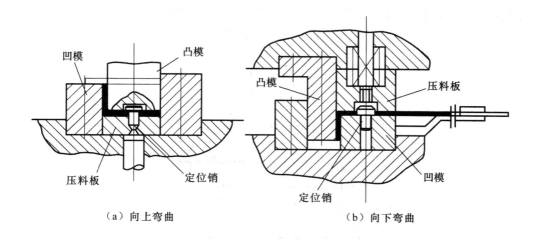

图 3.4 带压料装置及定位销的弯曲模

109

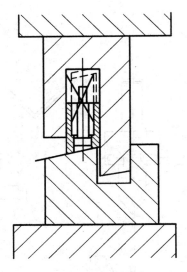

图 3.5　端部弯曲模

3.1.2　U 形件弯曲模

图 3.6 所示为下出件 U 形弯曲模,用定位板定位,为自由弯曲模,结构简单,弯曲件质量一般。下出件 U 形弯曲模适用于高度较小、尺寸精度要求低、底部不要求平整的小型 U 形件。

图 3.7 为上出件 U 形弯曲模,采用定位销和工艺孔对工件进行定位,弯曲为校正弯曲,底部有压料板压料,适用于尺寸精度要求高、底部要求平整的 U 形件。

图 3.8 为活动结构 U 形件弯曲模,凸模或凹模为活动结构,可以对底部和侧壁进行校正,适用于尺寸精度要求高,底部和侧壁都要求平整的 U 形件。

图 3.9 为转轴式凹模 U 形弯曲模,适用于弯曲角小于 90°的 U 形件。

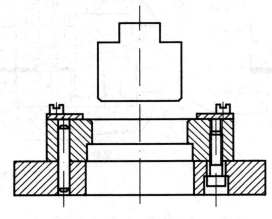

图 3.6　下出件 U 形弯曲模

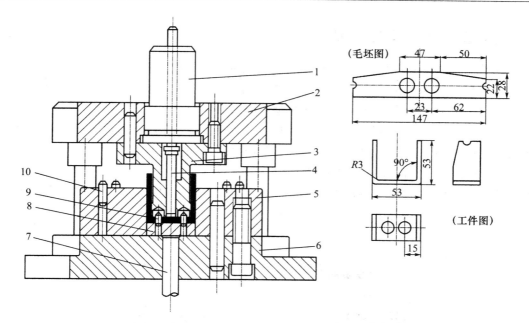

1—模柄；2—上模座；3—凸模；4—打料杆；5—凹模；6—下模座；7—顶杆；8—压料块；9—定位销；10—定位销

图 3.7　上出件 U 形弯曲模

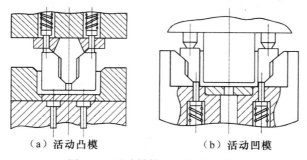

（a）活动凸模　　　　　（b）活动凹模

图 3.8　活动结构 U 形件弯曲模

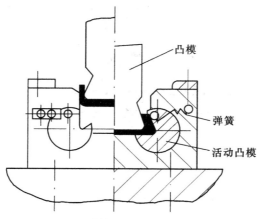

图 3.9　转轴式凹模的 U 形弯曲模

3.1.3 ∏形件弯曲模

∏形件一般有四个角,远端称之为外角,中间部位的角称之为内角。∏形件可以一次弯曲成形,也可以采用复合模成形,对于弯曲高度较高的件需要采取两套模具,两次弯曲成形。一次弯曲模如图3.10所示。一次弯曲成形(图3.10(a))适用于尺寸精度不高,$H \leqslant (8 \sim 10)t$、$t \leqslant 1$ 的弯曲件;凹模设计成摆块式(图3.10(b)),弯曲过程中始终随料摆动,起压料的作用,适用于弯曲半径 r 较小,尺寸精度较高的弯曲件。

∏形件复合弯曲模如图3.11和图3.12所示。图3.11所示为摆块式复合弯曲模,设计巧妙,先弯内角,待摆块由垂直状态摆动至水平状态,外角完成弯曲。图3.12所示为复合弯曲模,为避免使用复杂的侧向弯曲机构,采用先弯外角再弯内角的结构形式。

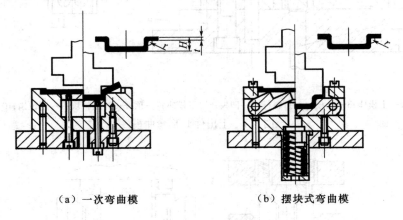

（a）一次弯曲模　　　　（b）摆块式弯曲模

图3.10　∏形件一次弯曲模

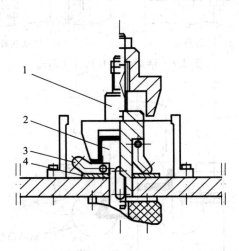

1—上模;2—下模;3—摆块;4—垫板

图3.11　摆块式复合弯曲模

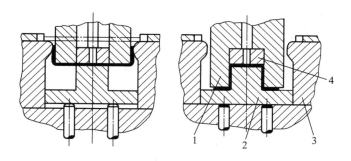

1—凸凹模;2—凸模;3—凹模;4—顶件块

图 3.12   复合弯曲模

二次弯曲成形如图 3.13 和图 3.14 所示,适用于 $H \geqslant (12 \sim 15) t$,弯曲半径 r 较小,尺寸精度要求较高的弯曲件。

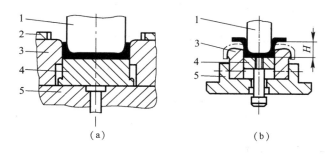

（a）   （b）

1—凸模;2—定位板;3—凹模;4—顶板;5—下模

图 3.13   二次弯曲成形

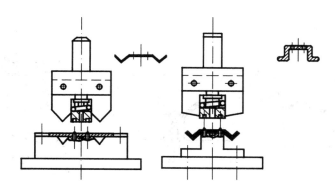

图 3.14   二次弯曲成形

113

3.1.4　W形件弯曲模

W形件弯曲模如图3.15所示。为防止弯曲过程中材料受拉伸长剧烈乃至断裂,W形件每次只弯曲一个V形,定位采用V形定位块,条料送进、定位、弯曲下一个V形,依此类推,完成整个工件。

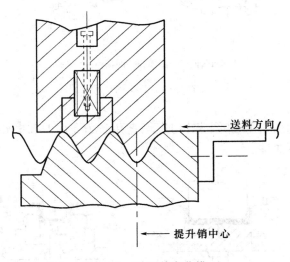

图3.15　W形件弯曲模

3.1.5　Z形件弯曲模

Z形件弯曲可以一次弯曲成形,如图3.16所示,也可以采用复合模进行弯曲成形,如图3.17所示。

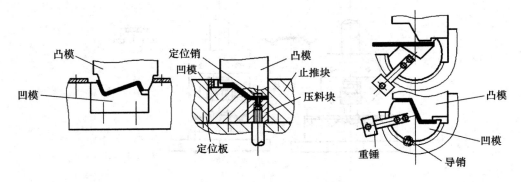

图3.16　Z形件一次弯曲模

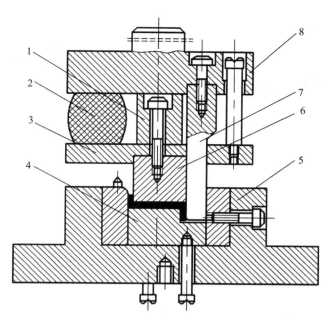

1—压块;2—橡胶;3—凸模托架;4—顶板;5—凹模板;6—浮动凸模;7—凸模;8—上模座

图 3.17　Z 形件复合弯曲模

3.1.6　卷圆模

圆形件可以分为大圆、中圆和小圆,一般来讲,$d \geqslant 20$ mm 为大圆,20 mm$\geqslant d \geqslant 5$ mm 为中圆,$d \leqslant 5$ mm 为小圆。圆形件直径不同,弯曲模的选择也不同。大圆弯曲一般采用多次弯曲的形式,如图 3.18、图 3.19 和图 3.20 所示,通常 2 次或 3 次成形。图 3.21 所示为一道工序完成卷圆,一次成形,适用于圆筒直径 20 mm$\geqslant d \geqslant 5$ mm 的中圆形件。小圆形件弯曲模如图 3.22 所示,适合 $d \leqslant 5$ mm 的小圆形件。

（a）　　　　　　（b）　　　　　　（c）

图 3.18　三次弯曲卷圆

图 3.19　两次弯曲卷圆

115

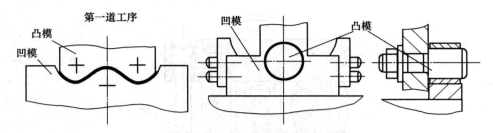

图 3.20　两次弯曲卷圆

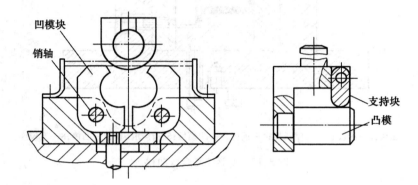

图 3.21　一次卷圆模

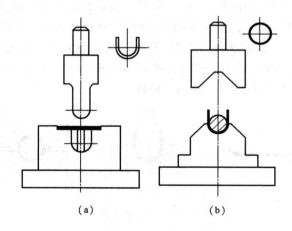

（a）　　　　　　　　（b）

图 3.22　两次弯曲卷小圆

3.1.7　铰链件弯曲模

　　铰链件如图 3.23 所示，一般采用两次成形，如图 3.24 所示。也可以采用斜楔滑块式结构一次成形，如图 3.25 所示。

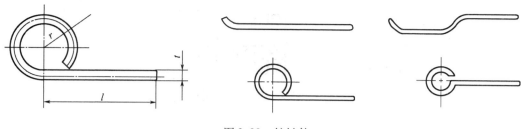

图 3.23　铰链件

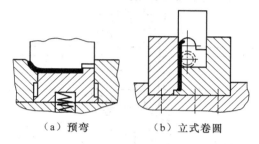

（a）预弯　　　　　（b）立式卷圆

图 3.24　两次成形铰链件弯曲模

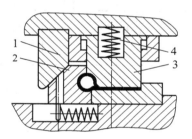

1—斜楔;2—滑块;3—上模;4—弹簧

图 3.25　卧式卷圆模

3.1.8　侧弯模

侧弯曲模用于水平方向的弯曲成形。最简易的结构即斜楔弯曲模,如图 3.26 所示。比较典型的侧弯模为摆块式侧弯模和斜滑块侧弯模,如图 3.27 和图 3.28 所示。

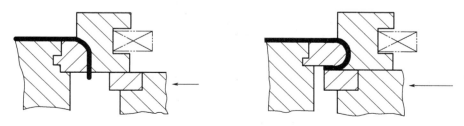

图 3.26　斜楔弯曲模

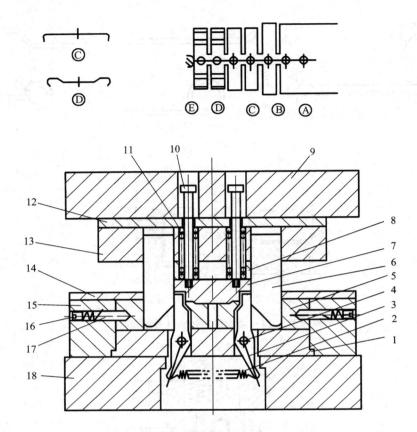

1—支板；2—拉簧；3—凸轮块；4—小轴；5—滑动模芯；6—斜楔；7—上模型芯；
8—镦实垫块；9—上模座；10—卸料钉；11—弹簧；12—垫板；13—固定板；
14—盖板；15—限位挡块；16—丝堵；17—弹簧；18—下模座

图 3.27　摆块式侧弯模

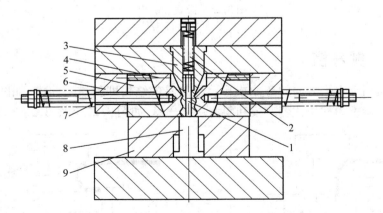

1—顶出器；2—弹簧；3—型芯；4—斜滑块；5—斜楔；6—安装板；7—弹簧；8—顶件器；9—下模

图 3.28　斜滑块侧弯模

3.1.9 倒冲弯曲模

倒冲弯曲模机构常位于级进模,图 3.29 所示为杠杆倒冲结构。杠杆为梭形,可依靠上、下平面限位,支点为一个小轴。亦可利用梭形杠杆的下尖点为转动点(需另加一垫块),此时可承受较大的弯曲力。图 3.30 所示为斜楔倒冲机构。

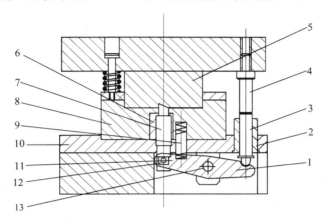

1—梭形杠杆;2—导向套;3—从动杆;4—主动杆;5—上模;6—护套;
7—冲头;8—凹模;9—弹簧;10—垫板;11—轴;12—轴套;13—轴

图 3.29 杠杆倒冲结构

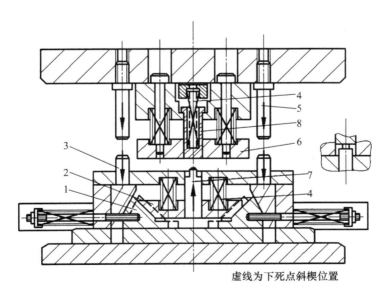

虚线为下死点斜楔位置

1—中间滑板;2—滑块;3—下模传动器;4—弹簧;
5—上模传动块;6—凹模兼卸料板;7—凸模;8—抛掷器

图 3.30 斜楔倒冲机构

3.2 弯曲模的设计基础

3.2.1 弯曲件的工艺性

弯曲件的工艺性是指弯曲件的材料、形状、尺寸、精度要求和技术要求等对弯曲工艺的适应程度。具有良好工艺性的弯曲件,不仅能简化弯曲工艺过程和模具设计,还能提高弯曲件精度和节省原材料。

1. 弯曲件的材料

弯曲件的材料应具有足够的塑性、较低的屈服极限和较高的弹性模量。最适宜弯曲的材料有钢、紫铜、黄铜、软铝等。脆性较大的材料,如磷青铜、铍青铜、弹簧钢等,要求弯曲时有较大的相对弯曲半径。非金属材料中,只有塑性较大的纸板、有机玻璃等才能进行弯曲,并且在弯曲前要对毛坯进行预热,弯曲时的相对弯曲半径也应较大(一般应使$r/t > 3 \sim 5$)。

2. 弯曲件的结构特点

形状和尺寸应尽可能对称,左右弯曲半径应一致,如图3.31所示,防止坯料在弯曲时由于受力不平衡而产生滑动。窄而长的弯曲件或形状比较复杂的零件,应该增添工艺孔用于定位,如图3.32所示。

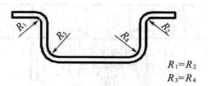

$$R_1 = R_2$$
$$R_3 = R_4$$

图3.31 对称性工件圆角半径

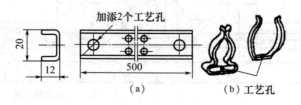

图3.32 定位工艺孔

3. 弯曲件的圆角半径

为保证弯曲时外层材料不致弯裂,即要求弯曲件的相对弯曲半径不小于某一极限值,这一极限值称为最小相对弯曲半径,用 r_{min}/t 表示。板料弯曲时的应力状态如图 3.33 所示。该值可查表 3.1 确定。当 r/t 大于表中数值时,可直接弯曲成形;r/t 小于表中数值时,可提高弯曲极限变形程度。

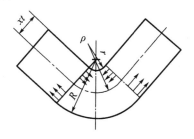

图 3.33　板料弯曲时的应力状态

表 3.1　最小弯曲半径　　　　　　　　　　　　　　　　　mm

材料	退火或正火		冷作硬化	
	弯曲线位置			
	垂直辗压纹向	平行辗压纹向	垂直辗压纹向	平行辗压纹向
08,10	$0.1t$	$0.4t$	$0.4t$	$0.8t$
15,20	$0.1t$	$0.5t$	$0.5t$	$1t$
25,30	$0.2t$	$0.6t$	$0.6t$	$1.2t$
35,40	$0.3t$	$0.8t$	$0.8t$	$1.5t$
45,50	$0.5t$	$1t$	$1t$	$1.7t$
55,60	$0.7t$	$1.3t$	$1.3t$	$2t$
65Mn,T7	$1t$	$2t$	$2t$	$3t$
Cr18Ni9Ti	$1t$	$2t$	$3t$	$4t$

4. 弯曲件的直边高度

弯曲件的直边高度不宜过小,一般应保证 $H \geqslant 2t$。若 $H < 2t$ 时,可以先在变形区位置进行压槽后再进行弯曲,或者增加直边高度,弯曲后再将工艺余料切除,如图 3.34 所示。

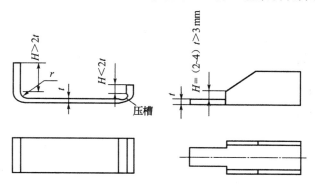

图 3.34　弯曲件直边的高度

5. 弯曲件的孔边距

弯曲有孔或槽的毛坯时,为了防止孔、槽在弯曲时产生变形,必须保证孔、槽边缘距弯曲变形区有一定的距离或安排在弯曲之后冲出。通常当 $t < 2$ 时,$L \geq t$;当 $t \geq 2$ 时,$L \geq 2t$,L 为孔壁距弯曲中心的距离,如图 3.35 所示。

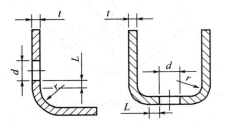

图 3.35　弯曲件孔边距离

6. 局部弯曲的工艺结构

对于局部弯曲某一段边缘时,为了防止尖角处由于应力集中而造成的撕裂,可将弯曲线移动一定距离以离开尺寸突变处。若必须在突变处弯曲,应事先冲出工艺孔或工艺槽,如图 3.36 所示。

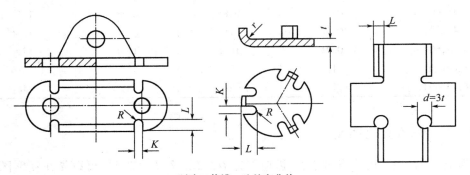

预冲工艺槽、孔的弯曲件

图 3.36　防止尖角处撕裂的措施

7. 板料的弯曲线与纤维方向的夹角

弯曲线最好与纤维线垂直,这样,弯曲时不容易开裂,多角弯曲时,应如图 3.37(c)所示使弯曲线与材料纤维方向相交一定的角度。

8. 切口弯曲

弯曲件上的各种切口弯曲工作可以在冲切口的同时完成。为使成形后的零件便于从凹模内顶出,弯曲部分应设计成梯形,如图 3.38 所示。

（a）弯曲线与纤维线垂直　（b）弯曲线与纤维线平行　（c）弯曲线与材料纤维方向相交一定的角度

图 3.37　板料的弯曲线与纤维方向的夹角

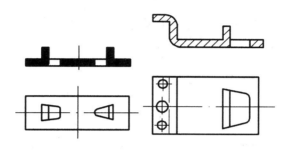

图 3.38　弯曲件上的工艺缺口

9. 冲裁毛刺与弯曲方向

弯曲件的毛坯往往是经冲裁落料而成。其冲裁的断面一面光亮,另一面带有毛刺。弯曲时应尽量使有毛刺的一面作为弯曲件的内侧,如图 3.39(a)所示,当弯曲方向必须将毛刺面置于外侧时,应尽量加大弯曲半径,如图 3.39(b)所示。

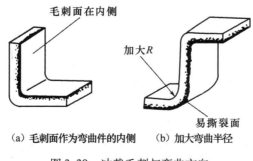

（a）毛刺面作为弯曲件的内侧　（b）加大弯曲半径

图 3.39　冲裁毛刺与弯曲方向

10. 弯曲件精度

弯曲件的精度与板料的机械性能、板料的厚度、模具结构和模具精度、工序的数量和工序的先后顺序以及工件本身的形状尺寸等因素有关,一般弯曲件的尺寸公差等级应在

IT13 以下,角度公差应大于 15′。

3.2.2 弯曲件的工序安排

(1)形状简单的弯曲件,采用一次弯曲成形;形状复杂的弯曲件,采用二次、多次弯曲成形或采用复合模。

(2)大批量生产的中、小型弯曲件,应尽可能用一副多工位级进模完成冲裁、弯曲等所有冲压加工任务,以提高生产效率。

(3)在能够保证弯曲件弯曲成形的前提下,应尽量减少弯曲工序数量。

(4)每次弯曲成形的部位不宜过多,防止弯曲件变薄、翘曲或拉伤,简化模具结构。

(5)多次弯曲时,弯曲工序顺序安排的原则为先弯外角,后弯内角;必须保证后续工序坯料的可靠定位;后续工序的弯曲不能影响已成形部位的形状和尺寸。

【例 3.1】 下面以图 3.40 为例,分析弯曲件工艺性并进行工序安排。材料:20 钢,批量:1 万件,未注圆角 R1。

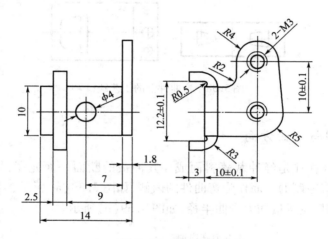

图 3.40 弯曲件

解:此弯曲件工艺性分析。

(1)本例的材料为冷轧钢板 20,属于软钢,弯曲性能好。

(2)本例的最小相对弯曲半径为 $r/t = 0.5/1.8 = 0.28$,查表得垂直纤维向 $r_{min} = 0.1t < 0.28t$,平行纤维向 $r_{min} = 0.5t = 0.9$,弯曲变形程度超过极限变形程度。

由以上分析得出,工件中 R0.5 处的弯曲线只要与材料纹向垂直,则该件最小圆角半径不采取任何措施即可弯曲。

(3)本例弯曲件的直边高度为 $3 < 2t = 2 \times 1.8 = 3.6$。按理应加长弯曲后再切割,本例在变形区压槽后的料厚 $t(1.8 - 0.5 = 1.3)$,则工件的高度 $3 > 2t = 2 \times 1.3 = 2.6$,满足弯曲直边的高度要求。

(4)本例弯曲线不在制件宽度突变处,故不需要工艺孔或槽。

(5)工件上的孔都离弯曲变形区远,也无须采取工艺措施。

（6）本例的弯曲线性尺寸精度和角度精度都无特殊要求,满足弯曲要求。

由以上分析得出,该件 $R0.5$ 处的材料纹向应与弯曲线垂直要注意以外,其他条件均符合弯曲工艺性的要求,可以弯曲,不需采取其他特殊措施。

本例弯曲工艺方案的确定。

该件有一处弯成 U 形,一处弯成 L 形,形状都不复杂。其弯曲方案有如下几种。

（1）方案一:U 形和 L 形分开弯曲。

（2）方案二:将冲裁弯曲工序集中在一副多工位级进模中,分次弯曲成形。

（3）由于工件批量不是很大,用多工位级进模制造成本高,周期长,故本例选用方案一。

（4）U 形和 L 形谁先弯,要看先弯哪处方便,若先弯 L 形,则弯曲直边高度为 15,对弯 U 形不是很方便,若先弯 U 形,再弯 L 形时直边高度只有 4.8,影响较小。

（5）由此可得弯曲工序顺序为先弯 U 形,再弯 L 形。

3.2.3 弯曲件的工艺计算

1. 弯曲件展开长度的确定

中性层指金属在塑性变形过程中既没有伸长,亦没有缩短,其变形量为零的层面。
中性层位置计算公式:

$$\rho = r + xt \tag{3.1}$$

式中 ρ——弯曲中性层的曲率半径;

r——弯曲件内层的弯曲半径;

t——材料厚度;

x——中性层位置系数,见表 3.2。

（1）对于形状比较简单、尺寸精度要求不高的弯曲件,可直接采用中性层方法计算坯料长度。

①圆角半径 $r > 0.5t$ 的弯曲件。

按中性层展开的原理,坯料总长度应等于弯曲件直线部分和圆弧部分长度之和,如图 3.41 所示。即:

$$L_Z = l_1 + l_2 + \frac{\pi\alpha}{180}\rho = l_1 + l_2 + \frac{\pi\alpha}{180}(r + xt) \tag{3.2}$$

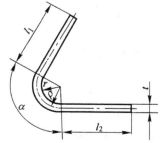

图 3.41 圆角半径 $r > 0.5t$ 的弯曲件

表 3.2　中性层位置系数 x 与 R/t 比值的关系

R/t	0.1	0.2	0.3	0.4	0.5	0.6	0.7	0.8	1	1.2
x	0.21	0.22	0.23	0.24	0.25	0.26	0.28	0.3	0.32	0.33
R/t	1.3	1.5	2	2.5	3	4	5	6	7	8 以上
x	0.34	0.36	0.38	0.39	0.4	0.42	0.44	0.46	0.48	0.5

②无圆角弯曲或弯曲半径 $r < 0.5t$ 的弯曲件,毛坯尺寸可用下表所列经验公式。

表 3.3　$r < 0.5t$ 的弯曲件毛坯尺寸计算表

弯曲形式	简图	计算公式	弯曲形式	简图	计算公式
单角弯曲	($\alpha=90°$, $r<0.5t$)	$L = l_1 + l_2 + 0.5t$	双角弯曲	($r<0.5$)	$L = l_1 + l_2 + l_3 + 0.5t$
单角弯曲		$L = l_1 + l_2 + \dfrac{\alpha}{90°} + 0.5t$	三角弯曲		同时弯三个角时:$L = l_1 + l_2 + l_3 + l_4 + 0.75t$ 先弯二个角后弯另一角时:$L = l_1 + l_2 + l_3 + l_4 + t$
		$L = l_1 + l_2 + t$	四角弯曲		$L = l_1 + l_2 + l_3 + 2l_4 + t$

(2)对于下料精度要求高的弯曲件。

弯曲件展开长度尺寸计算是冲压工艺计算中的重要环节,其计算方法各种资料均有介绍。但是展开长度尺寸的公差如何确定却鲜有提及,这就给弯曲件毛坯的精确下料带来很大困难。特别是在多工位级进模中,这种展开尺寸的不精确性可能导致模具设计的失败。本书给出了两种弯曲件展开长度名义尺寸及其偏差的计算方法极值法和中值法可供有关人士使用。极值法计算结果精确,但使用范围有限,中值法其计算结果虽不十分精确,但适用范围广泛,几乎可以用于处理各种情况。

①极值法。

本书所指的极值法是将尺寸链计算中的极值法用于展开长度尺寸计算的一种方法,即根据冲压件尺寸的极值法求展开长度极限值的方法。

(尺寸链概念:在零件加工或部件(机器)装配中,常遇见一些互相联系的尺寸,这些尺寸彼此连接成一封闭回路,其中每个尺寸都受其他尺寸变动的影响。尺寸链就是这些相互关联尺寸的总称。)应遵循尺寸链极值法计算的一般规律。其计算步骤如下。

a. 确定封闭环。

封闭环尺寸即尺寸链中由其他尺寸所决定的尺寸。在弯曲件中,通常将其远端(自由端)部位的尺寸作为封闭环尺寸,可将该尺寸所示封闭环记作 N。

b. 确定组成环。

组成环尺寸即尺寸链中可直接(由模具)保证的尺寸,该类尺寸所示组成环可记作 M。

组成环包括增环(加→标记)和减环(加←标记)。在尺寸链中当其他组成环不变,某环增加时,若封闭环增大,则该环为增环;若封闭环减少,则该环为减环。

c. 建立尺寸链。

建立尺寸链时,应将增环放一边,减环和封闭环放一边。

d. 确定尺寸链中各环关系。

e. 确定各环极值,从而解出展开长度极值。

f. 误差分析,只要冲件其他尺寸合格,展开长度在公差范围内均适用。

【例 3.2】　已知某 U 形弯曲件如图 3.42 所示,$R \leqslant 0.5$,用极值法求弯曲件展开长度及凸、凹模工作尺寸。

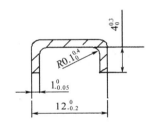

图 3.42　U 形弯曲件(材料冷轧钢带 A3 退火)

解:(1)确定冲件图。

①确定 $R \leqslant 0.5$ 的尺寸偏差 $R0.1_{0}^{+0.4}$(此材料最小弯曲半径为 0.1)。

②内形尺寸。$B + 2 \times 1_{-0.05}^{0} = 12_{-0.2}^{0}$,$B = 10_{-0.1}^{0} = 9.9_{0}^{+0.1}$

(2)用极值法求展开长度。

①确定封闭环。

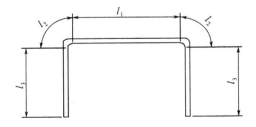

图 3.43　U 形弯曲件划分为 l_1、l_2、l_3

a. 将弯曲件划分为 l_1、l_2、l_3 各段,其中 l_2 为 $R0.5$ 所含中性层长度,l_1、l_3 为 $R0.5$ 之外所余长度。

b. 设弯曲件展开长度为 L。

c. l_3 是由其他尺寸保证的,为封闭环。

② 确定组成环。

展开长度 L 及弯曲件尺寸 l_1、l_2 是由模具尺寸保证的,为组成环。

③ 建立尺寸链,如图 3.44 所示。

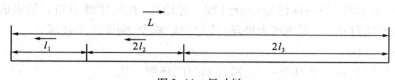

图 3.44 尺寸链

$$L = l_1 + 2(l_2 + l_3)$$

尺寸链中 L 为增环,l_1、l_2 为减环。

④ 确定尺寸链中各环关系。

由 $N_{max} = \sum \vec{M}_{max} - \sum \overleftarrow{M}_{min}$

$N_{min} = \sum \vec{M}_{min} - \sum \overleftarrow{M}_{max}$

注:运用此式时应有 Δ_N 大于或等于 $\sum \Delta_M$ 才有解,Δ 为公差(否则可增大 Δ_N 或减少 Δ_M,直到加工能保证)。

$$2l_{3max} = L_{max} - l_{1min} - 2l_{2min}$$
$$2l_{3min} = L_{min} - l_{1max} - 2l_{2max}$$
$$L_{max} = 2l_{3max} + l_{1min} + 2l_{2min}$$
$$L_{min} = 2l_{3min} + l_{1max} + 2l_{2max}$$

⑤ 确定各段极值。

l_1:$l_1 = 9.9^{+0.1} - 2 \times 0.5 = 8.9^{+0.1}$,$l_{1max} = 9.0$,$l_{1min} = 8.9$

l_2:当 $r = 0.1$ 时,有

$l_{2max} = (0.5 - r) \times 2 + \dfrac{\pi}{2}(r + xt)$,$x$ 为中性层位置系数,查表 $x = 0.21$(表 3.2)

所以,$l_{2max} = (0.5 - 0.1) \times 2 + \dfrac{\pi}{2}(0.1 + 0.21 \times 1) = 1.287$

当 $r = 0.5$ 时,有 l_{2min},查表得 $x = 0.25$

所以,$l_{2min} = \dfrac{\pi}{2}(0.5 + 0.25 \times 1) = 1.178$

l_3:$l_3 = 4^{+0.3} - 0.5 = 3.5^{+0.3}$,$l_{3max} = 3.8$,$l_{3min} = 3.5$

⑥ 求展开长度 L。

$L_{max} = 2 \times 3.8 + 8.9 + 2 \times 1.178 = 18.856$

$$L_{\min} = 2 \times 3.5 + 9.0 + 2 \times 1.287 = 18.574$$

$L = 18.856\,^{0}_{-0.282}$（可取 $18.8\,^{0}_{-0.2}$，考虑坯料放偏，所以提高精度）

②中值法。

取弯曲件各尺寸的中限值作为尺寸链计算的依据，求出展开长度的中限值，把冲件有关尺寸公差提高 3 到 4 个等级作为展开长度公差，其偏差为对称分布。计算模具尺寸时，也以冲件中限值为计算依据，模具公差取 IT7 至 IT8，其偏差也对称分布。

【例 3.3】　已知冲件如图 3.42 所示，采用中值法求弯曲件展开长度。

解：(1) 建立尺寸链。

设弯曲件展开长度为 $L,L = l_1 + 2(l_2 + l_3)$（图 3.43）

(2) 求各段中值。

$l_1:9.9\,^{+0.1}$ 中值为 $9.95,R0.1\,^{+0.4}$ 中值为 $R0.3$

$l_1 = 9.95 - 2 \times 0.3 = 9.35$

$l_2:l_2$ 为 $R0.3$ 的展长，$l_2 = \dfrac{\pi}{2}(r + xt) = \dfrac{\pi}{2}(0.3 + 0.23 \times 1) = 0.832\,5$

$l_3:4\,^{+0.3}$ 中值为 $4.15,l_3 = 4.15 - 0.3 = 3.85$

(3) 求展长 $L,L = l_1 + 2(l_2 + l_3) = 9.35 + 2(0.832\,5 + 3.85) = 18.715$

(4) $4\,^{+0.3}$ 公差（IT14）提高 4 级，IT10 公差为 0.084，所以展长偏差为 ± 0.042，展开长度为 18.715 ± 0.042（标在模具上要转换为外形尺寸 $\Delta\,^{0}_{-\delta}$）。

(5) 展长误差分析。

将冲件公差提高 3～4 级作为展长公差并不十分可靠，但是只要展开长度和模具尺寸的计算均以冲件中限值作为依据，其结果就是可信的，其误差仅仅是由模具制造误差引起的。只要模具公差足够小，其结果就可以放心使用。

2. 弯曲力的计算

(1) 自由弯曲时的弯曲力。

自由弯曲如图 3.45 所示。

V 形件弯曲力：

$$F_Z = \frac{0.6KBt^2\sigma_b}{r + t} \tag{3.3}$$

U 形件弯曲力：

$$F_Z = \frac{0.7KBt^2\sigma_b}{r + t} \tag{3.4}$$

式中　F_Z——自由弯曲在冲压行程结束时的弯曲力；

　　　B——弯曲件的宽度；

　　　t——弯曲材料的厚度；

　　　r——弯曲件的内弯曲半径；

　　　σ_b——材料的抗拉强度；

K——安全系数,一般取 $K = 1.3$。

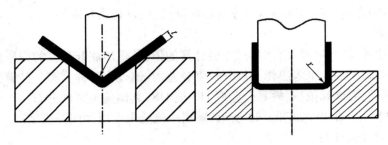

图 3.45　自由弯曲

(2)校正弯曲力。

校正弯曲如图 3.46 所示。

$$F = qA \tag{3.5}$$

式中　F——校正弯曲时的弯曲力;

　　　A——校正部分垂直投影面积;

　　　q——单位面积上的校正力,见表 3.4。

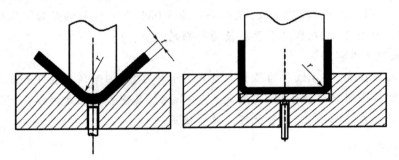

图 3.46　校正弯曲

表 3.4　单位校正力 q 的近似值　　　　　　　　　　　　　　MPa

材料	材料厚度/mm			
	≤1	1 ~ 2	2 ~ 5	5 ~ 10
铝	10 ~ 15	15 ~ 20	20 ~ 30	30 ~ 40
黄铜	15 ~ 20	20 ~ 30	30 ~ 40	40 ~ 60
10、15、20 钢	20 ~ 30	30 ~ 40	40 ~ 60	60 ~ 80
25、30、35 钢	30 ~ 40	40 ~ 50	50 ~ 70	70 ~ 100

(3)顶件力或压料力 F_Q。

$$F_Q = (0.3 \sim 0.8)F_Z \tag{3.6}$$

(4)压力机吨位的确定。

有压料的自由弯曲：

$$F_{Y} = \frac{(F_{Z} + F_{Q})}{(0.75 \sim 0.8)} \quad\quad (3.7)$$

校正弯曲：

$$F_{Y} = (1.5 \sim 2)F \quad\quad (3.8)$$

3.3　弯曲模设计中的有关计算

3.3.1　V 形弯曲

V 形弯曲：凸、凹模间隙靠调整压力机闭合高度来控制，不需要在模具结构上确定间隙。

（1）W（下模 V 形两肩距离）：按表 3.5 取 $5t$、$8t$、$12t$。

V 形弯曲中，凹模两肩距离 W 应等于凹模宽度，W 取值见表 3.5（当 W 值过小时，制件会产生较大回弹）。r_p 通常取等于或略小于制件圆角半径（当 $r/t > 10$ 且精度较高时，应进行回弹计算）。

表 3.5　凹模支点距离 W

影响因素	W
支点变化	$5t \rightarrow 8t$（标准）$\rightarrow 12t$
r_p/t 值	小→大
材料硬度	软→硬
凸缘长度	短（$5t$）→长（$50t$）

（2）$r_d = (2 \sim 4)t$。

（3）r_p、$\angle A$（凸模夹角）、$\angle B$（凹模夹角）影响工件尺寸。

V 形弯曲凸、凹模尺寸如图 3.47～3.48 所示。图 3.47（a）用于厚板弯曲。$A = B < \alpha$，$r_p \approx t$，所示结构是靠冲压深度来改变弯曲角度；图 3.47（b）、（c）是靠镦压侧壁来分别控制回弹和平直度，用于薄板弯曲。$A = B = \alpha$，$r_p = r$，靠侧壁挤压控制弯曲角度，通过挤一下，消除回弹。图 3.47（c）用于长件弯曲。$A = \alpha > B$，$r_p = r$，局部挤压保证侧壁平直度；图 3.48 是靠镦压弯曲带改变该处应变状态来控制回弹。

图 3.48 利用弯曲带局部镦压改变应变性质来控制回弹。

（a）$A = B = \alpha$，$r_p = r$，$R_d = r_p + t + a$，$r_d = (2 \sim 4)t$

（b）$A = B = \alpha$，$r_p = r$，$R_d = r_p + t + a$，$r_d = (2 \sim 4)t$

（c）$A < B = \alpha$，$R_d = r_p + t$，$r_d = (2 \sim 4)t$

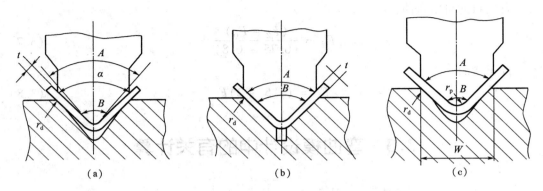

（a）$\alpha > A = B, r_p \approx 1$，在误差大的厚板或没有精度要求，成直角弯曲时：

软钢 $A = B = 82° \sim 85°$，铝 $A = B = 70° \sim 75°$，$r_d = (2 \sim 4)t$。

（b）$\alpha = A = B$，在回弹比较小的薄板 V 形弯曲时采用，$r_d = (2 \sim 4)t$。

（c）$\alpha = A > B$，V 形弯曲多采用弯板机形式，对防止长尺寸件弯曲、翘曲有效。

$A = 90°, B = 88°, r_p = \dfrac{1}{2}t$ 时，$W = 5t, r_p > t$ 时，$W = 8t$。

图 3.47　V 形弯曲

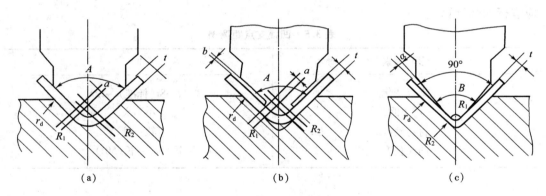

（a）$A = 90°, R_2 = R_1 + t + a, a = (2\% \sim 5\%)t, r_d = (2 \sim 4)t$。

（b）$A = 90°, R_2 = R_1 + t + a, a = (5\% \sim 10\%)t, b = (5\% - 8\%)t, r_d = (2 \sim 4)t$。

（c）$B = 90°, \alpha = 2° \sim 5°, R_2 = R_1 + t, r_d = (2 \sim 4)t$。

图 3.48　V 形弯曲的回弹控制措施

3.3.2　U 形弯曲

（1）单面间隙 $c = (1 \sim 1.1)t$，δ：IT7 ～ IT9，采用全注公差法，考虑回弹及形状（性），δ、c 不宜过大。

（2）U 形宽度 L_d、L_p 取值。

当 U 形件标注的是外形尺寸 $L_{-\Delta}^{0}$ 时，如图 3.49 所示。

$$L_d = (L - 0.75\Delta)^{+\delta}_{0} \tag{3.9}$$

$$L_p = (L - 0.75\Delta - 2c)^{0}_{-\delta} \tag{3.10}$$

当 U 形件标注的是内形尺寸 $L^{+\Delta}_{0}$ 时,如图 3.50 所示。

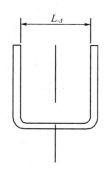

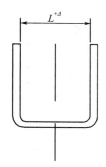

图 3.49　U 形件标注的是外形尺寸 $L^{0}_{-\Delta}$　　　　　图 3.50　U 形件标注的是内形尺寸 $L^{+\Delta}_{0}$

$$L_p = (L + 0.25\Delta)^{0}_{-\delta} \tag{3.11}$$

$$L_d = (L + 0.25\Delta + 2c)^{+\delta}_{0} \tag{3.12}$$

式中　　$c = (1 \sim 1.1)t$;

　　　　δ 取 IT7 $\sim$ IT9。

（3）冲压深度 h 与凹模结构形式。

冲压深度 h 值与制件深度 l 材料厚度 t 有关;凹模口部圆角半径值除与上述因素有关外,也与材料硬度有关。冲压深度与凹模结构形式见表 3.6。

①$l = (5 \sim 50)t$,如图 3.51 所示。

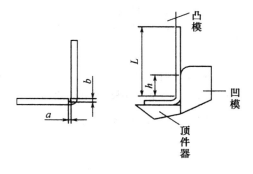

图 3.51　冲压深度 h 值与制件深度 l

a. $t < 1.6 \begin{cases} \text{图 3.52(a)压印弯曲} \\ \text{图 3.52(b)普通弯曲} \end{cases}$,

　　$h:(3 \sim 8)t, h_{min} = 3.5, a > 2/3t, b = 0.1$。

b. $t:1.6 \sim 6.0$,普通弯曲,厚料易被刮伤,凹模入口处加斜面。

$h:(4 \sim 10)t$,如图 3.52(c)所示。

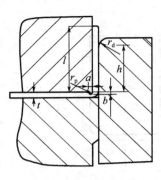 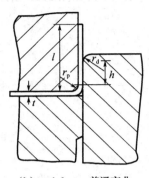 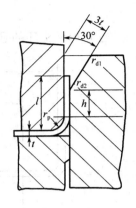

（a）$t < 1.6$ mm,压印弯曲　　（b）$t < 1.6$ mm,普通弯曲　　（c）$t = 1.6 \sim 6.0$ mm,普通弯曲

图 3.52　$l = (5 \sim 50)t$ 时,h 取值

②$l = (1 \sim 4)t$,如图 3.53 所示。

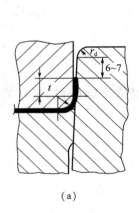 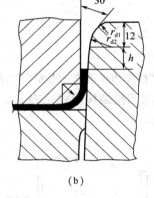 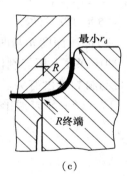

（a）　　　　　　　　　　　（b）　　　　　　　　　　（c）

（a）$t < 1.6$ mm;（b）$t > 1.6$ mm,$t = 1.6 \sim 3.2$ mm 时,$h = 10$;$t > 3.2$ mm 时,$h = 14$ mm;

（c）与板厚无关,当 R 很大或凸缘很窄时,垫板在弧线与直线的交点处断开,作顶料用

图 3.53　$l = (1 \sim 4)t$ 时,h 取值

a.$t < 1.6$,　　　　（a）:$h = l + (6 \sim 7)$

b.$t = 1.6 \sim 3.2$,（b）:$h = l + 10$（凹模入口处加斜面）

c.$t > 3.2$,　　　　（b）:$h = l + 14$（加斜面）

无论 t 为多少,$l < R$ 凸模圆角半径时,（c）凹模根部作圆角（镦压弯曲）$h \geq l$。

③$l < t$,由于力臂不够,弯曲质量差,如图 3.54 所示。因此,l 要加长后弯曲,然后再切除加长部分。

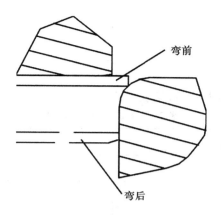

图 3.54　$l < t$ 时的弯曲状态

表 3.6　冲压深度 h 与凹模结构形式　　　　　　mm

l	$(5 \sim 50)t$		$(1 \sim 4)t$			$l \leqslant R$	$0 < l < t$	$l < 0$
t	<1.6	$1.6 \sim 6$	<1.6	$1.6 \sim 3.2$	$3.2 \sim 6$	与 t 无关		
h	$(3 \sim 8)t$	$(4 \sim 10)t$	$l + (6 \sim 7)$	$l + 10$	$l + 14$	$h \geqslant l$		$h \geqslant 0$
凹模结构	普通或压印	口部加斜面	普通	口部加斜面		根部加圆角	加长后弯曲	加长后弯曲

总结

要求掌握：

A. h 与 l、t 有关。

B. 凹模结构与 l、t 有关。

a. $t > 1.6$ 时，凹模口部作斜面。

b. $l \leqslant R$ 时，凹模根部加圆角。

c. $l < t$ 时，应加长后弯曲。

(4) γ_p 取值。

当 $\dfrac{\sigma_s r}{Et} < 0.1$ 时，属于纯塑性弯曲，

$$r_p = \frac{r}{\left(1 + \dfrac{3\sigma_s r}{Et}\right)} \tag{3.13}$$

$0.1 < \dfrac{\sigma_s r}{Et} < 0.5$，弹塑性弯曲，回弹较大，

$$r = \frac{r_p}{1 - 3\dfrac{\sigma_s r_p}{Et} + 4\left(\dfrac{\sigma_s r_p}{Et}\right)^8} \tag{3.14}$$

$\dfrac{\sigma_s r}{Et} > 0.5$，弹性变形。

式中　　σ_s——屈服极限；

　　　　E——弹性模量。

（5）$r_d : t < 1.6$ 时，$r_d = (2\sim4)t$，见表 3.7。

表 3.7　$t < 1.6$ 时 γ_d 的值

凹模圆角 γ_d	$2t\sim4t$
板厚 t	薄厚
板的硬度	硬软
凸缘长度 l	短长

$t > 1.6\sim6$ 时，加斜面圆角 $r_{d1} = (0.5\sim2)t$，$r_{d2} = (2\sim4)t$。

$t > 6$ 时，应考虑采用滚轮，否则划伤很严重。

（6）回弹角 $\Delta\alpha$。

α 为凸模上的回转角，如图 3.55 所示，其值可由公式（3.15）做近似计算，实际回弹值与许多因素有关，如弯曲间隙值、弯曲时材料镦压程度等，因此该值常需在试模时修正（设计和制造时可有意减小 γ_p 值）或采用图 3.52(a) 所示结构，利用弯曲带镦压来控制回弹，其中 $a = \gamma_p + (1.5\sim2)t$，$b = (0.2\sim0.5)t$。弯曲件半径与角度的相对回弹量 $\dfrac{\Delta\alpha}{r}$ 随 $\dfrac{\sigma_s}{E}$ 及 $\dfrac{r}{t}$ 的增大而增大，绝对回弹量还随 r 与 α 乘积增大而增大。

$$\alpha_p r_p = \alpha r \tag{3.15}$$

参与变形的弧长不变

$$\alpha_p = \frac{\alpha r}{r_p} \tag{3.16}$$

$$\Delta\alpha = \alpha_p - \alpha \tag{3.17}$$

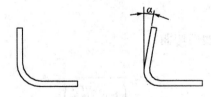

图 3.55　弯曲过程凸模上的回转角

要求掌握 U 形弯曲 L_d、L_p、r_p、r_d、$\Delta\alpha$ 的计算。

L 形弯曲可按半个 U 形弯曲处理，一般来说，弯曲间隙宜取最大值，否则，弯曲过程中，零件易移位。

【例 3.4】　燃气热水器所用杠杆零件的局部形状如图 3.56 所示,孔穿一小轴,拟在弯曲前冲出该孔,试求冲孔凹模两孔间距及弯曲模凸、凹取值。

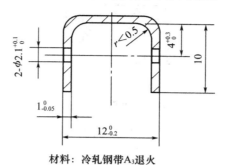

材料:冷轧钢带A₃退火

图 3.56　杠杆工序图

解:

(1)确定取值。

由公式(3.9)、公式(3.10)得:

$$L_d = (L - 0.75\Delta)\,_0^{+\delta} = (12 - 0.75 \times 0.2)\,_0^{+0.018} = 11.85\,_0^{+0.018}$$

$$L_p = (L - 0.75\Delta - 2c)\,_0^{+\delta} = (12 - 0.75 \times 0.2 - 2 \times 1)\,_0^{+0.018} = 9.85\,_{-0.018}^{0}$$

取 $r_d = 2t = 2$, $r_p \approx r = 0.1$ 。

因为该件 $4\,_0^{+0.3}$ 难以保证,试模时可修大 r_p 值增加孔距尺寸,所以采用较小取值4.1。

回弹角:因为 $r_p/t = 0.1$ 很小,弯曲间隙值也较小,回弹也很小,所以不考虑回弹角。可在试模时根据实际情况采取相应措施。

(2)展开长度计算。

展开长度应按中性层计算,中性层半径 ρ 参见公式(3.1)。本例中, $r/t = 0.1/1 = 0.1$,据表 3.2, $x = 0.21$ 。

所以　 $\rho = 0.1 + 0.21 \times 1 = 0.31$

展开长度　 $L = 9.85 - 2 \times 0.1 + \pi \times 0.31 + (4.1 - 0.1) \times 2 = 18.62$

取展开尺寸 18.62 ± 0.1,凹模取值 18.62 ± 0.01。

【例 3.5】　图 3.57 为 U 形弯曲件,采用极值法计算展长时,其弯曲凸、凹模工作尺寸。其中极值法计算展长见【例 3.2】。

解:

1.确定冲件图(【例 3.2】)

2.用极值法求展开长度(【例 3.2】)

3.求凸、凹模工作尺寸

(1)宽度尺寸 $9.9\,_0^{+0.1}$ 为内形尺寸。

由公式 $L_p = (L + 0.25\Delta)\,_{-\delta}^{0} = (9.9 + 0.25 \times 0.1)\,_{-0.022}^{0} = 9.925\,_{-0.022}^{0}$ (δ 取 IT8)

$$L_d = (L + 0.25\Delta + 2c)\,_0^{+\delta} = (9.925 + 2 \times 1)\,_0^{+0.022} = 11.925\,_0^{+0.022} (c \text{ 取 } 1t)$$

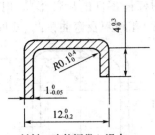

材料：冷轧钢带A₃退火

图 3.57　U 形弯曲件

（2）求 r_p。

因为 $\dfrac{\sigma_s r}{Et} = \dfrac{245 \times 0.5}{2.06 \times 10^5 \times 1} = 0.000\,6 < 0.1$，所以为纯塑弯曲。

因为考虑 r 过大，不易修复，设计时 r 尽量取小（r 大回弹大，r 小回弹小）（若 r 过小，则可修大）。

当 r_p 与 r 差很多时要考虑回弹，

所以 $r_p = \dfrac{0.1}{1 + 3 \times (0.000\,6/5)} = 0.099\,96 \approx 0.1$（制造时保证不了 0.099 6）

不考虑回弹，$r_p = 0.1$。

（3）求 $\Delta\alpha$。

$$\alpha_p = \frac{\alpha r}{r_p} = \frac{90° \times 0.1}{0.1} = 90°, \quad \Delta\alpha = \alpha_p - \alpha = 0°$$

（4）求深度尺寸 h。

因为弯曲件高度 $L = 4 - 0.1 = 3.9$，　$L \approx 3.9t$，　$t = 1 < 1.6$

因为 $L = (1 - 4)t$ 时，$h = l + (6 - 7) = 9.9$

（5）求 r_d，表 3.2 取 $r_d = 2t = 2$。

4. 中值法求展开长度（【例 3.3】）

5. 求凸、凹模工作尺寸

取上述冲件中值尺寸，计算模具工作尺寸。

（1）落料模凹模尺寸。18.715 ± 0.010

（2）弯曲模。$L_p = 9.95 \pm 0.01$，　$L_d = 9.95 + 2 \times 1(c) = 11.95 \pm 0.01$

r_p 按 $R0.3$ 计算，$\dfrac{\sigma_s r}{Et} = 245 \times 0.3/(2.06 \times 10^5 \times 1) = 0.000\,36 < 0.1$

所以为纯塑性弯曲。

因为 $r_p = \dfrac{r}{1 + \dfrac{3\sigma_s r}{Et}} = \dfrac{0.3}{1 + 3 \times 0.000\,36} = 0.299\,7 \approx 0.3$

$r_p = 0.3$，题中，$r \leqslant 0.5$，取 $R0.1_0^{+0.4}$，$c = (1 \sim 1.1)t$。

（3）求 $\Delta\alpha$，$\Delta\alpha = 0$，$\alpha_p = 90°$。

（4）求深度尺寸。

因为弯曲件高度 $l = 4 - 0.3 = 3.7$，　$l \approx 3.7t$，　$t = 1 < 1.6$

因为 $l = (1 \sim 4)t$ 时，所以 $h = l + (6 - 7) = 9.7$。

（5）求 r_d，取 $r_d = 2t = 2$。

注：展长的计算依据同时是模具型面尺寸的计算依据。

3.3.3　摆块式卷圆模

该类型弯曲模的凹模摆块是在定点旋转下完成弯曲，设计时应注意。其结构设计具体方法可参见【例 3.6】。

【例 3.6】　已知某工件如图，求摆块尺寸（掌握尺寸链极值法计算展开长度和摆块机构设计算方法）。

已知工件如图 3.58 所示；求：（1）展开长度；（2）摆块尺寸与结构。

解：

（一）审核冲件图，工艺分析该件为一弹簧卡箍，对 $\phi 16_{\;0}^{+0.27}$ 要求较严，生产批量较大，要求一次成形，可采用摆块机构。

（二）展开长度计算

1. 极值法

（1）判断尺寸链各环及其关系。

① 圆周长 l_2 为增环，展开 L 为减环。

② 开口 l 为封闭环。

③ 建立尺寸链 $l_2 - L = l_1$。

④ 画尺寸链如图 3.59 所示。

⑤ 各环关系。

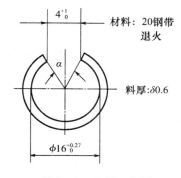

图 3.58　卡圆工序图

材料：20 钢带　退火

料厚：$\delta 0.6$

$l_{1\max} = l_{2\max} - L_{\min}$，　$l_{1\min} = l_{2\min} - L_{\max}$，

$L_{\min} = l_{2\max} - l_{1\max}$，　$L_{\max} = l_{2\min} - l_{1\min}$

（2）确定各段极值。

① $l_{2\max}$ 为 $\phi 16.27$ 的中性层周长。

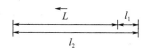

图 3.59　卡圆尺寸链

$\phi 16.27$ 的中性层 $\rho : r/t = 8.135/0.6 = 13.56 > 8$

$x = 0.5$，　$\rho = (8.135 + 0.5 \times 0.6) = 8.435$

$l_{2\max} = 2\pi \times 8.435 = 52.9986 \approx 53.00$

② 此时 $l_{1\max}$：内径为 $\phi 16.27$ 时，开口为 5 的弧长，此时开口夹角 $\alpha = 35.795°$（弧长 = 弧所对角（弧度）乘以半径）。

$l_{1\max} = \pi/180° \times 35.795° \times 8.435 = 5.270$

③ $l_{2\min}$ 为 $\phi 16$ 的中性层周长。

$\phi 16$ 的中性层半径 $\rho = (8 + 0.5 \times 0.6) = 8.3$

$l_{2\min} = 2\pi \times 8.3 = 52.15$

④此时，$l_{1\min}$：内径为 $\phi16$，开口为 4 时的弧长。

开口夹角 $\alpha = 28.955°$

$l_{1\min} = \pi/180° \times 28.955° \times 8.3 = 4.194$

（3）确定展开长度极值。

$L_{\min} = 53.00 - 5.270 = 47.73$

$L_{\max} = 52.15 - 4.194 = 47.956$

$L = 47.956_{-0.226}^{0}$，考虑计算误差，取 $47.9_{-0.12}^{0}$。

2. 中值法

$L = l_2 - l_1$，l_2：内径 ϕ 取中值 $\phi16.135$

$\rho = r + xt = \dfrac{16.135}{2} + 0.5 \times 0.6 = 8.0675 + 0.3 = 8.3675$

l_2 中值 $= 2\pi \times 8.3675 = 52.574553$

l_1：开口为 4.5，$\alpha = \arcsin \dfrac{4.5}{16.135} = 16.194$，$2\alpha = 32.3887$

l_1 中值 $= 32.3887 \times \pi/180 \times 8.3675 = 4.73$

$L = l_2 - l_1 = 52.574553 - 4.73 = 47.84 = 47.84 \pm 0.08$（IT11）

（三）凸、凹模型面尺寸计算

1. 凸模（芯轴）直径

（1）设定冲件取值 $\phi16$（因为有回弹，可能比 $\phi16$ 大，大到 16.27 超差，又因为尺寸小一点，可以换芯轴和修摆块调整）。拟将图 3.57 所示工件一次弯曲成形。因回弹较大，$\phi16^{+0.27}$ 及尺寸 4_0^{+1} 易超差，所以取 $\phi16$ 及 4 为计算依据。试模时如果制件尺寸小于下限值，则可减小下模深度或更换型芯，磨大凹模摆块内径，这样会增大制件内径超差，其开口也会相应增大。试模时如果制件超差大于上限值，则需要更换凹模摆块或采取制件毛料退火以减小回弹等方法，显然从出现后一种情况引起的麻烦较多，所以在确定计算取值时均选了下限值，使制件尺寸在公差范围内宁大勿小。

（2）判断弯曲类型：$\dfrac{\sigma_s r}{Et} = 0.016 < 0.1$（20 钢退火态 $\sigma_s = 245$），纯塑性弯曲。

（3）$r_p = \dfrac{r}{\left(1 + \dfrac{3\sigma_s r}{Et}\right)} = 7.367$，$d_p = 15.274$（芯轴小，弯后回弹到 $16_0^{+0.27}$ 之间）

取 $\phi15.3_{-0.02}^{0}$（此时最小开口为 2.00，不重叠，$L = 47.956$）

展开尺寸最大为 47.956，当芯棒为 $\phi15.28$ 时，$r/t = 15.28/2 \times 0.6 = 12.733$，

$x = 0.5$，$\rho = 15.28/2 + 0.5 \times 0.6 = 7.94$，设开口夹角 α'，$47.956 = \dfrac{\pi}{180}\alpha'\rho$

$\alpha' = 47.956 \times \dfrac{180}{(\pi \times 7.94)} = 346.055$

开口尺寸为 $l = 2(15.28/2 + 0.6)\sin((360 - \alpha')/2) = 2 \times 8.24 \times 0.1214 = 2.00$

2.凹模(摆块)内径 D_d

D_d 小就会胀裂凹模,考虑钢带为负偏差,取 $c=t$。

$$D_d = (15.3 + 2 \times 0.6)^{+0.02}_0 = 16.5^{+0.02}_0$$

(四)确定凹模摆块外形尺寸

1.确定转轴位置与大小

(1)从强度考虑,确定摆块型面下面的直线段长度为 3 mm,画出型面及直线段。

(2)转轴水平位置不应高于上述 3 mm 直线段,否则左右摆块旋转时将互相干扰。选定水平距离 20 mm,转轴直径 $\phi10$,画出轴剖面。

2.确定凹模摆块摆动角度 α

(1)确定开模时,摆块型面开口尺寸。

该尺寸应允许芯轴及毛料通过,即应不小于凹模模腔直径,考虑冲件弯曲后最大外径 $\phi17.47$ 取 17.6。

(2)计算摆块摆动角度。

$$2[20 - 20\cos \alpha + (3 + 16.5)\sin \alpha] = 17.6$$

$$\alpha = 22.1° \quad 取 22° + 30'$$

检查型面下部开口尺寸:代入 $\alpha = 22.5°$,

$$2(20 - 20\cos \alpha + 3\sin \alpha) = 5.34$$

该开口尺寸可用。为避免划伤零件,可作 $R = 0.5$ 倒圆。

3.确定开模时摆块限位面尺寸。

为避免摆块张开时,开口过大,在摆块下部设置限位面,其起始位置选在转轴水平线上。长度尺寸:考虑转轴安装处的强度及简化结构,确定为 13。考虑到其下部与顶板的摩擦,尖端作 $R5$ 倒角。

4.确定摆块上部拼合面尺寸。

确定尺寸 45 及 36,此时上部拼合面尺寸约为 8,定位板安装尺寸约为 12,可满足使用要求,作出倒圆 $R1$。

具体方法:从闭合状态的内部开始设计,边设计结构边确定尺寸,需要时还应画出开模状态。

(1)首先对摆块结构有总体认识。

(2)画出闭合状态凹模内径。

(3)延中轴线画出拼合面。

(4)从强度考虑,确定下段拼合面长度 3 mm。

(5)确定转轴尺寸。

①其高度位置应等于或低于下段拼合面直线段(否则转动时干涉)——取在 3 mm 处。

②考虑转轴强度,应取 $\phi10$。

③考虑摆块强度,取水平尺寸 20。

(6)计算摆块开模角度。

①确定开模时型面开口尺寸,应允许芯轴与毛坯料进去及弯后冲件退出,冲件最大尺寸 $\phi 17.47(\phi 16 + 0.27 + 2 \times 0.6)$,取 17.6。

②计算摆动角度 α:由冲件最大尺寸 17.6 得,$\alpha = 22.1°$,取 $22°^{+\delta}_{0}$。

$$(3 + 16.5)\sin \alpha + 20 - 20\cos \alpha = 17.6/2$$

③确定通道形状 $r_{d1} = r_{d2} = r_1$(此时最小开口为 2.12,$L = 47.9$)。

④确定上端尺寸,考虑拼合面强度及定位面位置。

⑤作图检查开模时下边开口大小,过大会锁死摆块。

⑥为避免划伤零件,作下拼合面 $R0.5$ 倒圆(过大则挤伤零件)。

(7)确定开模时摆块下限位面尺寸。

①起始位置不能高于开模时的转轴水平线。

②结束位置考虑摆块强度,取尺寸 13。

③考虑与顶板摩擦取 $R5$。

(8)拼合面与限位面之间用过渡线连接。

(9)确定摆块宽、高尺寸,根据强度取 36:45。校核安装定位板尺寸。

凹模摆块外形尺寸如图 3.60 所示。

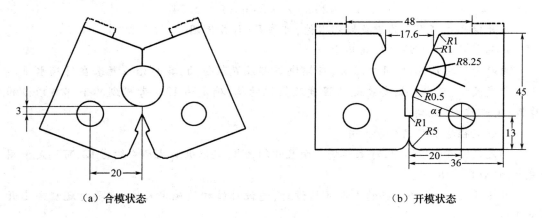

（a）合模状态　　　　　　　　　（b）开模状态

图 3.60　凹模摆块外形尺寸

3.3.4　Z 形弯曲

Z 形弯曲类似 V 形弯曲。其区别是,由于回弹,凸、凹圆角中心的坐标将发生位移。其计算方法见【例 3.7】。注意:(1)冲压方向(负角,超过水平线下);(2)毛坯偏移、拉变形(定位、夹紧);(3)其展长计算通常采用中值法;(4)凸、凹模圆角、圆心坐标计算。

【例 3.7】　已知工件如图 3.61 所示,材料 A3 钢,料厚为 2.5 mm。求:(1)展开尺寸;(2)弯曲型面尺寸。

解:

1. 审核冲件图

(1)根据该件装配关系定偏差,知 R6.5 与 φ12 外径管子焊接,有 0.5 焊缝,其余无装配关系,图纸未注公差,按 IT14 选取,可均取正、负差标注如图 3.61 所示。

(2)工艺性分析。

①最小转弯半径 $\frac{r}{t} = 0.8, 0.4$ 平行、垂直(小)。

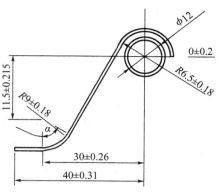

图 3.61 Z 形弯曲件

$r_{min} = 2$,R6.5、R9 均满足。

②冲压方向如图 3.61 所示,无负角。

③该件属于非对称弯曲,注意防止毛坯偏移——增加定位工艺孔,并夹紧。

(3)具体方案。

①定位基准与设计基准要选一致——位于 R6.5 中轴线上。(以 R6.5 中心标注)(若选在"10"面上,R6.5 处会被拉长,如图 3.62 所示)

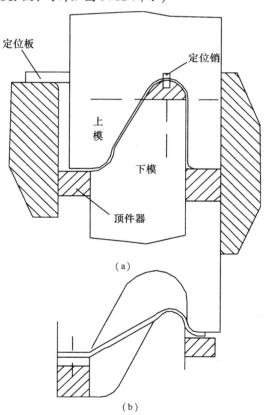

(a)定位销在 R6.5 中轴线上;(b)定位销在水平面上

图 3.62 定位面的选取

②初选模具结构如图 3.62(a)所示。

③防弯曲偏移办法。

采用定位销定位板进行定位,采用顶件器压料以防止坯料弯曲过程中发生偏移。

2. 展开尺寸计算

(1)确定计算方法。

极值法:须有 $\Delta N \geqslant \sum \Delta M$，$R6.5$ 中轴线右端 0 ± 0.2 为封闭环,下料尺寸及 $R6.5$ 模具尺寸为组成环,其中 $R6.5$ 在 $90°$ 夹角内弧长公差为

$$\pi/2(\pm 0.18) = \pm 0.283 > \pm 0.2$$

不宜用极值法,要用中值法。

(2)展长计算。

Z 形件展长计算的尺寸链如图 3.63 所示。

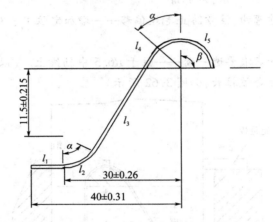

图 3.63　Z 形件展长计算的尺寸链

左段 $L_1 = l_1 + l_2 + l_3 + l_4$,右段 $L_2 = l_5$,$L = l_1 + l_2 + l_3 + l_4 + l_5$。

①确定圆心角 $\alpha = 55°,\beta = 90°,\rho = r + xt$。

②确定中性层半径 $\begin{cases} R6.5,\zeta = 7.48,x = 0.392(插值法) \\ R9,\zeta = 10.03,x = 0.412(插值法) \end{cases}$

③确定中性层弧长 $l_2 = 9.628,l_4 = 7.180,l_5 = 11.750$。

④确定斜线段长度 l_3,$l_3 = \dfrac{(6.5 + 2.5)\cos 55° + 11.5 + 9\cos 55°}{\sin 55°} = 26.643$。

注意:计算斜线长度可用外层或内层,不要用两个中性层半径连线。

⑤求展长中值:$l_1 = 10 \pm 0.05$。

$(10 \pm 0.05 + 30 \pm 0.26 = 40 \pm 0.31)$

　　　　组成环　　　　封闭环

⑥求展长。展开图如图 3.64 所示。

$$L_1 = 10 + 9.628 + 26.643 + 7.180$$
$$= 53.45,L_2 = 11.750,L = 65.20$$

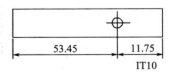

图 3.64　展开图

⑦确定展长公差。

提高 4 级,按 IT10,$\Delta_1 = 0.12,\Delta_2 = 0.07$。

3. 模具尺寸计算

(1)圆角半径及圆心角。

①判断类型。

$$\frac{\sigma_s r}{Et} = 253 \times {}_9^{6.5}/(2 \times 10^5 \times 2.5) = {}_{4.55}^{3.29} \times 10^{-3} < 0.1$$

所以为纯塑性弯曲。

②求 r_p。

$$r_p = \frac{r}{\left(1 + \dfrac{3\sigma_s r}{Et}\right)}$$

Z 形件弯曲模 r_p 与 r_d 尺寸见表 3.8。

表3.8　弯曲模 r_p、r_d 尺寸

α	冲件中值尺寸	模具中值尺寸	凸模尺寸 r_p	凹模尺寸 $r_d(r_d = r_p + t)$
55°	$R6.5$	6.436	6.44 ± 0.01	8.94 ± 0.01
55°	$R9$	8.879	8.88 ± 0.01	11.38 ± 0.01

③求 α_p。

$$\alpha_p = \frac{r\alpha}{r_p} = \frac{9 \times 55°}{8.88} = 55.74°$$

$$\alpha'_p = \frac{r\alpha}{r_p} = \frac{6.5 \times 55°}{6.44} = 55.51°$$

$\alpha_p(R6.5$ 处$)55.51°,\beta_p:90 \times 6.5/6.44 = 90.8°$

$\alpha'_p(R9$ 处$)55.74°$

验算:$90.8°($有 $0.8°$ 负角$)$,直线段$(6.44 + 2.5)\sin 0.8° = 0.125$,在公差范围内。
$R6.5(90.8°)$处直边长度如图 3.65 所示。

图 3.65　$R6.5$ 弯曲处直边长度

④求 l_1 回弹角 $\Delta\alpha$。

$$\Delta\alpha = 55.74° - 55.51° = 0.23°$$

(2)模具圆心坐标尺寸。

$x = 8.94\sin \alpha_p + 26.643\cos \alpha_p + 8.88\sin \alpha_p = 29.775$,取 29.78 ± 0.01

$y = 26.643\sin \alpha_p - (8.94 + 8.88)\cos \alpha_p = 11.869$,取 11.87 ± 0.01

注意:计算时用模具 α_p、r_p,仅 l_3 与回弹后一样。

(3)模具型面示意图(图 3.66~3.68)。

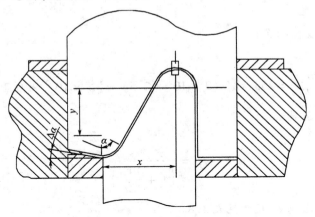

图 3.66　模具型面示意图

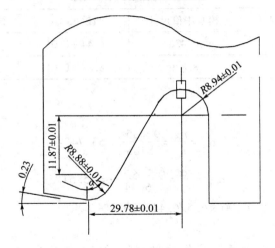

图 3.67　上模型面示意图

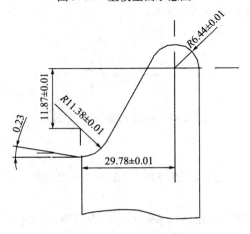

图 3.68　下模型面示意图

3.3.5 水平斜楔式机构

该类型模具设计重点为斜楔部分的结构,包括其运动及强度计算。图 3.69 所示为斜楔的常见类型。

1. 斜楔模受力分析

(1)滑块水平力 F。

$$F = 加工力 + 压块力 + 复位力 + 摩擦力$$

(2)滑块斜正压力 Q。

$Q - Q\mu\tan \alpha \geqslant (加工力 + 压块力 + 复位力)/\cos \alpha$

通常 α 值取 $30° \sim 40°$,最大可选 $45°$,α 越小,有效力越大。

(3)斜楔垂直受力 P。

$$P = Q\sin \alpha \tag{3.18}$$

(4)斜楔水平受力 W。

$$W = Q\cos \alpha \tag{3.19}$$

(5)弹簧力 $\geqslant$ 脱模力。

2. 滑块行程为 S,斜楔行程为 S'

$$S' = \tan \alpha s \tag{3.20}$$

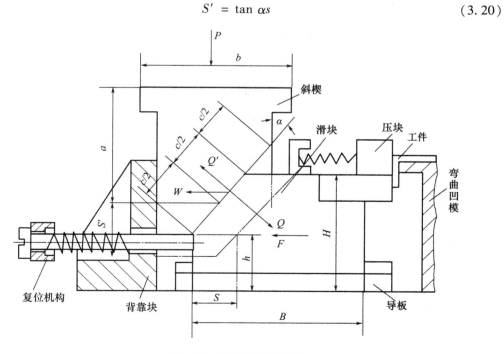

图 3.69 斜楔模结构分析

3. 结构与尺寸

（1）斜楔。

尺寸 b 应足够大，使力 Q' 作用在宽度 b 之内，否则斜楔有旋转倾向。此时由紧固螺钉产生平衡力矩，应进行强度校核。否则应增加背靠块（也应进行强度校核）。

通常无背靠块时 $b \geqslant (1.5 \sim 2)a$

尺寸 c 的确定。

在开始工作与结束工作时，斜楔与滑块一般保持 $c/2$ 面接触。此时 $c = S/\sin \alpha$，如果取 $1/3$ 接触面，则

$$c = \frac{3S}{4}\sin \alpha \tag{3.21}$$

斜楔与滑块接触面的宽度可按需选取，必要时进行压应力校核。

（2）滑块。

滑块尺寸 a、c 已确定，需确定尺寸 B、h、H。

H 尺寸应留有斜楔的行程及容纳复位机构的足够空间（该尺寸应尽量小），则 $H = h + c\cos \alpha$。

尺寸 B 与斜楔一样，应使初始工作时 Q 的指向落在长度 B 之间，以避免滑块的旋转倾向。其计算公式为

$$B > \frac{3}{4}c\sin \alpha + \left(H - \frac{c}{4}\cos \alpha\right)c\tan \alpha = (2 \sim 1.5)H \tag{3.22}$$

滑块宽度 A 应小于 B，大于斜楔宽度为宜。

3.4 弯曲模设计程序

（1）拿到弯曲件工序图后，首先应消化产品图，了解其在产品中的作用及装配关系，了解零件图各尺寸、技术要求的目的与作用，并分析工件的工艺性，看是否可能做些改变以满足弯曲工艺性的要求。

（2）根据工艺图确定模具取值，计算展开尺寸。

（3）进行弯曲力计算。

（4）考虑模具结构，并进行必要的计算，选定冲压设备。

（5）画出总装图。应从工作部分开始绘制，画出模具闭合与开启状态。对各机构运动及工件变形的全过程要做到心中有数。

（6）绘制零件图。

习　　题

（1）图 3.56 所示零件若采用 08F 制造（其机械性能 $\sigma_s = 245$ MPa，$E = 2.06 \times 10^5$ MPa），若 $r = 3 \pm 0.1$，且两小孔不冲。请计算该零件的毛坯展开长度，凸、凹模尺寸及冲压深度。

（2）已知某工件如图 3.70 所示（08F，$\sigma_s = 245$ MPa，$E = 2.06 \times 10^5$ MPa，$t = 1$）。求其展开尺寸及凸、凹模尺寸。

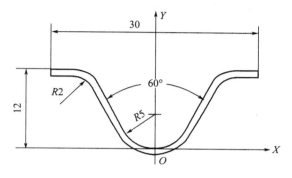

图 3.70　习题 2 工件图

第4章 拉深类零件模具设计

拉深是借助设备的动力和模具的直接作用,使金属平板坯料外法兰部分缩小,变成空心开口零件的一种冲压成形方法。

飞机中拉深类零件包括筒形零件、球形零件、锥形零件、梯形零件等回转体零件,以及盒形零件、复杂形零件等非回转体零件,如图1.5所示。该类零件采用冲压方法完成成形,需要冲压工装。对于一些难成形的拉深件,也可以采用柔性软模技术成形。

拉深模具如图4.1所示,其凸模和凹模与冲裁时不同,它们的工作部分都没有锋利的刃口,而是做成一定的圆角,并且其间的间隙也稍大于板料的厚度。在凸模的作用下,原始直径为 D_0 的毛坯,在凹模端面和压边圈之间的缝隙中变形,并被拉进凸模与凹模之间的间隙里形成筒形零件的直壁。

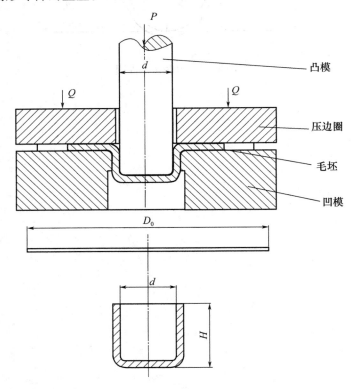

图4.1 无凸缘筒形件的拉深

在冲压生产中,拉深的种类很多。各种拉深件可以分为以下四种基本类型,如图4.2所示。

（1）圆筒形零件——指直壁旋转体。

（2）曲面形零件——指曲面旋转体。

（3）盒形零件——指直壁非旋转体。

（4）非旋转体曲面形状零件——指各种不规则的复杂形状零件。

拉深类型分为不变薄拉深和变薄拉深。不变薄拉深是指在拉深过程中不产生较大的变薄,筒壁与筒底厚度较一致的拉深工艺。变薄拉深是指以空心开口零件为毛坯,通过减小壁厚成形零件的拉深工艺。

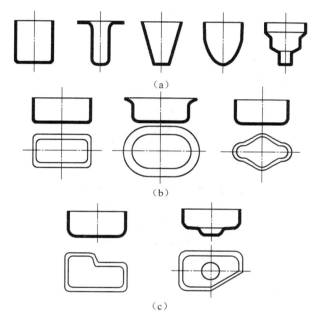

图 4.2　拉深件种类

拉深件的可加工尺寸范围相当广泛,从几毫米的小零件直到轮廓尺寸达 2 ~ 3 m、厚度达 200 ~ 300 mm 的大型零件,都可以用拉深的方法制成。因此,在汽车、飞机、拖拉机、电器、仪表、电子等产业以及日常生活用品的冲压生产中,拉深工艺占有重要地位。拉深件照片如图 4.3 所示。本章主要讨论圆筒形零件的拉深,在此基础分析其他各种形状零件的特点。

图 4.3　拉深件照片

4.1 拉深模具的典型结构

4.1.1 首次拉深模

首次拉深模坯料为平板毛坯,首次拉深模有无压板拉深落件形式,如图 4.4 所示,其特点是不压料,拉深过程中容易起皱,下出件,零件底部无压力,平整度不高,适用于质量要求不高的拉深件。首次拉深模有无压板带顶出装置的结构形式,如图 4.5 所示。此结构属于上出件结构,零件底部有压力,平整度较高。无压板的结构形式适合于变形量小、材料较厚、不易出现起皱时使用。

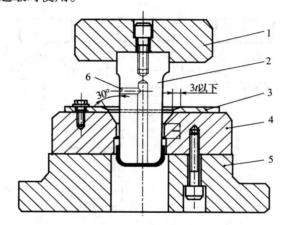

1—凸模座;2—凸模;3—定位板;4—凹模;5—凹模座;6—通气孔

图 4.4 无压板拉深落件形式

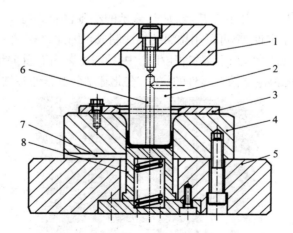

1—凸模座;2—凸模;3—定位板;4—凹模;5—凹模座;6、7—通气孔;8—顶板

图 4.5 无压板带顶出装置

　　首次拉深模有带固定压板拉深落件形式,如图 4.6 所示,此结构由固定压板起到压料作用,可以减少起皱现象的发生。下出件,零件底部无压力,平整度不高。首次拉深模有带弹性压板拉深落件形式,如图 4.7 所示,此结构有弹性压板起到压料作用,弹性压板始终与板料接触,可以减少起皱现象的发生。下出件,零件底部无压力,平整度不高。压板在冲裁模中起到卸料的作用,在拉深模中主要作用是压边防止起皱。

　　以上几种首次拉深模均为正装结构,即凸模在上,凹模在下。倒装式首次拉深模,其下模带可动压板,上模部分有打料杆,此种模具是最常用的首次拉深模,如图 4.8 所示。零件底部平整度高,压边力可以调节,防止起皱。

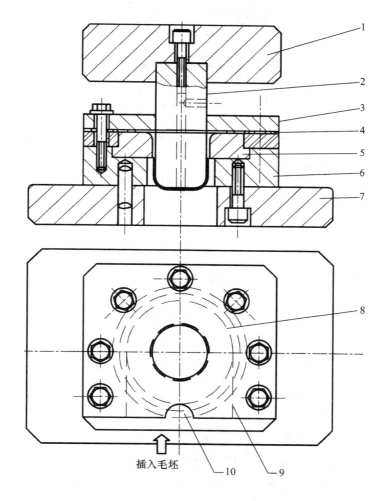

1—凸模座;2—凸模;3—毛坯压板;4、9—定位板;5—凹模圈;
6—凹模板;7—下模座;8—毛坯;10—插入毛坯用缺口

图 4.6　带固定压板拉深落件形式

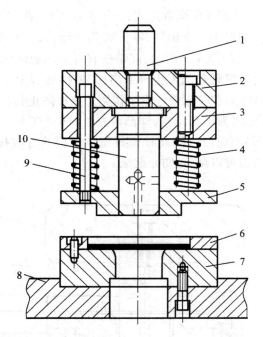

1—凸模座;2—凸模;3—毛坯压板;4、9—定位板;5—凹模圈;6—凹模板;
7—凹模座;8—毛坯;10—插入毛坯用缺口

图4.7 带弹性压板拉深落件形式

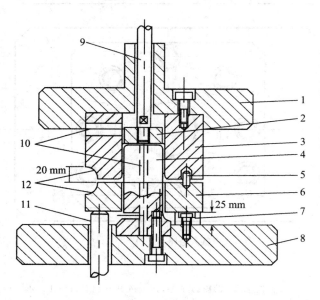

1—上模座;2—打料板;3—凹模;4—凸模;5—定位销;6—毛坯压板;7—限制块(接触板);
8—下模座;9—打料杆;10—通气孔;11—缓冲销;12—安全措施空位

图4.8 下模带可动压板及打料杆形式

4.1.2　二次拉深模

二次拉深模所使用的坯料为开口空心件,而非平板坯料,因此二次拉深模的坯料定位和压料形式与首次拉深模大不相同。图 4.9 所示无防皱压板拉深落件形式为正装下出件结构形式。靠件 5 进行定位。图 4.10 和图 4.11 所示带防皱压板及打料杆形式为倒装打料出件。图 4.10 所示压板上平面为斜面,靠压板进行压料和定位。其中,件 10 为防皱压板间隙调节螺栓(限位销),用于调节压边力,因为压边力过大会拉裂,而压边力过小会出现皱褶。

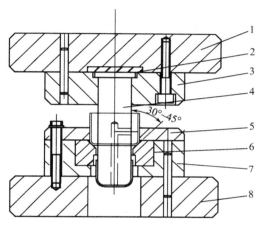

1—上模座;2—垫板;3—凸模座;4—凸模;5—定位板;6—凹模圈;7—凹模板;8—下模座

图 4.9　无防皱压板拉深落料件形式

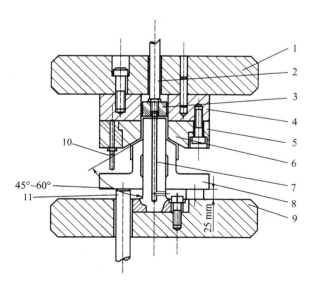

1—上模座;2—打料杆;3—打料板;4—凹模座;5—固定圈;6—凹模圈;7—凸模;
8—压料板;9—下模座;10—防皱压板间隙调节螺栓(限位销);11—缓冲销

图 4.10　带防皱压板及打料杆形式

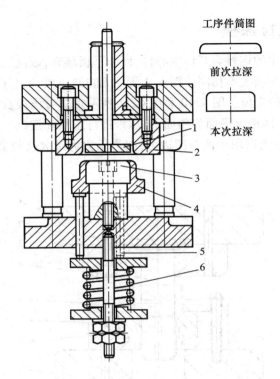

工序件简图

前次拉深

本次拉深

1—推件板;2—拉深凹模;3—拉深凸模;4—压边圈;5—顶杆;6—弹簧

图 4.11　带防皱压板及打料杆形式二次拉深模

4.1.3　反拉深模

凸模从初拉深所得的空心毛坯的底部反向加压,完成与初拉深相反方向的再拉深,使毛坯内表面翻转为外表面,从而形成更深的制件的拉深模。也属于二次拉深模,反拉深过程毛坯不易起皱,模具结构简单,但受凹模壁厚限制,k(拉深比)小者,不适用。无压边装置反拉深模如图 4.12 所示,压边圈在上模的反拉深模如图 4.13 所示,压边圈在下模的反拉深模 4.14 所示。

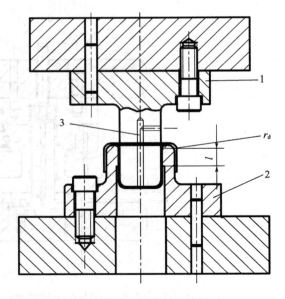

1—凸模;2—凹模;3—通气孔

图 4.12　无压板拉深落件形式

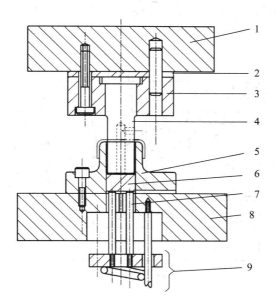

1—上模座;2—垫板;3—凸模板;4—凸模;5—凹模;

6—推料板;7—缓冲销;8—下模座;9—缓冲器

图 4.13　无防皱压板带顶出装置形式

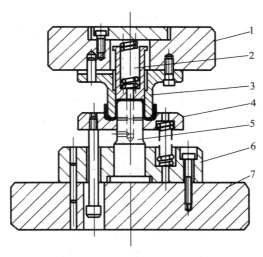

1—上模座;2—打料弹簧;3—凹模;4—压料圈;5—凸模;6—凸模板;7—下模座

图 4.14　带防皱压板及打料杆形式

4.1.4　复合模

落料拉深复合模如图 4.15 所示,在一套模具内完成落料与拉深两个工序,为保证先落料再拉深,一般落料的凹模先于拉深凸模接触板料。图 4.16 所示为落料拉深模开模状态。图 4.17 所示为拉深冲孔切断复合模,一套模具内完成拉深、冲底孔和切断三个工序。

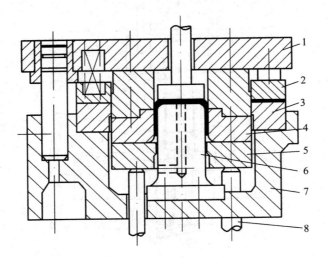

1—上模座;2—卸料板;3—冲裁凹模;4—拉深凹模兼作冲裁凸模;
5—压边圈;6—凸模;7—下模座;8—缓冲销

图 4.15　中小型件单动落料拉深模

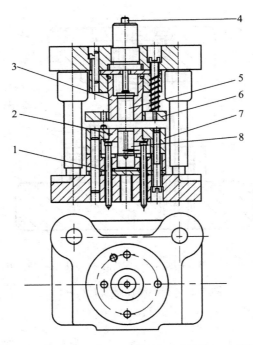

1—顶杆;2—压边圈;3—凸凹模;4—推杆;5—推件板;6—卸料板;7—落料凹模;8—拉深凸模

图 4.16　落料拉深模开模状态

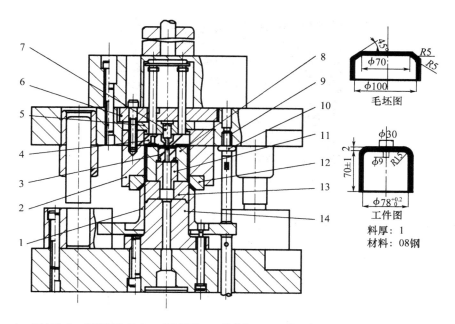

1—压边圈；2—凹模固定板；3—冲孔凹模；4—推件板；5—凸模固定板；6—垫板；7—冲孔凸模；
8—拉深凸模；9—限位螺栓；10—螺母；11—垫柱；12—拉深切边凹模；13—切边凸模；14—固定块

图 4.17　拉深冲孔切断复合模

4.2　拉深模的设计基础

4.2.1　拉深件的工艺性

1. 拉深成形对材料性能的要求

（1）具有较大的硬化指数；n 值大的材料，在以拉深为主的凸模圆角区不易产生局部集中变形，有助于延缓危险断面过度变薄或发生破裂。

（2）具有较小的屈强比 σ_s/σ_b。

（3）具有合适的厚向异性指数 r。

2. 拉深件的结构工艺性

（1）拉深件的形状。

①拉深件的形状应尽量简单、对称，尽可能一次拉深成形。

②尽量避免半敞开及非对称的空心件，应考虑设计成对称（组合）的拉深，然后剖开，如图 4.18 所示。

图4.18　拉深件设计成对称的拉深

③在设计拉深件时,应注明必须保证外形或内形尺寸,不能同时标注内外形尺寸如图4.19所示;带台阶的拉深件,其高度方向的尺寸标注一般应以底部为基准,如图 4.20所示。

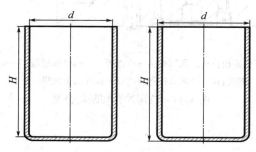

图4.19　拉深件标注内形尺寸或外形尺寸

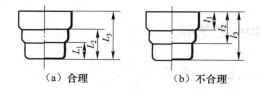

（a）合理　　　　　（b）不合理

图4.20　带台阶的拉深件高度方向的尺寸标注

④拉深件口部尺寸公差应适当。

⑤一般拉深件允许壁厚变化范围 $0.6\sim1.2t$,若不允许存在壁厚不均现象,应注明,拉深件沿高度方向厚度的变化如图4.21所示。

⑥需多次拉深成形的工件,应允许其内、外壁及凸缘表面上存在压痕。

（2）拉深件圆角半径的要求。

①凸缘圆角半径 $r_{d\varphi}$。

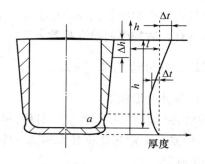

图4.21　拉深件沿高度方向厚度的变化

凸缘圆角半径 $r_{d\varphi}$ 指壁与凸缘的转角半径。要求 $r_{d\varphi} > 2t$，一般取 $r_{d\varphi} = (4 \sim 8)t$，当 $r_{d\varphi} < 0.5$ 时，应增加整形工序。

②底部圆角半径 r_{pg}。

底部圆角半径 r_{pg} 指壁与底面的转角半径。要求 $r_{pg} \geqslant t$，一般取 $r_{pg} \geqslant (3 \sim 5)t$，当 $r_{pg} < t$，增加整形工序，每整形一次，r_{pg} 可减小 1/2。

③矩形件四壁间的圆角半径 r_{py}。要求 $r_{py} \geqslant 3t$。

拉深件上的圆角半径如图 4.22 所示。

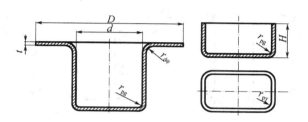

图 4.22　拉深件上的圆角半径

（3）拉深件上的孔位布置。

①孔位应与主要结构面（凸缘面）在同一平面或孔壁垂直该平面，便于冲孔与修边在同一道工序中完成，如图 4.23 所示。

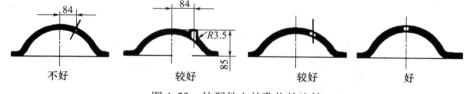

图 4.23　拉深件上的孔位的比较

②拉深件侧壁上的冲孔与底边或凸缘边的距离 $h > 2d + t$ 时才有可能冲出，如图 4.24（b）所示，否则这孔只能钻出，如图 4.24（a）所示。

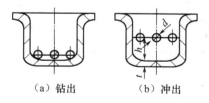

（a）钻出　　　（b）冲出

图 4.24　拉深件侧壁上的孔

3. 拉深件的精度等级

拉深件的精度等级主要指其横断面的尺寸精度；一般在 IT13 以下，不宜高于 IT11，高于 IT13 的应增加整形工序。

4.2.2　拉深件的工艺计算

1.拉深件毛坯尺寸的确定

（1）简单旋转体拉深件坯料尺寸的确定。

计算原则:按等面积(即拉深前后材料面积不变)原则进行计算,先加上修边余量(图4.25),再计算坯料直径。

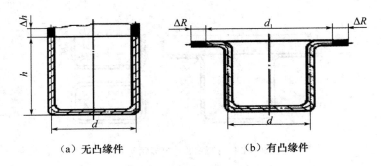

（a）无凸缘件　　　　　　　　（b）有凸缘件

图 4.25　拉深件的修边余量

数学计算法:

①将制件分成若干简单几何形状(包括修边余量),以其中间层进行计算(注:厚度小于 1 的拉深件,可根据工件外壁尺寸计算)。

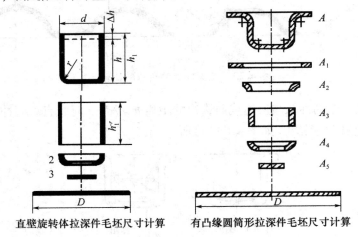

直壁旋转体拉深件毛坯尺寸计算　　　有凸缘圆筒形拉深件毛坯尺寸计算

图 4.26　拉深件毛坯尺寸的确定

②叠加各段中间层面积,求出制件中间层面积。

③根据"等面积原则"求出毛坯直径。

$$D = \sqrt{\frac{4S}{\pi}} = \sqrt{\frac{4}{\pi} \sum f} \qquad (4.1)$$

式中　S——毛坯面积(包括修边余量);

　　　f——简单旋转体拉深件各部分面积;

　　　D——毛坯直径。

【例4.1】　计算下面两个零件圆筒部分的毛坯尺寸,零件如图4.27所示。

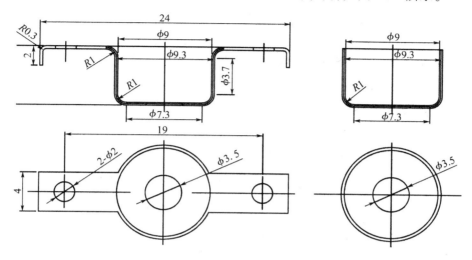

图4.27　例题4.1零件图

解:将制件分割为(图4.28)

(1)1/4 凹球环。

(2)圆柱。

(3)1/4 凸球环。

(4)圆板。

计算:

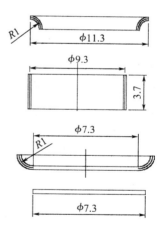

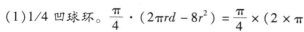

图4.28　例4.1题图

(1)1/4 凹球环。$\dfrac{\pi}{4} \cdot (2\pi rd - 8r^2) = \dfrac{\pi}{4} \times (2 \times \pi$

$\times 1 \times 11.3 - 8 \times 1^2) = 49.48(\mathrm{mm}^2)$

(2)圆柱。$\pi dh = \pi \times 9.3 \times 3.7 = 108.047(\mathrm{mm}^2)$

(3)1/4 凸球环。$\dfrac{\pi}{4} \cdot (2\pi rd + 8r^2) = \dfrac{\pi}{4} \times (2 \times \pi \times 1 \times 7.3 + 8 \times 1^2) = 42.268(\mathrm{mm}^2)$

(4)圆板。$\dfrac{\pi}{4} \cdot d^2 = \dfrac{\pi}{4} \times 7.3^2 = 41.833(\mathrm{mm}^2)$

(5)修边。无凸缘 $\pi dh = \pi \times 9.3 \times 1.2 = 35.042(\text{mm}^2)$

有凸缘 $\dfrac{\pi}{4} \cdot (d^2 - d_1^2) = \dfrac{\pi}{4} \times (14.5^2 - 11.3^2) = 64.842(\text{mm}^2)$

①带凸缘毛坯直径。

$$D = \sqrt{\dfrac{4S}{\pi}} = \sqrt{\dfrac{4}{\pi} \sum f}$$

$$= \sqrt{\dfrac{4}{\pi}(49.48 + 108.047 + 42.268 + 41.833 + 64.842)}$$

$$= 19.748 \approx 20$$

②不带凸缘毛坯直径。

$$D = \sqrt{\dfrac{4S}{\pi}} = \sqrt{\dfrac{4}{\pi} \sum f}$$

$$= \sqrt{\dfrac{4}{\pi}(108.047 + 42.268 + 41.833 + 35.042)}$$

$$= 17.012 \approx 18$$

(2)复杂旋转体拉深件坯料尺寸的确定。

①解析法。

若拉深件可由若干个简单几何形状组成,则先分别求出各部分的表面积 F,再相加得出拉深件的总面积 $\sum F$,最后按下式计算毛坯直径。

$$D = \sqrt{\dfrac{4}{\pi} \sum F} = 1.13 \sqrt{\sum F} \tag{4.2}$$

②重心法(久里金法则)。

重心法的原理是任何形状的母线,绕同一平面内的轴线旋转所形成的旋转体,其表面积等于母线长度与母线的重心绕轴线旋转周长的乘积。

旋转体面积:$A = 2\pi x L$

毛坯面积:$A_0 = \dfrac{\pi D^2}{4}$

因:$A = A_0$

故:$2\pi x L = \dfrac{\pi D^2}{4}$

$$D = \sqrt{8xL} \tag{4.3}$$

a. 由直线和圆弧相连接的形状如图 4.29 所示(解析法)。

$$A = \dfrac{\pi D^2}{4} = 2\pi \sum_{i=1}^{n} l_i x_i$$

$$D = \sqrt{8 \sum_{i=1}^{n} l_i x_i} \tag{4.4}$$

b. 曲线连接的形状如图 4.30 所示(作图解析法)。

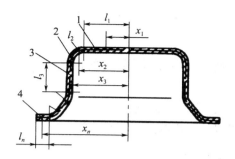

图 4.29　由直线和圆弧相连接的母线

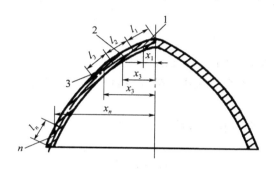

图 4.30　母线为圆滑曲线的拉深件

对于母线为曲线连接的旋转体拉深件,可将拉深件的母线分成线段 $1,2,3,\cdots,n$,把各线段近似当成直线看待。从图上量出各线段长度 $l_1,l_2,l_3,\cdots,l_n$ 及其重心到轴线距离 $x_1,x_2,x_3,\cdots,x_n$,然后按公式(4.4)计算毛坯直径 $D = \sqrt{8\sum_{i=1}^{n} l_i x_i}$。为了方便计算,若把各线段长度 $l_1,l_2,l_3,\cdots,l_n$ 取成相等,则 $D = \sqrt{8l(x_1 + x_2 + x_3 + \cdots + x_n)}$。

③旋转体毛坯半径 R_0 计算通式。

旋转体如图 4.31 所示。

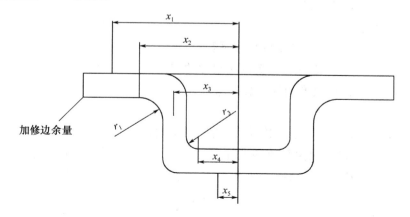

图 4.31　有凸缘拉深件

$$R_0 = \sqrt{2(\sum lx + \sum \pm rh)} \tag{4.5}$$

式中　l——线段长度；

　　　x——直线段的重心或圆弧中心到旋转轴的距离；

　　　r——圆弧中性层半径；

　　　h——圆弧中性层在旋转轴投影长度；

　　　$\pm$——弧心在工件内为正，弧心在工件外为负。

2. 拉深件拉深工序的计算

拉深系数指用于表示拉深变形程度的工艺指数，其值为拉深后制件直径与拉深前毛坯直径之比值。

$$m = d/D$$

注意：拉深系数系愈小，表示拉深变形程度愈大。

极限拉深系数指当拉深系数减小至使拉深件起皱、断裂或严重变薄超差时的临界拉深系数。

(1) 无凸缘圆筒形拉深件拉深次数及工序尺寸计算。

① 拉深系数。

首次拉深：　　　　　　　　　　$m_1 = d_1/D$

以后各次拉深：

$$m_2 = d_2/d_1$$
$$m_3 = d_3/d_2$$
$$\vdots$$
$$m_n = d_n/d_{n-1}$$
$$m = d/D = m_1 \cdot m_2 \cdot m_3 \cdots m_n$$

式中　m——拉深系数；

　　　d——拉深后制件直径；

　　　D——拉深前毛坯直径；

　　　$m_1, m_2, m_3, \cdots, m_n$——各次的拉深系数；

　　　$d_1, d_2, d_3, \cdots, d_{n-1}, d_n$——各次拉深制件的直径；

　　　m——需多次拉深成形制件的总拉深系数。

② 拉深次数。

当 $m = d/D > [m_1]$ 时，可以一次拉深，否则需多次拉深。

a. 推算法。根据极限拉深系数和毛坯直径，从第一道拉深工序开始逐步向后推算各工序的直径，一直算到得出的直径小于或等于工件直径，即可确定所需的拉深次数。

$$d_1 = [m_1]D$$
$$d_2 = [m_2]d_1$$
$$\vdots$$

$$d_n = [m_n]d_{n-1}$$

式中　$d_1, d_2, \cdots, d_{n-1}, d_n$——第 $1, 2, \cdots, (n-1), n$ 道工序的直径;

　　　$[m_1], [m_2], \cdots, [m_n]$——第 $1, 2, \cdots, n$ 道工序的极限拉深系数;

　　　D——毛坯直径。

b. 根据工件的相对高度 H/d 和毛坯的相对厚度 t/D,查表确定拉深次数 n,见表 4.1。

表 4.1　拉深相对高度 H/d 与拉深次数的关系(无凸缘筒形件)

拉深次数	坯料的相对厚度 $(t/D) \times 100$					
	2 ~ 1.5	1.5 ~ 1.0	1.0 ~ 1.6	0.6 ~ 0.3	0.3 ~ 0.15	0.15 ~ 0.08
1	0.94 ~ 0.77	0.84 ~ 0.65	0.71 ~ 0.57	0.62 ~ 0.5	0.52 ~ 0.45	0.46 ~ 0.38
2	1.88 ~ 1.54	1.60 ~ 1.32	1.36 ~ 1.1	1.13 ~ 0.94	0.96 ~ 0.83	0.9 ~ 0.7
3	3.5 ~ 2.7	2.8 ~ 2.2	2.3 ~ 1.8	1.9 ~ 1.5	1.6 ~ 1.3	1.3 ~ 1.1
4	5.6 ~ 4.3	4.3 ~ 3.5	3.6 ~ 2.9	2.9 ~ 2.4	2.4 ~ 2.0	2.0 ~ 1.5
5	8.9 ~ 6.6	6.6 ~ 5.1	5.2 ~ 4.1	4.1 ~ 3.3	3.3 ~ 2.7	2.7 ~ 2.0

上表只适合 08 及 10 钢的拉深件。

c. 计算方法。

拉深次数:

$$n = 1 + \frac{\lg d - \lg m_1 D}{\lg \overline{m}} \tag{4.6}$$

式中　d——冲件直径;

　　　D——坯料直径;

　　　m_1——第一次拉深系数;

　　　$\overline{m}$——第一次拉深以后各次的平均拉深系数。

③拉深件工序件尺寸。

a. 直径。

确定拉深次数后,应调整拉深系数,使首次拉深尽可能接近极限拉深系数,其余拉深逐渐增加,使 $m_1 < m_2 < \cdots < m_n$,并且 $d/D = m_1 \cdot m_2 \cdots m_n$,再算出各工序件直径。

$$d_1 = m_1 D$$
$$d_2 = m_2 d_1$$
$$\vdots$$
$$d_n = m_n d_{n-1}$$

式中　$d_1, d_2, \cdots, d_{n-1}, d_n$——第 $1, 2, \cdots, (n-1), n$ 道工序的直径;

　　　$m_1, m_2, \cdots, m_n$——第 $1, 2, \cdots, n$ 道工序的拉深系数;

　　　D——毛坯直径。

b. 工序件底部圆角半径。

合理选配各次拉深工序件的底部圆角半径,见模具零件设计部分。

c. 高度。

$$h_1 = 0.25\left(\frac{D^2}{d_1} - d_1\right) + 0.43\frac{r_1}{d_1}(d_1 + 0.32r_1)$$

$$h_1 = 0.25\left(\frac{D^2}{d_2} - d_2\right) + 0.43\frac{r_2}{d_2}(d_2 + 0.32r_2)$$

$$\vdots$$

$$h_n = 0.25\left(\frac{D^2}{d_n} - d_n\right) + 0.43\frac{r_n}{d_n}(d_n + 0.32r_n)$$

(4.7)

无凸缘圆筒形件拉深工序计算流程,如图 4.32 所示。

(2)有凸缘圆筒形的拉深计算。

①判断能否一次拉深成形。

a. 利用极限相对高度进行判断(查《冲压手册》中表 4 - 20)。

如果工件的相对高度 h/d 小于或等于表中对应的极限相对高度 $[h_1/d_1]$ 值时,则可以一次拉深成形;否则,需多次拉深。

b. 利用极限拉深系数进行判断(查《冲压手册》中表 4 - 21)。

如果工件的拉深系数 m_1 大于或等于表中对应的极限拉深系数 $[m_1]$ 值时,则可以一次拉深成形;否则,需多次拉深。

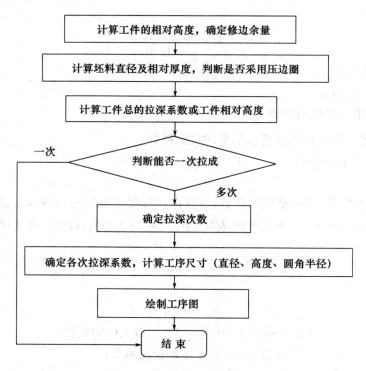

图 4.32 无凸缘圆筒形件拉深工序计算流程

②窄凸缘圆筒形件($d_F/d = 1.1 \sim 1.4$)的多次拉深计算。

窄凸缘圆筒形件应先拉成圆筒形,然后形成锥形凸缘,最后再经校平获得平凸缘,如图 4.33(a)所示,或者在缩小直径的过程中留下连接凸缘的圆角部分 r_d,在整形前一工序先将凸缘压成圆锥形,最后一道整形工序再压成平整的凸缘,如图 4.33(b)所示。所以窄凸缘圆筒形件的拉深工序的计算,可用无凸缘的圆筒形件的计算方法进行计算。

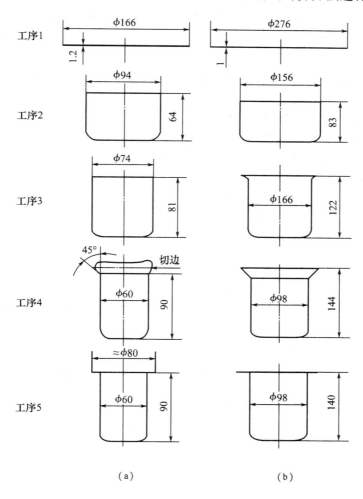

（a）   （b）

图 4.33   窄凸缘筒形件的拉深方法

工序计算步骤。

a. 选取修边余量。

b. 计算毛坯直径 D。

c. 判断能否一次拉深。

d. 判断是否窄凸缘筒形件,确定拉深方法。

e. 计算各工序件的拉深直径。

f. 合理选配各次拉深的圆角半径。

g. 确定各工序件的拉深高度。

h. 画出工序图。

③宽凸缘圆筒形件($d_F/d > 1.4$)的多次拉深计算。

A. 对于宽凸缘拉深件的拉深工序安排,在保持凸缘直径不变的情况下,常用下述几种方法。

a. 圆角半径基本不变或逐次减小,同时用缩小筒形直径的方法达到增加高度的目的。适用于材料较薄,拉深深度比直径大的中、小型零件。注意:这种方法在计算展长时高度要多拉,首次拉入凹模的材料应比最后拉深部分实际所需材料多 3% ~ 10%,这些多余材料在以后各次拉深中逐次将 1.5% ~ 3% 的料挤回凸缘,使其增厚防止拉裂,如图 4.34(a)所示。

b. 高度基本不变,而仅减小圆角半径,逐渐减小筒形直径的方法。适用于材料较厚,拉深深度和直径相近的大中型零件。高度不必多拉,如图 4.34(b)所示。

c. 凸缘过大而圆角半径过小的情况时,首先以适当的圆角半径成形,然后按图面尺寸整形,如图 4.34(c)所示。

d. 凸缘过大时,利用材料胀形成形的方法,如图 4.34(d)所示。

B. 保持凸缘直径不变。

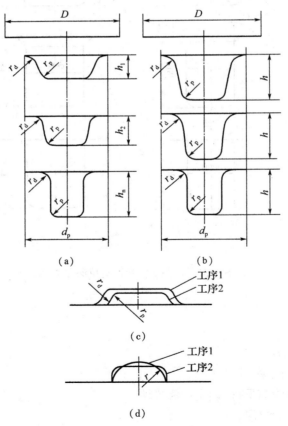

图 4.34　宽凸缘筒形件的拉深方法

凸缘一经形成,在后续的拉深中就不能变动。因为后续拉深时,凸缘的微量缩小会使中间圆筒部分的拉应力过大而使危险断面破裂。为此,必须正确计算拉深高度,严格控制凸模进入凹模的深度。

$$h_n = \frac{0.25}{d_n}(D^2 - d_p^2) + 0.43(r_n - R_n) + \frac{0.14}{d_n}(r_n^2 - R_n^2) \tag{4.8}$$

为保持在以后拉深工序中的凸缘直径不变,通常第一次拉入凹模的材料要比工件最后拉深部分实际材料多约5%,这些多余材料在后面的拉深中,部分材料被挤回到凸缘。

C. 计算程序。

a. 选取修边余量。

b. 预算毛坯直径 D。

c. 判断能否一次拉深。

d. 计算拉深次数。

e. 计算各工序件的拉深直径。

f. 合理选配各次拉深的圆角半径。

g. 重新修整毛坯直径。

h. 计算第一次拉深高度,并校核其相对高度。

i. 计算以后各次的拉深高度。

j. 画出工序图。

【例 4.2】　求图 4.35 所示无凸缘圆筒形件的坯料尺寸及拉深各工序件尺寸。材料为 10 钢,板料厚度 $t = 2$。

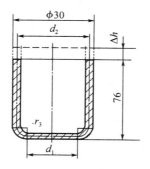

图 4.35　无凸缘圆筒形件

解:因板料厚度 $t > 1$ mm,故按厚板中径尺寸计算。

(1)计算坯料直径。根据零件尺寸,其相对高度为

$$\frac{H}{d} = \frac{76 - 1}{30 - 2} = \frac{75}{28} \approx 2.7$$

查表 4.2,得切边量 $\Delta h = 6$ mm。

表 4.2 无凸缘筒形件的修边余量 Δh mm

工件高度 h	工件相对高度 $\dfrac{h}{d}$				附图
	$0.5\sim0.8$	$0.8\sim1.6$	$1.6\sim2.5$	$2.5\sim4$	
10	1.0	1.2	1.5	2	
20	1.2	1.6	2	2.5	
50	2	2.5	3.3	4	
100	3	3.8	5	6	
150	4	5	6.5	8	
200	5	6.3	8	10	
250	6	7.5	9	11	
300	7	8.5	10	12	

坯料直径为 $D = \sqrt{d^2 + 4d(H + \Delta h) - 1.72dr - 0.56r^2}$

依图 $d = 28, r = 4, H = 75$，代入上式得 $D = 98.2$。

（2）确定拉深次数。坯料相对厚度为 $\dfrac{t}{d} = \dfrac{2}{98.2} \times 100\% = 2.03\% > 2\%$。

按《冲压手册》中表 4-80 可不用压边圈，但为了保险起见，首次拉深仍采用压料圈。采用压料圈后，首次拉深可以选择较小的拉深系数，有利于减少拉深次数。

根据 $\dfrac{t}{d} = 2.03\%$，查表 4.3 可得到各次极限拉深系数 $m_1 = 0.50, m_2 = 0.75, m_3 = 0.78, m_4 = 0.80, \cdots\cdots$

故　$d_1 = m_1 D = 0.50 \times 98.2 = 49.2$

　　$d_2 = m_2 d_1 = 0.75 \times 49.2 = 36.9$

　　$d_3 = m_3 d_2 = 0.78 \times 36.9 = 28.8$

　　$d_4 = m_4 d_3 = 0.8 \times 28.8 = 23 < 28$，所以应该用四次拉深成形。

表 4.3 无凸缘筒形件用压边圈拉深时的拉深系数

拉深因数	毛坯的相对厚度 $\dfrac{t}{d} \times 100$					
	$2\sim1.5$	$1.5\sim1.0$	$1.0\sim0.6$	$0.6\sim0.3$	$0.3\sim0.15$	$0.15\sim0.08$
m_1	$0.48\sim0.50$	$0.50\sim0.53$	$0.53\sim0.55$	$0.55\sim0.58$	$0.58\sim0.60$	$0.60\sim0.63$
m_2	$0.73\sim0.75$	$0.75\sim0.76$	$0.76\sim0.78$	$0.78\sim0.79$	$0.79\sim0.80$	$0.80\sim0.82$
m_3	$0.76\sim0.78$	$0.78\sim0.79$	$0.79\sim0.80$	$0.80\sim0.81$	$0.81\sim0.82$	$0.82\sim0.84$
m_4	$0.78\sim0.80$	$0.80\sim0.81$	$0.81\sim0.82$	$0.82\sim0.83$	$0.83\sim0.85$	$0.85\sim0.86$
m_5	$0.80\sim0.82$	$0.82\sim0.84$	$0.84\sim0.85$	$0.85\sim0.86$	$0.86\sim0.87$	$0.87\sim0.88$

（3）各次拉深工序件尺寸的确定。经调整后的各次拉深系数为 $m_1 = 0.52, m_2 = 0.78,$ $m_3 = 0.83, m_4 = 0.846,$ 各次工序件的直径为

$$d_1 = m_1 D = 0.52 \times 98.2 = 51.6$$

$$d_2 = m_2 D = 0.78 \times 51.6 = 39.9$$

$$d_3 = m_3 d_2 = 0.83 \times 39.9 = 33.1$$

$$d_4 = m_4 d_3 = 0.846 \times 33.1 = 28$$

各次工序件底部圆角半径取以下数值。

（选取各次半成品底部圆角半径，根据 $r_d = 0.8 \sqrt{(D-d)t}$ 和 $r_p = (0.6 \sim 1) r_d$ 的关系，取各次的半成品底部圆角半径为各次的 r_p）

$$R_1 = 8, r_2 = 5, r_3 = 4$$

各次工序件高度为

$$h_1 = 0.25 \left(\frac{98.2^2}{51.6} - 51.6 \right) + 0.43 \frac{8}{51.6} (51.6 + 0.32 \times 8) = 37.4$$

$$h_2 = 0.25 \left(\frac{98.2^2}{39.9} - 39.9 \right) + 0.43 \frac{5}{39.9} (39.9 + 0.32 \times 5) = 52.7$$

$$h_3 = 0.25 \left(\frac{98.2^2}{33.1} - 33.1 \right) + 0.43 \frac{4}{33.1} (33.1 + 0.32 \times 4) = 66.3$$

以上计算所得工序件有关尺寸都是中径尺寸，换算成工序件的外径和总高度后，绘制的工序件草图。

【例 4.3】 宽凸缘件计算：计算图 4.36 所示拉深件的工序尺寸，材料为 08 钢，料厚 $t = 2$。

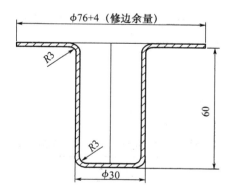

图 4.36 例 4.3 宽凸缘件

解：

1. 选取修边余量 δ

查表 4.4，当 $d_F/d = 76/28 = 2.7$ 时，取修边余量 δ 为 2.2 mm。故实际外径为 $d_F = 76 + 4.4 = 80.4 \approx 80$。

表 4.4　有凸缘筒形件的修边余量 Δh　　　　　　　　　　　　　mm

凸缘直径 d_F	凸缘的相对直径 $\dfrac{d_F}{d}$				附图
	1.5 以下	1.5～2	2～2.5	2.5～3	
25	1.6	1.4	1.2	1.0	
50	2.5	2.0	1.8	1.6	
100	3.5	3.0	2.5	2.2	
150	4.3	3.6	3.0	2.5	
200	5.0	4.2	3.5	2.7	
250	5.5	4.6	3.8	2.8	
300	6	5	4	3	

2. 按《冲压手册》中表 4-7 初算毛坯直径

$$D = \sqrt{d_1^2 + 6.28rd_1 + 8r^2 + 4d_2h + 6.28r_1d_2 + 4.56r_1^2 + d_1^2 - d_3^2}$$

$$= \sqrt{(20^2 + 6.28 \times 4 \times 20 + 8 \times 4^2 + 4 \times 28 \times 52 + 6.28 \times 4 \times 28 + 4.56 \times 4^2) + (80^2 - 36^2)}$$

$$= \sqrt{7\,630 + 5\,014} = 113$$

其中，$7\,630 \times \prod/4$ 为该零件除去凸缘部分的表面积(即高度部分的表面积)。因为材料拉深深度比直径大很多，这种宽凸缘件在计算展长时高度要多拉，根据上述计算工序尺寸原则，重新计算毛坯直径。拟于第一次拉入凹模的材料比零件最后拉深部分实际所需材料多 5%，这样毛坯直径应修正为 $D = \sqrt{7\,630 \times 1.05 + 5\,104} = \sqrt{8\,012 + 5\,104} = 115$。

3. 确定能否一次拉出

$h/d = 60/28 = 2.14$

$d_F/d = 80/28 = 2.86$

$t/D \times 100 = 200/115 = 1.74$

查表 4.5 得 $[h_1/d_1] = 0.22 < h/d = 2.14$，故一次拉不出来。

表 4.5　有凸缘筒形件第一次拉深的最大相对高度 h_1/d_1

凸缘相对直径 $\dfrac{d_F}{d_1}$	毛坯的相对厚度 $t/D \times 100$				
	2～1.5	1.5～1.0	1.0～0.6	0.6～0.3	0.3～0.15
1.1 以下	0.95～0.75	0.82～0.65	0.70～0.57	0.62～0.50	0.52～0.45
1.3	0.80～0.65	0.72～0.56	0.60～0.50	0.53～0.45	0.47～0.40
1.5	0.70～0.58	0.63～0.50	0.53～0.45	0.48～0.40	0.42～0.35
1.8	0.58～0.48	0.53～0.42	0.44～0.37	0.39～0.34	0.35～0.29
2.0	0.51～0.42	0.46～0.36	0.38～0.32	0.34～0.29	0.30～0.25

续表4.5

凸缘相对直径 $\dfrac{d_F}{d_1}$	毛坯的相对厚度 $t/D \times 100$				
	2~1.5	1.5~1.0	1.0~0.6	0.6~0.3	0.3~0.15
2.2	0.45~0.35	0.40~0.31	0.33~0.27	0.29~0.25	0.26~0.22
2.5	0.35~0.28	0.32~0.25	0.27~0.22	0.23~0.20	0.21~0.17
2.8	0.27~0.22	0.24~0.19	0.21~0.17	0.18~0.15	0.16~0.13
3.0	0.22~0.18	0.20~0.16	0.17~0.14	0.15~0.12	0.13~0.10

4.计算拉深次数及各次拉深直径

由 $d_F/D = 80/115 = 0.69$

$t/D \times 100 = 200/115 = 1.74$

$r/t = 9/2 = 4.5$,查表4.6选取。

表4.6 无凸缘或有凸缘杯形件用压边圈的$[m]$值

$[m_1]$ $\dfrac{t/D \times 100}{(r/t)}$ d_F/D	1.5		1.0		0.6		0.3		0.1	
	10	4	12	5	15	6	18	7	20	8
0.48	0.48									
0.50	0.48	0.50								
0.51	0.48	0.50	0.51							
0.53	0.48	0.50	0.51		0.53					
0.54	0.48	0.50	0.51	0.54	0.53					
0.55	0.48	0.50	0.51	0.54	0.53	0.55	0.55			
0.58	0.48	0.50	0.51	0.54	0.53	0.55	0.55	0.58	0.58	
0.60	0.48	0.50	0.50	0.53	0.53	0.55	0.54	0.58	0.57	0.60
0.65	0.48	0.49	0.49	0.52	0.52	0.54	0.53	0.56	0.55	0.58
0.70	0.47	0.48	0.48	0.51	0.51	0.53	0.52	0.54	0.53	0.56
0.75	0.45	0.47	0.46	0.49	0.49	0.51	0.50	0.52	0.51	0.54
0.80	0.43	0.45	0.45	0.47	0.47	0.49	0.48	0.50	0.49	0.52
0.85	0.41	0.43	0.42	0.45	0.44	0.46	0.45	0.48	0.47	0.49
0.90	0.38	0.39	0.39	0.41	0.41	0.43	0.42	0.44	0.43	0.45

续表 4.6

$t/D \times 100$ $[m_1]$ d_F/D		1.5		1.0		0.6		0.3		0.1	
	(r/t)	10	4	12	5	15	6	18	7	20	8
0.95		0.33	0.34	0.35	0.37	0.37	0.38	0.38	0.39	0.38	0.40
0.97		0.31	0.32	0.33	0.34	0.35	0.36	0.36	0.37	0.36	0.38
0.99		0.30	0.31	0.32	0.33	0.33	0.34	0.33	0.34	0.34	0.35
以后各次拉深	$[m_1]$	0.73	0.75	0.75	0.76	0.76	0.78	0.78	0.79	0.79	0.80
	$[m_2]$	0.76	0.78	0.78	0.79	0.79	0.80	0.80	0.81	0.81	0.82
	$[m_3]$	0.78	0.80	0.80	0.81	0.81	0.82	0.82	0.83	0.83	0.84
	$[m_4]$	0.80	0.82	0.82	0.84	0.83	0.85	0.84	0.85	0.85	0.86

注:①随材料塑性高低,表中数值应酌情增减

②一线上方为直筒件($d_F = d_1$)

③一线与~~~~~线之间为弧面凸缘件($d_F d_1 = 2r$),此区工件计算半成品尺寸 h_1 应加注意

④随 d_F/d 数值增大,r/t 值可相应减小,满足 $2r_1 < h_1$,保证筒部有直壁

⑤查用时,可用插入法,也可用偏大值

⑥多次拉深首次形成凸缘时,为考虑多拉入材料,m_1 增大 0.02

⑦该表适用于 08 及 10 钢

⑧该表适用于采用压边圈的情况,如其变形程度较小,其实际成形系数大于无凸缘圆筒拉深无压边圈许用成形系数时,其 $[m]$ 值按《冲压手册》中表 4-5 查出

$[m_1] = 0.47, m_1 = 0.49,$ 则 $d_1 = m_1 \times D = 0.49 \times 115 = 56;$

$[m_2] = 0.74, m_2 = 0.74,$ 则 $d_2 = m_2 \times d_1 = 0.74 \times 56 = 42;$

$[m_3] = 0.77, m_3 = 0.77,$ 则 $d_3 = m_3 \times d_2 = 0.77 \times 42 = 32;$

$[m_4] = 0.79, m_4 = 0.79,$ 则 $d_4 = m_4 \times d_3 = 0.79 \times 32 = 25 < 28;$

调整:

$[m_1] = 0.47, m_1 = 0.495, d_1 = m_1 \times D = 0.495 \times 115 = 56; \Delta m_1 = 0.025$

$[m_2] = 0.74, m_2 = 0.77, d_2 = m_2 \times d_1 = 0.77 \times 56 = 43; \Delta m_2 = 0.03$

$[m_3] = 0.77, m_3 = 0.79, d_3 = m_3 \times d_2 = 0.79 \times 43 = 34; \Delta m_3 = 0.02$

$[m_4] = 0.79, m_4 = 0.82, d_4 = m_4 \times d_3 = 0.82 \times 34 = 28; \Delta m_4 = 0.03$

可以看出各次拉深系数差值 Δm 颇接近,即变形程度分配合理。

5. 按《冲压手册》中表 4-68 查出各工序的圆角半径

$R_{d1} = 9; R_{d2} = 6.5; R_{d3} = 4; R_{d4} = 3 = r$

因为 $r_{pn} = (0.6 \sim 1) r_{dn}$($n$ 越大,系数越大),所以

$R_{p1} = 7; R_{p2} = 6; R_{p3} = 4; R_{p4} = 3 = r$

6. 校核第一次拉深相对高度

$$h_1 = \frac{0.25}{d_1}(D^2 - d_F^2) + 0.43(r_1 + R_1) + \frac{0.14}{d_1}(r_1^2 - R_1^2) = 38.1$$

查《冲压手册》中表 4 – 20，当 $d_F/d_1 = 80/56 = 1.43$；

$t/D \times 100 = 200/115 = 1.74$ 时，许可最大相对高度 $[h_1/d_1] = 0.70 > h_1/d_1 = 0.68$，故安全。

7. 计算以后各次拉深高度

设第二次拉深时多拉入 3% 的材料（其余 2% 返回凸缘），为了计算方便，先求出假想的毛坯直径：$D = \sqrt{7\,630 \times 1.03 + 5\,104} = \sqrt{7\,859 + 5\,104} = 114$

故 $h_2 = 44.8$；

设第三次拉深时多拉入 1.5% 的材料（其余 1.5% 返回凸缘），为了计算方便，先求出假想的毛坯直径：$D = \sqrt{7\,630 \times 1.015 + 5\,104} = \sqrt{7\,744 + 5\,104} = 113.5$

故 $h_3 = 52.3$；

$H_4 = 60$。

8. 画工序图。（略）

3. 力与功的计算

（1）拉深力的计算。
①采用压边圈。
首次拉深：

$$F = \pi d_1 t \sigma_b K_1 \tag{4.9}$$

以后各次拉深：

$$F = \pi d_i t \sigma_b K_2 \tag{4.10}$$

②不采用压边圈。
首次拉深：

$$F = 1.25\pi(D - d_1)t\sigma_b \tag{4.11}$$

以后各次拉深：

$$F = 1.3\pi(d_{i-1} - d_i)t\sigma_b \tag{4.12}$$

计算拉深力的实用公式见表 4.7。

表 4.7　计算拉深力的实用公式

拉深件形式	拉深工序	公式	系数 k 见表格
无凸缘的筒形零件	第 1 次 第 2 次及以后各次	$F = \pi d_1 t \sigma_b k_1$ $F = \pi d_2 t \sigma_b k_2$	《冲压手册》中表 4 – 85 《冲压手册》中表 4 – 86
宽凸缘的筒形零件	第 1 次	$F = \pi d_1 t \sigma_b k_3$	《冲压手册》中表 4 – 87
带凸缘的锥形及球形件	第 1 次	$F = \pi d_k t \sigma_b k_3$	《冲压手册》中表 4 – 87

续表 4.7

拉深件形式	拉深工序	公式	系数 k 见表格
椭圆形盒形件	第 1 次 第 2 次及以后各次	$F = \pi d_{cp1} t \sigma_b k_1$ $F = \pi d_{cp2} t \sigma_b k_2$	《冲压手册》中表 4 – 85 《冲压手册》中表 4 – 86
低的矩形盒 （一次工序拉深）	—	$F = (2b_1 + 2b - 1.72r) t \sigma_b k_4$	《冲压手册》中表 4 – 88
高的方形盒 （多工序拉深）	第 1 次及 第 2 次以后各次	与筒形件同 $F = (4b - 1.72r) t \sigma_b k_5$	《冲压手册》中表 4 – 85、 表 4 – 86、表 4 – 89
高的矩形盒 （多工序拉深）	第 1 次及 第 2 次以后各次	与椭圆盒形件同 $F = (2b_1 + 2b - 1.72r) t \sigma_b k_5$	《冲压手册》中表 4 – 85、 表 4 – 86、表 4 – 89
任意形状的拉深件	—	$F = L t \sigma_b k_6$	《冲压手册》中表 4 – 90
变薄拉深（圆筒形零件）	—	$F = \pi d_n (t_{n-1} - t_n) \sigma_b k_7$	—

表中公式符号见《冲压手册》中表 4 – 84。

（2）压边力。

①采用压边圈的条件。

用普通平端面凹模拉深时，不用压边圈的条件：

$$\frac{t}{D} \geqslant 0.045(1 - m) \tag{4.13}$$

也可以根据表 4.8 确定采用或不采用压边装置。

表 4.8　采用或不采用压边装置的条件

拉深方法	第 1 次拉深		以后各次拉深	
	$(t/D) \times 100$	m_1	$(t/d_{n-1}) \times 100$	m
用压料装置	< 1.5	< 0.6	< 1	< 0.8
可用可不用	1.5 ~ 2.0	0.6	1 ~ 1.5	0.8
不用压料装置	> 2.0	> 0.6	> 1.5	> 0.8

②压边力。

$$Q = Ap \tag{4.14}$$

式中　A——压料圈下坯料的投影面积；

p——单位面积压料力。

$$p = 48(K - 1.1) D_0 / t \sigma_b \times 10^{-6} (\text{MPa}) \tag{4.15}$$

圆筒形件首次拉深：

$$Q = \frac{\pi}{4} \left[D^2 - (d_1 + 2r_d)^2 \right] q \tag{4.16}$$

圆筒形件以后各次拉深:

$$Q = \frac{\pi}{4}\big[d_{i-1}^2 - (d_i + 2r_d)^2\big]q \tag{4.17}$$

$(i = 2,3,\cdots,n)$

(3)压力机公称压力的选择。

工艺总压力为:$F_z = F + Q$(单动压力机)

① 浅拉深时:

$$F_Y \geqslant (1.25 \sim 1.4)(F + Q) \tag{4.18}$$

② 深拉深时:

$$F_Y \geqslant (1.7 \sim 2)(F + Q) \tag{4.19}$$

4.3 拉深模的零件设计

1. 凸、凹模设计

(1)凸、凹模刃口径向尺寸。

　　要求外形尺寸时冲件的基准型面在凹模上,因此先计算凹模的型面尺寸,凸模的型面尺寸与凹模差两个单面间隙值;要求内形尺寸时基准型面在凸模上,因此先计算凸模的型面尺寸,凹模的型面尺寸与凸模差两个单面间隙值。首次及中间各次拉深的模具尺寸公差和拉深半成品的尺寸公差没有必要进行严格限制,这时模具的尺寸只要取等于毛坯的过渡尺寸即可。具体计算公式见表4.9。

表 4.9 拉深模径向尺寸计算公式

尺寸标注方式	凹模尺寸	凸模尺寸
标注内形尺寸 	中间拉深	中间拉深
	$D_d = (d + 2c)^{+\delta}_0$	$D_p = d^{\ 0}_{-\delta}$
	末次拉深	末次拉深
	$D_d = (d + 0.4\Delta + 2c)^{+\delta}_0$	$D_p = (d + 0.4\Delta)^{\ 0}_{-\delta}$
标注外形尺寸 	中间拉深	中间拉深
	$D_d = D^{+\delta}_0$	$D_p = (D - 2c)^{\ 0}_{-\delta}$
	末次拉深	末次拉深
	$D_d = (D - 0.75\Delta)^{+\delta}_0$	$D_p = (D - 0.75\Delta - 2c)^{\ 0}_{-\delta}$

凸、凹模公差取值可根据产品公差 Δ 的精度提高 3～4 级制造。成形件尺寸精度除考虑制造外,还与凸、凹模使用过程的磨损,零件成形后的回弹有关。对于精密零件,上述公式中的系数可做适当调整。

(2)凸、凹模间隙 c。

凸、凹模间隙 c 一般指的是凸、凹模直壁间形成的单面缝隙的大小,其选取原则是按成形件表面质量要求、形状与尺寸精度、模具寿命要求而定。

当间隙小于零件实际最大壁厚时会产生零件侧壁的划痕和凸、凹模的急剧磨损;当间隙过小时可能产生"冲裁效果"而在成形开始时就发生破裂。

当间隙过大时零件形状和尺寸精度可能达不到零件要求。确定凸、凹模间隙时需要考虑以下因素。

①零件成形后的实际壁厚。

制造零件的材料本身带有公差(通常板材为正负差、带材为负差)。毛坯在成形过中厚度还会发生变化。如凸缘参与的成形(拉深等),在变形过程中随着凸缘的周向压缩,凸缘厚度增加,而其直壁部分随着材料的伸长而减薄。其最大厚壁为

$$t_{max} = \sqrt{\frac{D_0}{d_m}} t_0$$

对于伸长类成形(如胀形,小孔翻边等),其变形区壁厚减薄。小孔翻边的最小壁厚为

$$t_{min} = \sqrt{\frac{d_i}{d_m}} t_0$$

式中 D_0——毛坯直径;

     d_i——预制孔直径;

     d_m——成形中性层直径;

     t_0——毛坯原厚度。

根据经验,小孔翻边后的直壁实际最小厚度见表 4.10。

表 4.10   小孔翻边的 t_{min}

材料种类	软钢	黄铜	钴合金
t_{min}	$(0.67～0.77)t_0$	$0.67t_0$	$0.54t_0$

②实际成形形状。

当拉深间隙较大时,零件成形后壁不垂直。这是由于材料经历了一个直－弯曲－直的过程,而由材料的弹性回复产生的。当采用较大的压边力时会形成较直的壁(图4.37(a))。因此,较大间隙时,零件形状、尺寸精度不佳,但对模具磨损较小,零件表面也无严重划痕。反之,采用小间隙甚至小于料厚的间隙(变薄拉深)时,摩擦加剧,但可获得精度较高的形状。

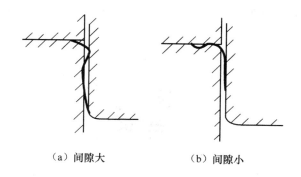

（a）间隙大　　　　　　（b）间隙小

图 4.37　拉深时的侧壁形状

③各类成形的凸、凹模间隙。

对于形状及尺寸精度要求不高的或非最终拉深模,凸、凹模间隙可按板料最大厚度或略大于最大厚度取。

$$c = (1 + G)t_{\max} \tag{4.20}$$

G 值选取无严格限制,可取 0.1～0.5。一般无凸缘及首次拉深模,G 值可取大些;越接近末次拉深,G 值取得越小;有凸缘的拉深模比无凸缘的 G 值要小。

对于形状及尺寸精度高的最末一次拉深模、无压边圈拉深模或其他成形模,间隙值可按实际最大壁厚或略大于、小于实际最大厚壁选取,其中无压边圈拉深 $G = 0 \sim 0.1$;有精度要求时末次拉深模 $G = -0.1 \sim 0.1$(G 取负值为变薄拉深)。压缩类翻边取 $G = 0$,伸长类翻边 $G = -0.1$,小孔翻边 $c = (0.65 \sim 0.75)t$,胀形或扩孔 $G = 0$。

对于非旋转体成形,直线部分间隙按弯曲间隙,曲线部分按拉深或胀形间隙,相接部分其间隙值按过渡部分处理(可参考非旋转体成形凸、凹模圆角取值有关部分)。

拉深件及其他成形件的凸凹模间隙见表 4.11。

表 4.11　拉深件及其他成形件的凸凹模间隙

成形类型	G	说明
1. 中间工序及精度不高的末次拉深	0.1～0.5	工序越往后,G 越小,有凸缘件比无凸缘件小
2. 精度高末次拉深及无压边拉深	0～0.1	考虑精度及起皱
3. 胀形、扩孔	0	材料变薄
4. 伸长类翻边	-0.1	材料变薄较小,非封闭变形回弹大
5. 小孔类翻边	-0.25 ～ -0.35	材料变薄较大

（3）冲压深度 h。

对于无凸缘拉深,小孔翻边等类零件,其高度尺寸通常由毛料尺寸保证,精度高的要做修边处理;冲压深度 h 即凸模进入凹模的深度。其高度取决于毛坯尺寸和模具尺寸,成形时留出修边余量。修边余量加在工件上,不要加在毛料上,$h > H + R_{\mathrm{d}}$,即无凸缘拉深时,凸模要将坯料拉过凹模圆角半径部分,否则影响拉深件的质量。无凸缘拉深冲压深度如图4.38所示。

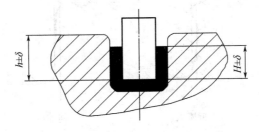

图4.38 无凸缘件拉深冲压深度

而对类似带凸缘的拉深件、胀形件,其高度靠模具合模时的型腔深度控制,一般可按产品尺寸中限加工模具,必要时可在试模时调整模具尺寸(可设置必要的限位块或垫块),如图4.39和图4.40所示。

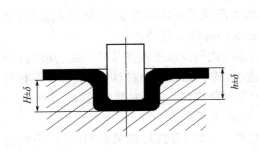

图4.39 有凸缘件拉深冲压深度

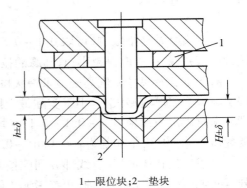

1—限位块;2—垫块

图4.40 带深度控制的成形模

(4)凸、凹模圆角取值(r_p、r_d)。

r_p、r_d是成形模具设计中很重要的设计参数。平底凸模拉深r_p、r_d对应的毛坯处变形很剧烈,该处材料受剧烈拉伸、弯曲、减薄最甚;平底胀形则时,r_p处材料减薄最甚,很容易破裂。r_d越小,变形越激烈,变形阻力越大;r_p越小,变形越集中,所以r_p、r_d值不宜过小。

①拉深模的凸、凹模圆角取值。

拉深模的凸、凹模圆角取值与材料性能(变形能力)、变形阻力有关。前者取决于材料的延伸率、屈强比、厚向异性指数,后者取决于材料的硬化指数n值,变化程度(D_0-d)/d也与材料的相对厚度有关。因为相对厚度t_0/D_0越小,拉深过程中愈易产生压缩性失稳,越需要加大压边力,所以变形阻力越大。根据以上考虑,r_p、r_d值可按下述方式选取。

r_d从避免弯曲破裂考虑$r_d \geqslant 2t_0$。从减小变形阻力考虑$r_d \geqslant (4\sim6)t_0$。对有凸缘圆筒拉深$r_d$可大至$(10\sim20)t_0$,超过此值该圆角处材料可能产生皱折;对于无凸缘拉深,r_d应尽量取得小些,否则圆筒口部可能产生皱折(因为凸缘外部收缩至圆角处时脱离了压边）；对于锥形或球形拉深，可按 $r_d \geqslant 2t_0$ 选取。

通常圆筒拉深的凹模圆角可按卡楔马列克经验公式算出。

由

$$\frac{\gamma_d}{d_d} \approx \frac{\gamma_p}{d_p} \approx \frac{\gamma}{d} = \sqrt{(D_0/d - 1)t_0/d}$$

可得出下列公式：

$$\gamma_d \geqslant 0.8 \sqrt{(D_0 - d_m)t_0} \tag{4.21}$$

说明：

当 $D_0 - d_m > 30$ 时，r_d 应适当加大；

当 $d > 200$ m 时，$r_d \geqslant 0.039d + 2$。

公式（4.20）可用于首次拉深和以后各次拉深。首次拉深时 D_0 代表毛坯直径，以后各次拉深 D_0 代表前一次拉深件直径。对于以后各次拉深，由于材料硬化而造成变形阻力加大，r_d 应取大值，亦可按 $r_d = (0.6 \sim 0.9)r_{d_{n-1}}$ 考虑，拉深工具越靠后，系数值取得越大。

r_p：除末次拉深外，$r_p = (0.6 \sim 1)r_d$。当 $r_p < 3t_0$ 时，将减小拉深极限；当 $r_p > 5t_0$ 时，对极限拉深比影响不大。为避免同一部位材料的再次加工硬化，除 $(n-1)$ 次与末次圆角圆心处于同一位置外，其余各次圆心内移该次圆角半径的 3/4 以上。

末次拉深，r_p 值可与工件所需要的圆角半径相等，但不得过小，可按下式计算：

$$t_0 < 6 \text{ 时}, r_p \geqslant (2 \sim 3)t_0$$

$$t_0 > 6 \text{ 时}, r_p \geqslant (1.5 \sim 2)t_0$$

如果工件圆角半径小于上述计算值，则应通过校形达到。

②胀形模的凸、凹模圆角取值。

生产中胀形通常都是一次完成的，所以 r_d、r_p 值直接反映了工件尺寸。该值的大小决定了成形极限：当 $r < 3t_0$ 时，易产生弯曲破裂；r 值越大，成形时变形区越大，极限成形深度 h_{max} 越大。对于一次完成不了的胀形，可采用较大的 r 形胀形，后经整形或退火后再次胀形，直至达到所要求形状。

③平底扩孔或翻边凸、凹模圆角取值。

此类型其变形最激烈处位于孔的边缘，因此 r_d 值可不受限制，按工件要求定。对小孔翻边来说，r_p 值越大，变形速度越低，越有利于提高成形极限；对于平底凸模扩孔来说，r_p 可按工件要求确定。

④非旋转体成形凸、凹模圆角取值。

可将非旋转体成形分解为不完全的旋转体、非圆弧曲线及直线部分。其直线部分按弯曲件，旋转体部分按旋转体成形分别取 r 值；非圆曲线部分（如椭圆）按相应曲率的圆弧处理。其成形特点与旋转体相比，直线与曲线相接部将存在成形分散、过渡，较弯曲困难，较旋转体成形容易，但因材料的流入速度不同而对压边有较严格的要求。所以，r_d 值不宜过大，r_p 值亦可适当减小。

2. 压边装置设计

在模中，压边装置主要起卸料作用。而在成形模中，压边装置（卸料板）主要起压边作用,足够的压边力会避免工件产生皱褶、扭曲、凹陷、波纹等缺陷。引起这种额外变形的原因是坯料在成形过程的径向伸长和切向收缩引发的压缩性失稳。当材料径向伸长造成的切向收缩不足以抵消材料向中心位移产生的多余材料时,当工件同一或不同母线上各处材料伸长不均匀时,切向收缩不足之处都会产生上述缺陷——可能发生在凸模上、凹模圆角处(当圆角过大时)、侧壁或底部(非垂直壁或非旋转体)。以上情况会出现在各种压缩类和复合类成形中,也会出现在某些伸长类成形中——如非旋转体的胀形以及小孔翻边时,由于侧壁被挤压而产生材料的反向流动造成零件不平整,小孔直壁根部 R 加大(如果采用强力压边,则会取得较好效果)。在大凸缘多次拉深中,强力压边会对工件根部起一定的校平作用。

(1)旋转体拉深模压边圈的结构与选用。

①杯形件压边。

拉深时其凸缘是否起皱与材料的相对厚度 t_0/D_0(后续拉深时为 t_0/d_{n-1})、拉深比 $k = D_0/d$(或 d_{n-1}/d_n)、凹模口形状、毛坯材料性能(如 σ_s、σ_b、E、γ、n、F 值)、拉深时的润滑条件有关。

a. 不用压边的条件。

当拉深比较小、相对厚度较大时,可不采用压边,其计算依下式:

$$t/D_0 \geqslant 0.05(1 - m) \tag{4.22}$$

该式亦可用于以后各次拉深(D_0 改为前道工序的平均直径)。

采用锥形、渐开线形、椭圆形、拉曳形凹模均有利于改善压边条件。表 4.12 给出了锥形凹模不用压边的条件,其他形凹模数值可更小。

b. 必须采用压边的条件。

首次拉深:$t/D_0 \times 100 < 1.5$,$m_1 < 0.6$

以后各次:$t/d_{n-1} \times 100 < 1$,$m_n < 0.8$

表 4.12　半锥角为 60° 的凹模不用压边条件,m 值

d_2/d_1	$t/D_0 \times 100$				
	3.0	2.5	2.0	1.5	1.0
0.6	0.50	0.52	0.54	0.56	0.58
0.7	0.58	0.60	0.62	0.64	0.66
0.8	0.66	0.68	0.70	0.72	0.75

注:d_1——凹模腔大端直径;d_2——凹模端成形段直径

c. 压边力计算。

压边力过小会起皱,过大会破裂,其计算公式:

$$q_{\min} = 48(k - 1.1)(D_0/t)\sigma_b \times 10^{-6} \, (\text{MPa}) \tag{4.23}$$

$$q_{\max} = \frac{2dt\sigma_{b}}{\mu\left[D_0^2 - (d + 2r_d)^2\right]}\left[\frac{\dfrac{1+r}{\sqrt{1+2r}}}{1+1.6\mu} - \frac{1}{4b+2} - \frac{1}{2a+1} - 1.1(\ln k)^{e^{-n}}\right] \quad (4.24)$$

式中　$a = r_d/t$;

$\quad\quad b = r_p/t$;

$\quad\quad d$——凹模直径;

$\quad\quad r$——后向异性指数;

$\quad\quad n$——硬化指数。

$$Q = \frac{\pi}{4}\left[D^2 - (d_1 + 2r_d)^2\right]q \quad (4.25)$$

拉深变形阻力最大出现在凸缘直径与毛料直径比值 $\dfrac{D}{D_0} = 1 - (1 - e^{-n})\ln k$ 时,此时的最大压边力不应超过 $Q_{\max}$。

压边力来源于模具的弹性装置、附加气、油缸或双动冲床的外滑块。

d. 压边圈结构。

固定间隙压边圈结构如图 4.6 所示,其固定压边圈与凹模之间的间隙 S 按下式计算:

$$S \le \left[1 + (0.05 \times 0.75)\left(\sqrt{\frac{D_0}{d_m}} - 1\right)\right]t_0 \quad (4.26)$$

活动压边圈结构如图 4.10、图 4.14 所示。首次拉深模均采用平面压边圈,后续拉深模按前次拉深形状设置压边圈。

当 $t/D \times 100 < 0.3$ 且有小凸缘和很大圆角半径时,应采用弧面压边圈(图 4.41)。

带限位装置的活动压边圈结构如图 4.42 所示。

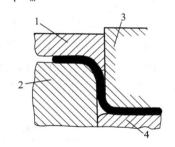

1—压边圈;2—凹模;3—模;4—顶板

图 4.41　弧面压边圈

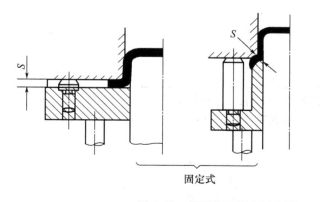

固定式

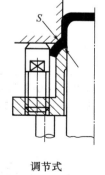

调节式

图 4.42　带限位装置的压边圈

通过理论分析和实验可知,所需最大压边力应在拉深途中出现。而采用的压边装置通常是提供均匀的压边力(油缸等)或逐渐增加的压边力(弹性装置)。后者是在拉深结束时提供最大压边力。为了在整个拉深过程中提供均衡的压边力或为了防止压边圈将毛坯夹得过紧(特别是拉深材料较薄且有较宽凸缘的工件时)可采用带限位装置的压边圈。图4.42中间隙 S 值根据工件与材料的不同可取下述值。

拉深带凸缘的工件时,

$$S = t + (0.05 \sim 0.1)t$$

拉深铝合金工件时,

$$S = 1.1t$$

拉深钢制工件时,

$$S = 1.2t$$

②锥形件压边。

不用压边的条件:当采用前述无压边圈锥形凹模拉深时可不用压边。对于 $t/d \geqslant 2.5\%$、$h/d = 0.3 \sim 0.7$、圆锥角 $30° \sim 90°$ 可不用压边圈,其他锥形拉深都应采用压边。制件无凸缘时应先带凸缘拉深,然后切掉凸缘。对于相对厚度较厚的锥形拉深件可用压边圈施加压边;当相对厚度较薄时必须增加压边力以加大斜面上的压力,防止锥面起皱。方法有加大毛坯尺寸,用 $5° \sim 10°$ 的反锥度或用全圈周上的拉深筋来增加拉力。

③曲面零件拉深压边。

不用压边的条件:当毛坯的相对厚度较大($t/D \times 100 > 3$)时可不用压边,一次拉深成形。当 $t/D \times 100 < 3$ 时,必须采用压边。曲面零件拉深过程中,除凸缘部分易产生褶皱外,在拉深后期,其侧壁靠近凹模口处也可能产生褶皱,因此,必须采用压边。最小单位压边力按公式(4.22)及表4.13(当 $k > 1.8$ 时不会产生侧壁皱褶)分别计算,择其大者;最大压边力按式(4.12)计算。

表4.13　初始单位压边力 q_{min} MPa

$\dfrac{D_0}{d}$	$t/D_0 \times 100$	
	0.3 ~ 0.6	0.6 ~ 1.3
1.5	5 ~ 6	3 ~ 4
1.6	3.5 ~ 4.5	1.7 ~ 2.2
1.7	1.5 ~ 3	1 ~ 1.5
1.8	0.7 ~ 1.5	1 ~ 1.2

注:1. 上述值适用于不用润滑的情况,如用润滑,压边力应加大

2. 上述值适用于料厚为 0.5 ~ 2.0 的低碳钢冲球底杯形件。当相对厚度更大时 q 值可更小

$$q_{max} = \frac{2dt\sigma_b}{\mu[D_0^2 - (d + 2r_d)^2]}\left[\frac{\left(\dfrac{1+r}{\sqrt{1+2r}} - \dfrac{1}{2d+t}\right)\left[\dfrac{r_\varepsilon}{R_1}\right]}{1 + 1.6\mu} - \frac{1}{2a+1} - 1.1(\ln k)^{e^{-n}}\right]$$

$$(4.27)$$

式中　$\left[\dfrac{r_\varepsilon}{R_1}\right]=\dfrac{2\sqrt{n\,\sqrt{\dfrac{1+r}{2}}}}{1+n\,\sqrt{\dfrac{1+r}{2}}}$　为许用应变分界圆相对半径,其余符号见式(4.24)。

综上所述,曲面零件拉深确定压边力时应综合考虑凸缘、侧壁的起皱及毛坯底部的破裂。

(2)非旋转体拉深模压边装置。

非旋转体拉深模其直线部分按弯曲处理,曲线部分内凹段按胀形,外凸段按拉深处理。其压边结构一般均需设置拉深筋(槛)。

(3)其他压缩类成形模的压边装置(图4.43)。

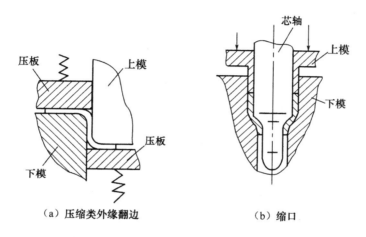

(a)压缩类外缘翻边　　　　　(b)缩口

图4.43　压边装置

压缩类外缘翻边可参考拉深压边处理,缩口模通常采用固定间隙控制变形区褶皱和承力区褶皱。

(4)伸长类外缘翻边及小孔翻边压边装置。

该类翻边会产生如图4.42所示凹模 R 处的向上隆起,采用强力压边或校形会起到较好效果。其装置为带限位块可进行镦压校形的压板。对于窄凸缘翻边件应注意压边,防止凸缘收缩。

(5)胀形及起伏成形压边装置。

平板胀形及起伏成形本质上是以伸长变形为主的局部成形,其外缘尺寸一般不发生变化。但在靠近凹模口附近(低碳钢$\approx 4d_d$,铝$\approx 5d_d$,黄铜$\approx 5.5d_d$)的材料仍有径向伸长(为主)、切向收缩(为辅),并伴有厚度变薄的变形。在非旋转体胀形起伏成形中,也会因而需要足够的压边力。压边力 Q 的取值可按下述公式选取:

$$D_0 < 3d_d,Q \geqslant P \quad (P\text{——成形力})$$

$$D_0 = 3d_d,Q = \frac{1}{2}P$$

$$D_0 > 3d_{\mathrm{d}}, Q < \frac{1}{2}P$$

上述压边力可通过平面压边圈或拉深筋来实现,后者可有效地防止变形过大,并减小工艺凸缘的尺寸。亦可通过工艺切口来降低某部分的伸长量。

4.4 工程实例

汽车车门玻璃升降器外壳件的形状、尺寸如图 4.44 所示,材料为 08 钢板,板厚 1.5,中批量生产,打算采用冲压生产,要求编制冲压工艺。该示例选自《冲压手册》。

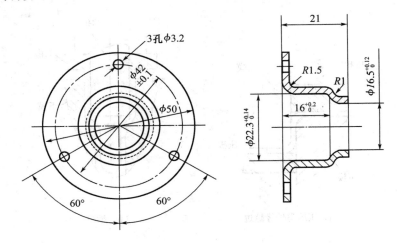

图 4.44　玻璃升降器外壳

1.冲压件的工艺分析

首先必须充分了解产品的应用场合和技术要求,并进行工艺分析。汽车车门上的玻璃抬起或降落是靠升降器操纵的。升降器部件装配简图如图 4.45 所示,本冲压件为其中的外壳。升降器的传动机构装在外壳内腔,通过外壳凸缘上三个均布的小孔 $\phi3.2$ 用铆钉铆接在车门座板上。传动轴 6 以 IT11 的间隙配合装在外壳件右端孔 $\phi16.5$ 的承托部位,通过制动扭簧 3、联动片 10 及芯轴 4 与小齿轮 8 连接,摇动手柄 12 时,传动轴将动力传递给小齿轮,然后带动大齿轮 7,推动车门玻璃升降。

该冲压件采用 1.5 的钢板冲压而成,可保证足够的刚度与强度。外壳内腔的主要配合尺寸 $\phi16.5$、$\phi22.3$、$\phi16$ 为 IT11 ~ IT12。为确保在铆合固定后,其承托部位与轴套的同轴度,三个 $\phi3.2$ 小孔与 $\phi16.5$ 间的相对位置要准确,小孔中心圆直径 $\phi(42 \pm 0.1)$ 为 IT10。此零件为旋转体,其形状特征表明,是一个带凸缘的圆筒形件。其主要的形状、尺寸可以由拉深、翻边、冲孔等冲压工序获得。作为拉深成形尺寸,其相对值 $\frac{d_{\mathrm{F}}}{d}$、$\frac{h}{d}$ 都比较合适,拉深工艺性较好。$\phi 22.3$、$\phi 16$ 的公差要求偏高,拉深件底部及口部的圆角半径 $R1.5$ 也偏小,这可在末次拉深时,采用较高的模具制造精度和较小的模具间隙并安排整形工序来达到。三个小孔 $\phi 3.2$ 的中心圆直径(42 ± 0.1)的精度要求较高,按冲裁件工艺性分析,应以 $\phi 22.3$ 的内径定位,用高精度(IT7 以上)冲模在一道工序中同时冲出。

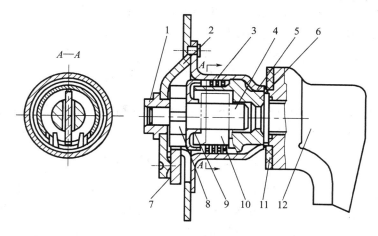

1—轴套;2—座板;3—制动扭簧;4—芯轴;5—外壳;6—传动轴;7—大齿轮;

8—小齿轮;9—挡圈;10—联动片;11—油毡;12—手柄

图 4.45　玻璃升降器外壳的装配简图

2.冲压件冲压工艺过程的确定

(1)工艺方案的分析比较。

外壳的形状表明,它为拉深件,所以拉深为基本工序。凸缘上三小孔由冲孔工序完成。该零件 $\phi 16.5$ 部分(图 4.44 右侧)的成形,可以有三种方法:一种可以采用阶梯拉深后,车去底部;另一种可以采用阶梯拉深后,冲去底部;第三种可以采用拉深后冲底孔,再翻边的方法(图 4.46)。

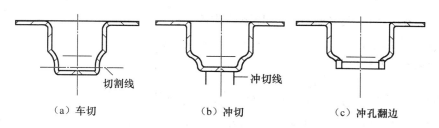

（a）车切　　　　　（b）冲切　　　　　（c）冲孔翻边

图 4.46　外壳底部的成形方案

第一种方法车去底部的质量较高,但生产率低,在零件底部要求不高的情况下,不易采用。第二种方法在冲去底部之前,要求底部圆角半径接近于零,因此需要增加一道整形工序,而且质量不易保证。第三种方法虽然翻边的端部质量不及前两种好,但生产效率高,而且省料。由于外壳高度尺寸 21 mm 的公差要求不高,翻边工艺完全可以保证零件的技术要求,故采用拉深后再冲孔翻边的方案还是比较合理的。

(2)工艺方案的确定。

①计算毛坯尺寸。

在计算毛坯尺寸以前需要先确定翻边前的半成品形状和尺寸,核算翻边的变形程度。如图 4.44 所示,零件 $\phi16.5$ 处的高度尺寸为 $H = 21 - 16 = 5$。

根据翻边工艺计算公式,翻边系数 K 为

$$K = 1 - \frac{2(H - 0.43r - 0.72t)}{D}$$

将翻边高度 $H = 5$;翻边直径 $D = 16.5 + 1.5 = 18$;翻边圆角半径 $r = 1$;材料厚度 $t = 1.5$ 带入上式,得翻边系数:

$$K = 1 - \frac{2}{18}(5 - 0.43 \times 1 - 0.72 \times 1.5) = 0.61$$

预冲孔孔径 $d = DK = 11$,$d/t = 11/1.5 = 7.33$,查翻边系数极限值表知,当用圆柱形凸模预冲孔时,极限翻边系数 $[K] = 0.5$,现 $0.61 > 0.5$,故能由冲孔后直接翻边获得 $H = 5$ 的高度。翻边前的拉深件形状与尺寸如图 4.47 所示。

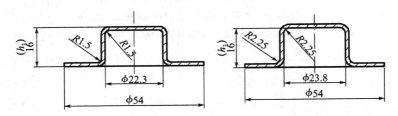

图 4.47 翻边前的半成品形状和尺寸

为了计算毛坯尺寸,还须确定切边余量。因为凸缘直径 $d_F = 50$,拉深直径 $d = 23.8$,所以 $\frac{d_F}{d} = \frac{50}{23.8} = 2.1$,查拉深工艺资料,得凸缘修边余量 $\delta = 1.8$,实际凸缘直径 $d'_F = d_F + 2\delta = (50 + 3.6) \approx 54$。毛坯直径 D 按以下公式计算:

$$D = \sqrt{d_p^2 + 4dH - 3.44d \times r} = \sqrt{54^2 + 4 \times 23.8 \times 16 - 3.44 \times 23.8 \times 2.25} \approx 65$$

②计算拉深次数。

因为 $t/D = 2.3\%$,$\frac{d'_F}{D} = \frac{54}{65} = 0.83$,$m = \frac{d}{D} = \frac{23.8}{65} = 0.366$,初定 $r_1 \approx (4 \sim 5)t$,从《冲压手册》中查表可得极限拉深系数 $[m_1] = 0.44$,$[m_2] = 0.75$,又由 $[m_1][m_2] = 0.44 \times 0.75 = 0.33$,所以 $m > [m_1][m_2]$。需要两次拉深,取 $n = 2$。

若采用接近于极限的拉深系数进行拉深,则需要选用较大的圆角半径,以保证拉深质量。目前零件的材料厚度 $t = 1.5$、圆角半径 $r = 2.55$,约为 $1.5t$,过小,而且零件直径又较小,两次拉深难以满足零件的要求。因此,需要在两次拉深后还增加一道整形工序,以得到更小的口部、底部圆角半径。

在实际应用中,可以采用三道拉深工序,依次减小拉深圆角半径,将总的拉深系数 $m = 0.366$ 分配到三道拉深工序中去,可选取 $m_1 = 0.56$,$m_2 = 0.805$,$m_3 = 0.812$,使 $m_1 \times m_2 \times m_3 = 0.56 \times 0.805 \times 0.812 = 0.366$。

(3)工序的组合和顺序确定。

对于外壳这样工序较多的冲压件,可以先确定零件的基本工序,再考虑对所有的基本工序进行可能的组合排序,将由此得到的各种工艺方案进行分析比较,从中确定出适合于生产实际的最佳方案。

外壳的全部基本工序为:落料 $\phi 65$,第一次拉深,第二次拉深(图 4.48(b)),第三次拉深(图 4.48(c)),冲底孔 $\phi 11$(图 4.48(d)),翻边 $\phi 16.5$(图 4.48(e)),冲三小孔 $\phi 3.2$(图 4.48(f)),修边 $\phi 50$(图 4.48(g))。共计八道基本工序,据此可以排出以下五种工艺方案。

方案一:落料与首次拉深复合(图 4.48(a)),其余按基本工序。

方案二:落料与首次拉深复合,冲 $\phi 11$ 底孔与翻边复合(图 4.49(a)),冲三个小孔 $\phi 3.2$ 与修边复合(图 4.49(b)),其余按基本工序。

方案三:落料与首次拉深复合,冲 $\phi 11$ 底孔与冲三个小孔 $\phi 3.2$ 复合(图 4.50(a)),翻边与修边复合(图 4.50(b)),其余按基本工序。

方案四:落料、首次拉深与冲 $\phi 11$ 底孔复合(图 4.51),其余按基本工序。

方案五:采用级进模或在多工位自动压力机上冲压。

分析比较上述五种方案,可以看出:方案二中,冲 $\phi 11$ 孔与翻边复合,由于模壁厚度较小 $a = \dfrac{16.5 - 11}{2} = 2.75$,小于凸、凹模间的最小壁厚 3.8,模具极易损坏。冲三个小孔 $\phi 3.2$ 与切边复合,也存在模壁太薄的问题,此时 $a = \dfrac{50 - 42 - 3.2}{2} = 2.4$,因此不宜采用。

方案三中,虽解决了上述模壁太薄的矛盾,但冲 $\phi 11$ 底孔与冲三个小孔 $\phi 3.2$ 复合及翻边与修边复合时,它们的刃口都不在同一平面上,而且磨损快慢也不一样,这会给修磨带来不便,修磨后要保持相对位置也有困难。

方案四中,落料、首次拉深与冲 $\phi 11$ 底孔复合,冲孔凹模与拉深凸模做成一体,也会给修磨造成困难。特别是冲底孔后再经二次和三次拉深,孔径一旦变化,将会影响到翻边的高度尺寸和翻边口部的质量。

方案五采用级进模或多工位自动送料装置,生产效率高。模具结构复杂,制造周期长,成本高,因此,只有在大批量生产中才较适合。

方案一没有上述缺点,但工序复合程度低、生产效率也低,不过单工序模具结构简单、制造费用低,这在中、小批生产中却是合理的,因此决定采用第一方案。本方案在第三次拉深和翻边工序中,于冲压行程临近终了时,模具可对工件刚性镦压而起到整形作用,故无须另加整形工序。

关于排样与裁板中各工序半成品尺寸的确定,各工序冲压力及设备的选择等,可参见前面的有关章节,此处从略。

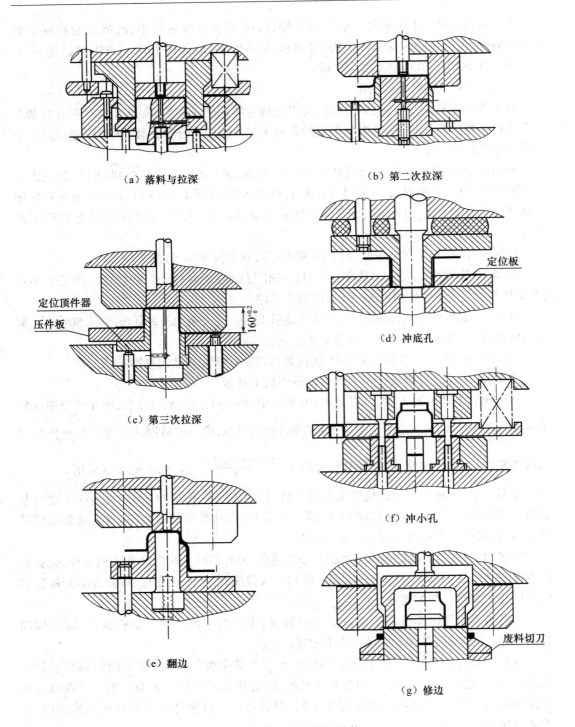

（a）落料与拉深

（b）第二次拉深

定位顶件器

压件板

$160^{+0.2}_{0}$

（c）第三次拉深

定位板

（d）冲底孔

（f）冲小孔

（e）翻边

废料切刀

（g）修边

图4.48　各工序的模具结构

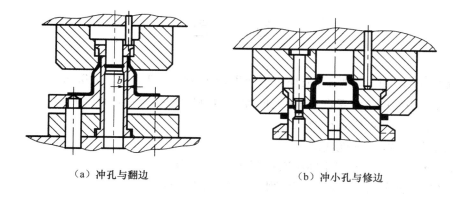

（a）冲孔与翻边 　　　　　　　　　　（b）冲小孔与修边

图 4.49　方案二的部分模具结构

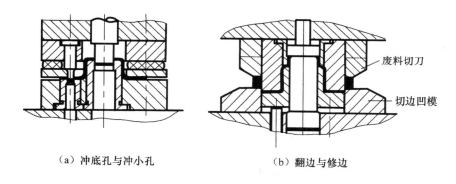

（a）冲底孔与冲小孔 　　　　　　　　（b）翻边与修边

图 4.50　方案三的部分模具结构

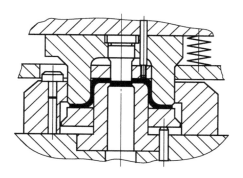

图 4.51　方案四的落料,拉深与冲底孔复合模具结构

习 题

1. 筒形件如图 4.52 所示, 毛坯直径 $= 71.5$, 料厚 $t = 1$, $[m_1] = 0.53$, $[m_2] = 0.76$, $[m_3] = 0.79$, 中性层位移系数 $x = 0.5$, 间隙 $c = 1$, 模具公差 $\delta = 0.025$, 求:

(1) 末次拉深凸凹模直径 D_d, D_p。

(2) 经过几次拉深才能成形?

(3) 令 $m_1 = [m_1]$, 确定中间各次拉深凸、凹模直径?

(4) 各次拉深的 r_p, r_d 各为多少 (列式计算, 结果圆整)?

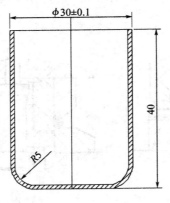

图 4.52 习题 1 图

第5章 成形类零件模具设计

5.1 冲压成形分类

飞机中成形类零件包括直线弯边零件、凸曲线弯边零件、凹曲线弯边零件、凸凹曲线弯边零件、复杂形弯边零件等弯边零件、扩口、缩口以及胀形类零件。翻边件如图1.6所示。拉深亦属于成形类零件,但由于旋转体拉深件模具设计具有一定的普遍性,故在第4章单独介绍,本章与第4章重叠部分内容将不再赘述。

1.冲压成形的分类

冲压成形一般是指利用压力机和模具对薄板的板坯(平面或曲面)或半成品进行有控制的变形,以获得指定形状的、其材料断面保持板材这一基本形态的制品的工艺方法。板材在变形过程中的受力状态主要为平面应力状态(即在材料厚度方向上不受力或受力很小可以忽略不计,变薄拉深或翻边不在此例)。冲压成形一般是按工件的变形方式分,如分为拉深、胀形、翻边、扩孔、缩孔、起伏成形等。其优点是直观,但不利于把握其变形特点和变形过程中的破坏形式。科学的分类方法应该能够明确地反映出该类成形的工艺共性,并在此基础上提供一种共同的观点和方法,用以分析解决该类成形工艺中的各种实际问题。其中最主要的问题就是成形所能达到的最大变形程度及破坏形式。

材料在变形过程中的破坏形式可分为压缩类失稳和拉伸类失稳,据此可将冲压成形分为压缩类成形和伸长类成形两大类。在实际成形中,在同一工件上的不同部位,可先后出现这两种形式的破坏,如凸缘件的拉深或覆盖件的成形及起伏成形、拉-扩成形等,板材、特别是管材的弯曲也属于这种情况。我们把它们归为复合类成形,其破坏形式通常为先出现压缩类失稳,后出现拉伸类失稳,可视其出现的先后或解决的难易程度,归入前面两大类,并分别考察其成形极限。

2.冲压成形的主要变形方式及类别

(1)压缩类成形。

①各种形式的拉深,包括垂直壁类与非垂直壁类的旋转体与非旋转体拉深。非垂直壁拉深件中,其壁可以是锥面,也可以是曲面。拉深成形中的典型零件为带凸缘或不带凸缘的圆筒拉深件,皿形体,盒形体等。其破坏形式先是凸缘或侧壁起皱,后为底部圆角处,因材料强度不足产生的 α 破裂,为复合类成形,归入压缩类成形研究。

②各种成形的压缩类翻边,包括平面、曲面、折面的凸缘翻边,其翻边方向均指向曲率中心,其破坏形式为起皱。

③各种管件、盒形件的缩口、缩径、收口,其破坏形式亦为起皱。

(2)伸长类成形。

①平板(或曲板)上的各种形式胀形,包括垂直壁类与非垂直壁类的旋转体、非旋转体平面胀形。其典型零件为平板上的各种局部凸起——压窝、压加强筋等起伏成形及平面扩孔。其破坏形式也会出现凸缘翘曲或起皱,但主要为底部圆角处或孔边缘因材料延性不足产生的 β 破裂,归入伸长类成形。

②各种形式的伸长类翻边,包括平面或曲面的小孔翻边及凸缘翻边。其翻边方向均背着曲率中心,其破坏形式为边缘 β 破裂。

③各种管件的扩口、增径,其破坏形式亦为孔边缘 β 破裂。

3.科学分类的力学意义

压缩类和伸长类变形在冲压加工中出现的问题,问题的形式和这些问题的解决措施多有很大的不同。

对于任何材料,毛坯变形区的变形能力都不可能无限大,超过一定极限就可能发生破坏(此极限称为成形极限,与此有关的系数称为成形系数)。发生破坏的形式则为失稳——起皱。如胀形的破裂,拉深凸缘的起皱等。

因此,在确定成形极限及提出解决成形缺陷的措施时,可根据伸长类和压缩类变形的不同力学特点采用不同的方法。

5.2 成形模具的典型结构

5.2.1 缩口模

应该注意解决好防起皱、出件、定位问题。此外其承力区易产生失稳,注意保护。通常采用固定间隙压边。图5.1(a)无支撑保护——易起皱;图5.1(b)外支撑保护——较易起皱;图5.1(c)内外支撑保护——不易起皱。

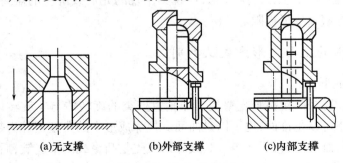

(a)无支撑   (b)外部支撑   (c)内部支撑

图5.1 缩口模示意图

5.2.2　扩口模

扩口模有简易内滑块式扩口模,如图 5.2 所示。图 5.3 所示为由圆锥形空心件胀形成椭圆锥形件的模具。

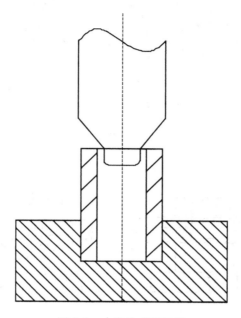

图 5.2　内滑块式扩口模

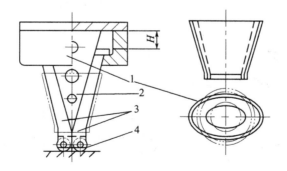

1—限位板;2—斜楔;3—左、右胀块;4—滑轮

图 5.3　由圆锥形空心件胀形成椭圆锥形件的模具

5.2.3　胀形模

胀形模有内滑块胀形模和软模胀形模,如图 5.4 所示。软模胀形模有橡皮凸模的胀形模,还有加压缩的液体进行胀形的模具结构形式,如图 5.5 所示。

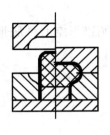
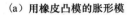
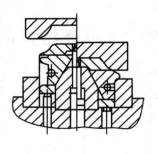
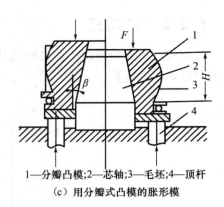

（a）用橡皮凸模的胀形模　　　（b）用分块式凸模的胀形模　　　（c）用分瓣式凸模的胀形模

1—分瓣凸模;2—芯轴;3—毛坯;4—顶杆

图 5.4　胀形模

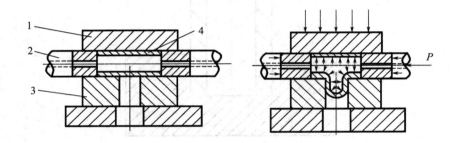

1—上模;2—轴头;3—下模;4—管坯

图 5.5　加轴向压缩的液体胀形模

5.2.4　翻边模

（1）小孔径用的翻边模,如图 5.6 所示。

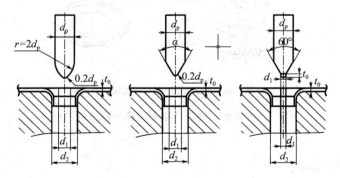

$t_0 < 1.6$ mm,$\alpha = 55°$　无废料 t_0 时的端部

$t_0 > 1.6$ mm,$\alpha = 60°$　制成弹头形

图 5.6　小孔径翻边模

（2）小孔径（小于 $\phi12$）冲孔——翻边模，如图 5.7 所示。

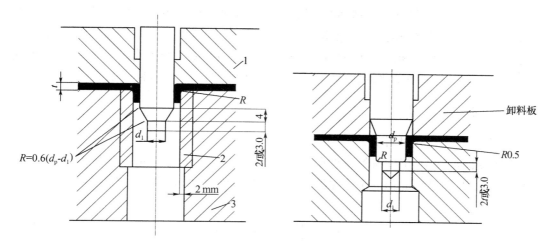

1—卸料板；2—镶块；3—凹模板

图 5.7　小孔径用冲孔翻边模

（3）大、中孔径（大于 $\phi12$）冲孔——翻边模，如图 5.8 所示。

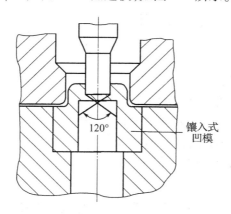

图 5.8　凸缘向上时的冲孔翻边模

成形模具零件设计见第 4 章 4.3 节。

5.3　成形模具设计程序及有关问题

对于常见的中、小型成形件来说，其模具结构及参数的设计、计算并无太复杂之处，其难点在于成形工艺的设计和成形缺陷的消除。作为模具设计人员，对于上述问题应给予足够的重视。本节将结合成形模具的一般设计程序给予必要的介绍，其细节可查阅有关资料。

成形模具的一般设计程序:收到工件图后应首先消化产品图,了解该工件在产品中的作用及装配关系,了解关键尺寸、技术要求,进而分析工件的工艺性,看能否做必要的改动,以便减少成形工序,提高工件质量。工件图确定以后,便应着手进行工序检查,找出最合理的工艺路线和工序尺寸,进而确定模具尺寸和压力机床,其步骤一般如下所述。

1. 毛坯尺寸计算

(1)拉深件毛坯尺寸计算。

在不变薄拉深中,工件材料厚度虽有变化,但其平均值与原始厚度很接近。因此,可用等面积原则,即毛坯面积等于拉深件面积来计算毛坯尺寸(计算前应在工件上加必要的修边余量)。

$$A = \frac{\pi D^2}{4} = 2\pi \sum_{i=1}^{n} l_i R_i \tag{5.1}$$

旋转体拉深件毛坯尺寸确定具体见4.2节。

(2)压缩类翻边毛坯尺寸计算。

可将压缩类翻边视为一不完整的拉深来计算毛坯尺寸。

(3)缩口毛坯尺寸计算。

应利用毛坯变形前后体积不变原则计算毛坯尺寸。

$$V = \frac{\pi D^2}{4} t = 2\pi \sum_{i=1}^{n} l_i R_i \bar{t_i} \tag{5.2}$$

式中 $\bar{t_i}$——各段平均厚度。

(4)小孔翻边、旋转体胀形毛坯尺寸计算。

其他旋转类成形也应利用体积不变原则来计算毛坯尺寸。对于平底凸模的纯胀形,毛坯外缘尺寸不变,可不计算毛坯尺寸;而对于筒状毛坯的凸肚等胀形,会使毛坯长度缩短,必要时也应进行毛坯长度计算。

平均材料厚度的计算方法:

毛坯非变形区平均厚度可视为等于毛坯原始厚度。毛坯变形区平均厚度可取变形区最厚(或最薄)处与毛坯原始厚度的平均值。毛坯变形区最厚(或最薄)处的厚度计算公式:

$$t' = \sqrt{\frac{d_i}{d_m}} \cdot t_0 \tag{5.3}$$

式中 d_i——成形前尺寸;

d_m——成形后尺寸;

$\dfrac{d_i}{d_m}$——变形程度,压缩类成形为大于1的数,成形后材料增厚,而伸长类成形为小于1的数,成形后材料减薄。

于是,

$$\bar{t} = \frac{t' + t_0}{2} = \left(1 + \sqrt{\frac{d_i}{d_m}}\right)\frac{t_0}{2} \tag{5.4}$$

2. 成形极限与成形系数

(1)成形极限、成形系数的概念与意义。

①压缩类成形。

压缩类成形的破坏形式主要是由压缩性失稳造成的变形区起皱(如缩口、压缩类边的褶皱),可以施加适当的压边消除和防止褶皱。但对于容易起皱的拉深件施加压边力的结果是加大了毛坯成形时的阻力。如果承力区的毛坯材料强度不足以承受这种成形力,就会发生破裂(α 破裂)。对于上述成形,通常用成形前后的尺寸比值来表达变形程度(如拉深比 $k = D_0/d$),极限变形程度称为成形极限(如拉深成形极限,用 $[k]$ 表示),其倒数称为极限成形系数(如拉深系数 $[m]$)。在各类成形中均要求 $k \leqslant [k], m \geqslant [m]$。拉深比公式中的 D 与 d 值在不同成形中的意义不同,现说明如下。

圆筒拉深,D 与 d 分别为毛坯直径和第一次拉深转角处中性层直径。在后续拉深中,两者分别为前后两次拉深筒的中性层直径。

矩形盒拉深,D 与 d 分别为转角处毛坯直径和第一次拉深转角处中性层直径。

垂直壁椭圆或其他形拉深,D 与 d 分别为曲率最大处毛坯直径与第一次拉深曲率最大处中性层直径。

锥形拉深,D 与 d 分别为毛坯直径与锥形中性层平均直径。

以上为归于压缩类的复合成形。

缩口,D 与 d 分别为毛坯中性层直径与缩口后最小端中性层直径。

压缩类翻边,D 与 d 分别为毛坯直径与翻边后的中性层直径。

上述说明中其成形如果是第二次或以后各次,则 D 与 d 分别代表前次和后此的直径。对于圆锥、方锥台拉深,常用极限成形深度表示。

②伸长类成形。

伸长类成形的破坏形式主要是由于材料的延伸率不足而造成的 β 破裂,如伸长类翻边、扩口、扩孔、凸肚,平板的圆筒、锥台及各种复杂曲面胀形等。当其各部分材料伸长不均匀时,常伴有起皱、翘曲等缺陷。

对于 β 破裂的成形,常用其变形前后的相对伸长与材料延伸率之比来衡量成形极限,其表达式为

$$\varepsilon = \frac{L_1 - L_0}{L_0} \times 100\% \leqslant 0.75\delta \text{ 或 } 0.75\delta_u \tag{5.5}$$

式中　L_1——变形后最大长度;

　　　L_0——变形前原始长度;

　　　δ——总延伸率;

　　　δ_u——均匀延伸率。

为了使伸长类成形与压缩类成形建立统一的成形极限或成形系数,对于旋转体伸长

类成形可以用压缩类成形的成形系数 m 代入式(5.5)来表达伸长类成形系数。由公式(5.5)得：

$$\varepsilon = \frac{\pi D - \pi d}{\pi d} = \frac{D}{d} - 1 = m - 1 \leqslant 0.75\delta(\text{或} 0.75\delta_\text{u}) \qquad (5.6)$$

$$m \leqslant 1 + 0.75\delta \text{ 或 } m \leqslant 1 + 0.75\delta_\text{u} \qquad (5.7)$$

当成形表面允许出现粗糙,只要不破裂就能用时,按公式(5.6)计算,否则用式(5.7)计算。

上述公式中利用了材料在单向拉深状态下的延伸率。在实际成形中,变形材料往往处于双向拉深状态,从而获得更大的变形。通过成形极限图可以测得各种材料在不同应变状态下的破裂极限。据此,可运用网格技术,对复杂成形件进行应变分析,从而采取针对性措施,充分利用材料的变形性能,使生产过程处于稳定和正常状态。在工艺设计过程中,对于不适用单向拉深的变形,更多使用依靠经验获得的极限成形深度。

（2）各类成形的成形极限。

①杯形件拉深的成形极限。

平底杯形件的极限成形系数见表5.1~5.4。它是在规定的压边力和磨具圆角半径条件下获得的经验数据。球底杯形件存在侧壁起皱倾向,因此对成形条件有更严格的要求。公式(4.20)是在更深入地考虑了压边力、模具圆角半径、摩擦材料成形指数、硬化等条件的情况下得出的结果。控制得好,可以获得比平底杯形件更大的变形。

表5.1 无凸缘杯形件用压边的[m]值

拉深系数	毛坯相对厚度 $t/D \times 100$					
	2~1.5	1.5~1.0	1.0~0.6	0.6~0.3	0.3~0.15	0.15~0.08
$[m_1]$	0.48~0.50	0.50~0.53	0.53~0.55	0.55~0.58	0.58~0.60	0.60~0.63
$[m_2]$	0.73~0.75	0.75~0.76	0.76~0.78	0.78~0.79	0.79~0.80	0.80~0.82
$[m_3]$	0.76~0.78	0.78~0.79	0.79~0.80	0.80~0.81	0.81~0.82	0.82~0.84
$[m_4]$	0.78~0.80	0.80~0.81	0.81~0.82	0.82~0.83	0.83~0.85	0.85~0.86
$[m_5]$	0.80~0.82	0.82~0.84	0.84~0.85	0.85~0.86	0.86~0.87	0.87~0.88

注：①凹模圆角半径大时($r = 8 \sim 15$),拉深系数取小值,凹模圆角半径小时($r_\text{d} = 4 \sim 8t$),拉深系数取大值

②表中拉深系数适用于 08、10S、15S 钢与软黄铜 H62、H68。当拉深塑性更大的金属时（05、08Z 及 10Z 钢、铝等）,应比表中数值减小 1.5%~2%。而当拉深塑性较小的金属时（20、25、A2、A3、酸洗钢、硬铝、硬黄铜等）,应比表中数值增大 1.5%~2%（S 为深拉深钢;Z 为最深拉深钢）

表5.2 无凸缘杯形件不用压边的[m]值

材料相对厚度 $t/D \times 100$	各次拉深系数					
	$[m_1]$	$[m_2]$	$[m_3]$	$[m_4]$	$[m_5]$	$[m_6]$
0.4	0.90	0.92	—	—	—	—
0.6	0.85	0.90				

续表 5.2

材料相对厚度	各次拉深系数					
$t/D \times 100$	$[m_1]$	$[m_2]$	$[m_3]$	$[m_4]$	$[m_5]$	$[m_6]$
0.8	0.80	0.88	—	—	—	—
1.0	0.75	0.85	0.90	—	—	—
1.5	0.65	0.80	0.84	0.87	0.90	—
2.0	0.60	0.75	0.80	0.84	0.87	0.90
2.5	0.55	0.75	0.80	0.84	0.87	0.90
3.0	0.53	0.75	0.80	0.84	0.87	0.90
3 以上	0.50	0.70	0.75	0.78	0.82	0.95

注:①此表适用于 08、10 及 15Mn 等材料

②球底杯形件的成形极限

$$[k] = \exp\left\{0.9\left[\frac{\left(\frac{1+r}{\sqrt{1+2r}} - \frac{1}{4b+2}\right)\left[\frac{r_\varepsilon}{R_1}\right]}{1+1.6\mu} - \frac{1}{2a+1} - \frac{uq[D_0^2 - (d+2r_d)^2]}{2dt\sigma_b}\right]\right\}e^{-n[7]}$$

(5.8)

式中符号意义见式(4.24)和式(4.27)。

表 5.3 无凸缘杯形件的 $[h/d]$ 值

拉深系数 n	毛坯相对厚度 $t/D \times 100$					
	2 ~ 1.5	1.5 ~ 1.0	1.0 ~ 0.6	0.6 ~ 0.3	0.3 ~ 0.15	0.15 ~ 0.08
1	0.94 ~ 0.77	0.84 ~ 0.65	0.70 ~ 0.57	0.62 ~ 0.5	0.52 ~ 0.45	0.46 ~ 0.38
2	1.88 ~ 1.54	1.60 ~ 1.32	1.36 ~ 1.1	1.13 ~ 0.94	0.96 ~ 0.83	0.9 ~ 0.7
3	3.5 ~ 2.7	2.8 ~ 2.2	2.3 ~ 1.8	1.9 ~ 1.5	1.6 ~ 1.3	1.3 ~ 1.1
4	5.6 ~ 4.3	4.3 ~ 3.5	3.6 ~ 2.9	2.9 ~ 2.4	2.4 ~ 2.03	2.0 ~ 1.5
5	8.9 ~ 6.6	6.6 ~ 5.1	5.2 ~ 4.1	4.1 ~ 3.3	3.3 ~ 2.7	2.7 ~ 2.0

注:①大的 h/d 比值适用于在第一道工序内大的凹模圆角半径(由 $t/D \times 100 = 2 \sim 1.5$ 时的 $r_d = 8t \times 100 = 0.15 \sim 0.08$ 时的 $r_d = 15t$);小的比值适用于小的凹模圆角半径($r_d = 4 \sim 8t$)

②表中拉深次数适用于 08 及 10 号钢的拉深件

表 5.4 无凸缘或有凸缘杯形件用压边圈的 $[m]$ 值

$[m_1]$ d_F/D \ $t/D \times 100$	1.5		1.0		0.6		0.3		0.1	
r/t	10	4	12	5	15	6	18	7	20	8
0.48	0.48									
0.50	0.48	0.50								

续表 5.4

$t/D \times 100$ [m_1] r/t d_F/D	1.5		1.0		0.6		0.3		0.1	
	10	4	12	5	15	6	18	7	20	8
0.51	0.48	0.50	0.51							
0.53	0.48	0.50	0.51		0.53					
0.54	0.48	0.50	0.51	0.54	0.53					
0.55	0.48	0.50	0.51	0.54	0.53	0.55	0.55			
0.58	0.48	0.50	0.51	0.54	0.53	0.55	0.55	0.58	0.58	
0.60	0.48	0.50	0.50	0.53	0.53	0.55	0.54	0.58	0.57	0.60
0.65	0.48	0.49	0.49	0.52	0.52	0.54	0.53	0.56	0.55	0.58
0.70	0.47	0.48	0.48	0.51	0.51	0.53	0.52	0.54	0.53	0.56
0.75	0.45	0.47	0.46	0.49	0.49	0.51	0.50	0.52	0.51	0.54
0.80	0.43	0.45	0.45	0.47	0.47	0.49	0.48	0.50	0.49	0.52
0.85	0.41	0.43	0.42	0.45	0.44	0.46	0.45	0.48	0.47	0.49
0.90	0.38	0.39	0.39	0.41	0.41	0.43	0.42	0.44	0.43	0.45
0.95	0.33	0.34	0.35	0.37	0.37	0.38	0.38	0.39	0.38	0.40
0.97	0.31	0.32	0.33	0.34	0.35	0.36	0.36	0.37	0.36	0.38
0.99	0.30	0.31	0.32	0.33	0.33	0.34	0.33	0.34	0.34	0.35
以后各次拉深 $[m_1]$	0.73	0.75	0.75	0.76	0.76	0.78	0.78	0.79	0.79	0.80
$[m_2]$	0.76	0.78	0.78	0.79	0.79	0.80	0.80	0.81	0.81	0.82
$[m_3]$	0.78	0.80	0.80	0.81	0.81	0.82	0.82	0.83	0.83	0.84
$[m_4]$	0.80	0.82	0.82	0.84	0.83	0.85	0.84	0.85	0.85	0.86

注:①随材料塑性高低,表中数值应酌情增减

②—线上方为直筒件($d_F = d_1$)

③—线与～～～～～线之间为弧面凸缘件($d_F d_1 = 2r$),此区工件计算半成品尺寸 h_1 应加注意

④随 d_p/d 数值增大,r/t 值可相应减小,满足 $2r_1 < h_1$,保证筒部有直壁

⑤查用时,可用插入法,也可用偏大值

⑥多次拉深首次形成凸缘时,为考虑多拉入材料,m_1 增大 0.02

⑦该表适用于 08 及 10 钢

⑧该表适用于采用压边圈的情况,如其变形程度较小,其实际成形系数大于无凸缘圆筒拉深无压边圈许用成形系数时,其 $[m]$ 值按《冲压手册》中表 $4-5$ 查出

②矩形盒拉深成形极限。

如前所述,矩形盒变形程度可用矩形转角处毛坯半径和工件半径之比 $k = R_0/R$ 来表示,$[k]$ 值可参照相等的圆筒拉深选取。但由于直边的作用,转角处的变形向直边扩散,其成形极限大于相同直径的圆筒拉深。这个影响的大小与转角半径和边长的比值及矩形两边长的比值有关。软钢正方形盒拉深时,转角半径是边长的 1/5 时能拉得最深。当毛坯采用正方形时,最大的拉深高度是边长的 0.9 倍,但对把角部整圆的圆角形毛坯,能够拉深到略超过边长的深度,但对铜、铝等加工硬化大的材料,其尺寸的影响没有这么明显。长方形盒拉深的极限深度,当转角半径 R 为短边长度的 1/5 时,基本不受长边的影响;当转角半径超过短边长度的 1/5 时,极限成形深度比正方形盒大,超过越多,差值越大。

矩形毛坯的切角对盒形件拉深的转角处侧壁破裂的影响很大。在直边不设置拉深筋时,如果切角,转角处毛坯向角部流入较慢,容易产生破裂。在直边设置拉深筋时,转角处毛坯的流动不再受直边部分材料流动的影响,由于角部材料面积减小而流动阻力减小,因此不易发生侧壁破裂。

③椭圆筒拉深成形极限。

椭圆筒拉深的成形极限取决于最小曲率半径处。可将其视为半径为最小曲率半径 r_{min} 的圆筒拉深来考虑成形极限。由于受到曲率半径较大的邻近处的影响,其成形极限将大于相同圆筒拉深的成形极限。这个影响取决于椭圆短轴 b 与长轴 a 的比值。通常最小曲率半径 r_{min} 处的极限凸缘宽度 l_1 是 r_{min} 的 1～1.3 倍。当椭圆接近圆形时 l_2/r_{min} 接近 1。毛坯尺寸和椭圆拉深成形极限有很密切的关系。毛坯尺寸过大,造成变形阻力过大,r_p 处破裂;毛坯长宽尺寸比例不适,造成材料流动过分不平衡而形成侧壁和剪切破裂。带凸缘椭圆筒拉深时,毛坯尺寸对极限成形高度的影响如图 5.9 所示。

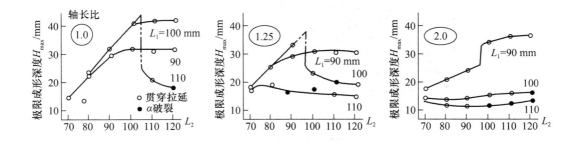

图 5.9　椭圆筒形件复合胀形时短轴方向坯料长度 L_2 和极限成形深度 h_{max} 的关系

当"轴长比"较小时(接近圆,如为 1 或 1.25),如果短轴方向坯料长度 L_2 接近或超过长轴方向的长度 L_1 时,长轴方向上能被拉入的坯料就减少,极限成形高度下降;当"轴长比"较大时,长轴方向上的坯料随着 L_2 的增加被拉入的逐渐增多,极限成形高度增加。

205

如果对坯料进行切角,凸模r_p处的破裂较难发生,但侧壁破裂容易发生。

④圆锥拉深时的成形极限。

圆锥拉深时的极限成形深度与其凸缘变形阻力关系很大。变形阻力过小,凸圆产生皱褶;变形阻力过大,则会在r_p处发生破裂,其极限成形深度如图5.10所示。

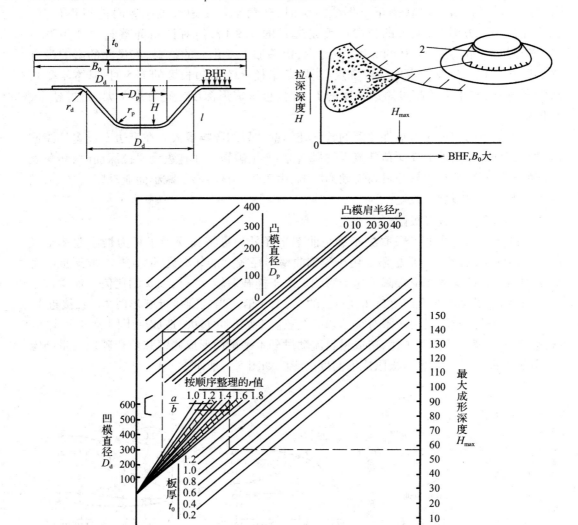

1—凹模;2—断裂;3—薄壁容器拉深皱纹

BHF—压边力,a—普通沸腾钢,b—铝镇静钢,单位 mm,在$-\dfrac{t}{D_d}<0.002$及$\dfrac{D_p}{D_d}>0.5$时不适用

图 5.10 圆锥拉深中最大成形深度的计算图表(薄板成形技术研究会)

由图 5.10 可推出圆锥拉深极限成形深度公式。

当 $D_d < 300$ 时，

$$H_{max} = (0.057r - 0.003\,5)D_d + 0.171D_p + 0.58r_p + 36.6t_0 - 12.1 \qquad (5.9)$$

当 $D_d \geqslant 300$ 时，

$$H_{max} = AD_d - 0.129D_p + 0.354r_d + 0.491r_p + 3.1 + H_D \qquad (5.10)$$

式(5.10)中 A、H_d 的取值见表 5.5。

表 5.5　A、H_d 取值

项目	A 值		H_d 值	
条件	机油	660#油	$D_d = 440$ mm	$D_d = 600$ mm
沸腾钢	0.162	0.177	25	35
铝镇静钢	0.163	0.183	29	39

⑤方锥体拉深时的成形极限。

方锥体拉深时的极限成形深度与圆锥体类似，都只有在合适的变形阻力下(压边力和材料变形阻力的综合作用)才能得到既不起皱又不破裂的极限拉深深度，如果角部半径 R 与尺寸 l 相比很大，可将方锥体四角看作 1/4 圆锥，则可用圆锥极限成形深度衡量之；如果难于近似 1/4 圆锥时，可按图 5.11 求之，如图 5.11、图 5.12 所示。

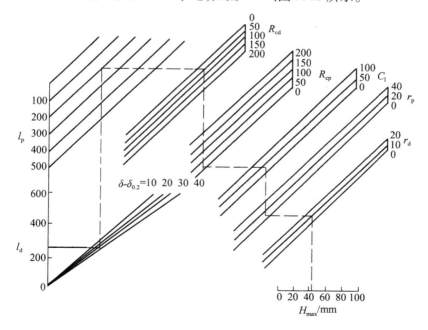

图 5.11　方锥拉深最大成形深度计算图表

207

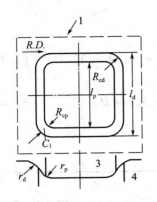 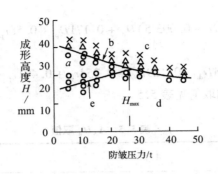 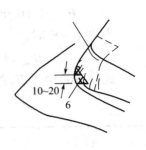

铝镇静钢；$t = 0.8$ mm；1 t = 9.964 kN

□440；$l_d = 252.6$；$l_p = 208$；$R_{cd} = 30$；$R_{cp} = 7.7$；$r_d = 5$；$r_p = 10$

a—起皱；b—破裂极限；c—破裂；d—合适范围；e—起皱极限

1—板材；2—角部中心；3—凸模；4—凹模；5—凸模肩破裂；6—起皱判断位置

图 5.12　求方锥体拉深时极限深度 H_{max} 的方法

图 5.12 内符号说明见表 5.6。

表 5.6　符号说明

符号	破裂	起皱
×	有	——
△	弯颈	——
●	无	有
○	无	无

由图 5.11 可推导出方锥体极限成形深度公式：

$$H_{max} = [0.001\,55(\delta - 0.1\sigma_{0.2}) + 0.204]l_d - 0.220l_p + 0.174R_{cd} + 0.228R_{cp}$$
$$- 0.227c_1 + 0.53r_p - 0.68r_d + 14.0 \tag{5.11}$$

⑥纯胀形时的成形极限。

圆筒胀形极限成形深度：

$$H_{max} = 0.05(d_p/2 - r_p) + 0.309r_p + 0.154c + 5.814n - 0.863\gamma + 19.35\mu - 2.956\varphi \tag{5.12}$$

式中　c——单面间隙；

$\mu = nr/(1+r)$；

$\varphi \approx \delta r/(1+r)$。

球形胀形时的成形极限：

$$H_{max} \approx \frac{d_d}{3} \tag{5.13}$$

圆锥形胀形极限成形深度：

$$H_{\max} = AD_{\mathrm{d}} - 0.129D_{\mathrm{p}} + 0.354r_{\mathrm{d}} + 0.491r_{\mathrm{p}} + 3.1 \qquad (5.14)$$

式(5.14)中的 A 值见表5.5。

方锥形胀形极限成形深度：

$$H_{\max} = [0.001\,55(\sigma - 0.1\sigma_{0.2}) + 0.008\,5K + 0.195]l_{\mathrm{d}} - 0.220l_{\mathrm{p}} + 0.016R_{\mathrm{cd}} +$$
$$0.039R_{\mathrm{cp}} + 0.53r_{\mathrm{p}} + 0.89r_{\mathrm{d}} - 2.47 \qquad (5.15)$$

式中　K——润滑指数。低黏度 $K=1$，高黏度 $K=2$；其余符号意义如图5.13所示。

凸筋起伏胀形成形极限：

$$H_{\max} = \{[0.000\,85(\delta - 0.1\sigma_{0.2}) + 0.015\,5K + 0.125]l_{\mathrm{d}} - 0.13l_{\mathrm{p}} + 0.49r_{\mathrm{p}} + 0.36r_{\mathrm{d}} + 2.94\}$$
$$\times [2.82 - 0.94(r_{\mathrm{p}}/l_{\mathrm{p}}) - 0.46(l_{\mathrm{p}}/l_{\mathrm{d}})^{0.25}] - 8.19 \qquad (5.16)$$

式中符号意义见图5.14和式(5.15)。

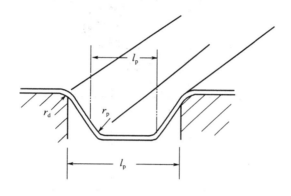

图5.13　凸筋起伏加工的尺寸

椭圆筒形件胀形极限深度如图5.14所示。当轴长比为2.5时可获得最大的深度，椭圆胀形最大成形深度大于以 $r_{\min}$（最小的曲率半径）为半径的圆筒胀形和转角半径为 $r_{\min}$ 且横断面积和椭圆一致的盒形件胀形深度（特别细长的盒形件除外）。

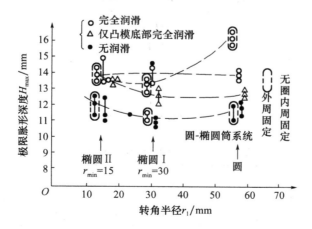

图5.14　椭圆筒形件的纯胀形极限和长轴方向的凸模转角半径的关系

⑦扩孔(含翻边)成形极限。

通过试验可知,扩孔极限除和材料的成形性和有关外还与低孔孔径、凸模直径、材料厚度、凸模形状等因素有很密切的关系。图5.15,表5.7,表5.8分别给出了凸模形状,相对底孔直径(d_i/D_p,d_i/t)与扩孔极限 λ 的关系,($\lambda = \dfrac{d_m - d_i}{d_i}$;$d_i$——底孔直径;$d_m$——扩孔后直径或翻边小孔口部中性层直径;$D_p$——凸模尺寸)。

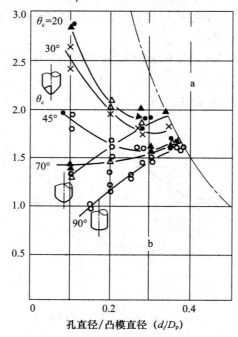

软钢,$t = 1.0$ mm,a—内缘翻边成形区;b = β 成形区

图5.15　使用各种凸模情况下的扩孔极限和尺寸影响

表5.7　一些材料的翻边系数$[m]$

退火的材料	$[m]$	$[m_{max}]$
白铁皮	1.43	1.54
H62,$t = 0.5 \sim 6$	1.47	1.61
铝,$t = 0.5 \sim 5$	1.43	1.56
硬 铝	1.12	1.25

表5.8　低碳钢的极限翻边系数$[m]$

翻边方法	孔加工方法	比值 d_i/t										
		100	50	35	20	15	10	8	6.5	5	3	1
球形凸模	钻后去毛刺	1.43	1.67	1.92	2.22	2.50	2.78	3.03	3.23	3.33	4.00	5.00
	冲孔	1.33	1.54	1.75	1.92	2.08	2.22	2.27	2.33	2.38	2.38	/

续表 5.8

翻边方法	孔加工方法	比值 d_i/t										
		100	50	35	20	15	10	8	6.5	5	3	1
平底凸模	钻后去毛刺	1.25	1.43	1.67	2.00	2.22	2.38	2.50	2.70	2.86	2.33	4.00
	冲孔	1.18	1.33	1.54	1.67	1.82	1.92	2.00	2.00	2.08	2.13	/

非圆孔翻边时,由于应力分散效应,m 值大于圆孔翻边。对于圆弧夹角小于 180° 或可按下式计算翻边系数 m。

$$[m] = \frac{180°[m]}{\alpha} \tag{5.17}$$

上述情况也适用于外缘翻边。压缩类外缘翻边系数 $[m]$ 小于圆筒拉深系数 $[m]$,成形极限提高。

⑧缩口成形极限。

缩口系数与模具结构结构关系极大,其破坏形式为变形区起皱和承力区起皱。如果在变形区和承力区采用内外支撑或压边装置,将大大提高成形极限。平均缩口系数见表 5.9。

对第一次缩口,取 $[m_1] = 0.9[\overline{m}]$。

对以后各次缩口,取 $[m_n] = (1.05 \sim 1.1)[\overline{m}]$。

表 5.9　平均缩口系数 $[\overline{m}]$

材料名称	无支撑	外部支撑	内部支撑
软　钢	0.70 ~ 0.75	0.55 ~ 0.60	0.30 ~ 0.35
黄铜 H62, H68	0.65 ~ 0.70	0.50 ~ 0.55	0.27 ~ 0.32
铝	0.68 ~ 0.72	0.53 ~ 0.57	0.27 ~ 0.32
硬铝(退火)	0.73 ~ 0.80	0.60 ~ 0.63	0.35 ~ 0.40
硬铝(淬火)	0.75 ~ 0.80	0.68 ~ 0.72	0.40 ~ 0.43

3. 确定成形方式进行工序设计

(1)正确判定成形方法,合理安排工序。

在很多冲压件中含有多种冲压工序,如可能同时包含落料、冲孔、拉深、扩孔、翻边等工序。在安排冲压工序时,各道工序可能只完成一种加工(单工序模)或多种加工(多工序模)。应注意各种冲压加工的先后顺序,以避免额外变形。例如,在胀形件凸缘上的孔处于变形区内时,应后冲孔;在拉深底部中心存在孔时,应校核该孔在拉深过程中是否会产生扩孔,如是,则应减小该孔(孔有利于增加高度)或将冲孔安排在拉深完成之后。

(2) 单一工序的成形次数及工序尺寸计算。

①成形次数 n。

当毛料尺寸和成形系数确定以后,根据成形最终尺寸,可以计算出成形次数。

压缩类成形:

$$D_0 m_1 = d_1, \quad d_1 m_2 = d_2, \quad \cdots, \quad d_{n-1} m_n = d_n$$

$$D_0 m_1 m_2, \cdots, m_n = d_n \leqslant d$$

伸长类成形:

$$d_0 m_1 = D_1, \quad D_1 m_2 = D_2, \quad \cdots, \quad D_{n-1} m_n = D_n$$

$$d_0 m_1 m_2, \cdots, m_n = D_n \geqslant D$$

上述式子中,D_0、d_0 分别表示压缩类或伸长类成形的毛料尺寸:D_0 为外径;d_0 为内径或中性层直径;d_n 或 D_n 分别表示中性层直径(在扩孔中 D_n 表示成形后孔的内径)。

②工序尺寸的确定。

a. 各工序直径的确定。

按上述方法计算出的工序尺寸可做适当的调整:首先将最末一次直径按工件尺寸取,其后将中间工序直径尽量取为整数并使各工序的成形系数与许用极限成形系数的差值较平均。

b. 各工序直径的确定。

各工序圆角按 r_d、r_p。计算方法(参见4.3)确定。

c. 各工序成形高度计算。

可根据工件成形前后体积(或面积)不变的原则来计算成形件高度(亦可查阅有关公式)。

4. 成形力、成形功及压力机的许用

工序尺寸确定以后应确定该工序所需压力设备。压力机的选用应首先满足该工序成形力与成形功的要求,其次应考虑模具的安装要求,必要时还应考虑成形速度的影响。

成形力的计算可按经验或查阅有关计算公式,对于深成形件还应进行成形能量的校核,即将成形负荷曲线与压力机许用负荷曲线相比较,前者的成形力应小于许用负荷,并且其所需的能量(即积分面积)小于许用负荷曲线所能提供的能量(许用负荷曲线在行程内所含面积)。

在工程实践中由于冲压负荷曲线难以获得,常采用近似方法选用压力机。

对于一般的曲柄压力机,产生公称压力的行程一般为滑块行程的 5% ~7%(按规定,开式压力机额定压力行程为 3 ~15 mm,闭式压力机为 13 mm),在行程的中间点,压力为公称压力的 40% ~50%。对于施力行程小于 5% 的压力机行程的工序,可直接按压力机的公称压力选择设备,如一般的落料、冲孔、压印及弯曲等。对于拉深工序,可近似取为:

在浅拉深时,$P_{max} \leqslant (0.7 \sim 0.8) P_Y$;

在深拉深时,$P_{max} \leqslant (0.5 \sim 0.6) P_Y$。

按压力机的安全规定,允许瞬时超载 25%。

压力机的选用除应进行冲压力与功的校核外,还应选择合适的类型。应根据该工件的工艺性质、批量大小、工件的几何尺寸精度等确定压力机的类型。冲压生产中常用的曲柄压力机和液压机的比较见表 5.10。

表 5.10　曲柄压力机和液压机比较

性能	曲柄压力机	液压机
加工速度	快	很慢
行程长度	不能够太长	做成 1 000 mm 以上比较容易
行程长度的变化	一般小型压力机的行程做成不可调的,因为行程长度调节会使加工、机构复杂	行程长度变化容易
行程终端的位置	能够准确地确定	就压力机本身来说不能准确确定
所产生的压力与行程位置的关系	离下死点愈远,所产生的压力愈小	公称压力与行程位置没有关系
压力的调节	一般难以做到,即使做到也不能准确调节	容易调节
保压作用	不能	能
锤击作用	有一定的锤击作用	没有
过载的可能性	会产生	不会产生
维修的难易	较易	较难

在选择压力机时应注意它们的条件。

开式压力机操作空间三面敞开,操作方便,容易安装机械的附属设备,价格也低廉,其缺点是刚性较差,对冲件质量、模具寿命可能有一定影响。因此,它常用于中、小型且料不太厚,质量要求不太高的工件。而对大、中型和精度要求高的冲压件,多采用闭式曲柄压力机,对较复杂的大型拉深件更易采用双动冲床。小批量生产,特别是大型厚板的冲压件多采用液压机,它不会产生超载,可提供稳定而大行程的压力,广泛用于弯曲、成形校平等工序。校正弯曲,校平整形工序要求压力机有更大的刚性,以便获得较高的冲压件精度。精压机用曲柄－肘杆机构传动,滑块行程小,在行程末端停留时间较长,传动系统及机架刚性好,适用于上述工序。冷挤压时要求大的挤压力和工件行程,压力的刚度又直接影响到模具寿命、工件质量,而冷挤压机有很好的刚性,足够大的挤压力和额定压力工作行程。精冲机床除机床本身精度高,刚性好,冲裁速度较低外,还有强有力的压边装置,为精冲的专用机床。

5.4 工程案例

【例 5.1】 已知某压线螺母装配关系如图 5.16 所示,所用垫圈材料为 0.4 mm 厚 H62Y2($\sigma_s = 196$ MPa,$\sigma_b = 373$ MPa,$\tau = 294$ MPa)。试进行垫圈工艺设计及模具参数计算。

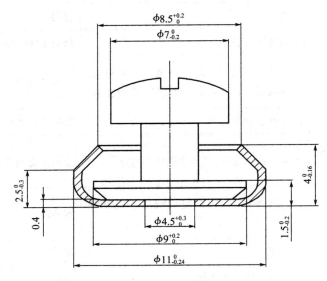

图 5.16 压线螺母垫圈

解:

1. 工艺分析

该件为旋转体工件,属于缩口装配。其基本工序为落料、冲孔、拉深、缩口(无芯轴)。关键尺寸为 $\phi 8.5^{+0.2}$(不可过大)和 $2.5_{-0.3}$(不宜过小),为此要求较准确的毛料尺寸,并防止垫圈立边失稳。需采用无芯柱缩口,易产生皱褶。拉深时可能出现扩孔;根部圆角 $r_1 = 2.5t$,略小。

2. 毛坯尺寸计算

(1)确定取值。作为毛坯展开尺寸计算及模具工作尺寸计算的依据。考虑回弹与缩口时底部直径胀大。

$\phi 11$ 外形尺寸:

$\phi 11_{-0.24}^{0}$ 缩口时底部直径胀大,故取小于中值,取 $\phi 10.8$。

$\phi 8.5_{0}^{+0.2}$ 尺寸取大会使螺母易脱落,故取最小值 8.5。

$2.5_{-0.3}^{0}$ 考虑缩口时此尺寸将减小,过小将无法放置压线螺母,故取 2.4。

$4.0_{-0.16}^{0}$,取 3.9,小于中值,下压会增大,且毛料大了,也会增大。

圆角取 $R1$。

（2）毛坯尺寸计算。

查公式 $H = (1 \sim 1.05) \left[h_1 + \dfrac{D^2 - d^2}{8D\sin\alpha} \left(1 + \sqrt{\dfrac{D}{d}} \right) \right]$

① 不修边，系数取 1。

② $h_1 = 2.4 - 0.2 = 2.2$。

③ $D = 10.8 - 0.4 = 10.4$。

④ 求 α。

$(10.8 - 0.8 - 8.5)/2(3.9 - 0.4\sin\alpha - 2.4) = \tan\alpha$，　$\alpha = 30°$。

⑤ $d = 8.5 + 0.4\cos 30° = 8.85$。

⑥ 确定各部分尺寸如图 5.17 所示。可得工序件高度 $H = 3.698$，取 3.7。

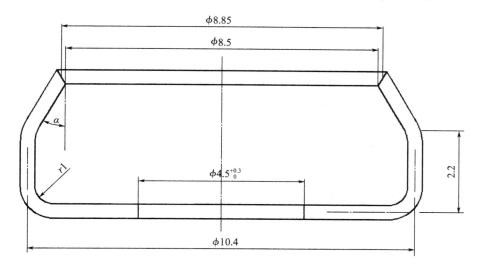

图 5.17　垫圈尺寸

⑦（毛料尺寸）求 D_0。

a. 修边余量 $h/D = 3.9/10 = 0.39 < 0.5$，不必修边。

b. 计算 x、l、r、h。

$$l_1 = 3.7 - 0.2 - 1 = 2.5, \quad x_1 = 5.2$$

$$l_2：中性层 \zeta, \quad r/t = 1/0.4 = 2.5, x = 0.39, \quad \rho = 1.156$$

$$l_2 = \frac{\pi}{2} \times 1.156 = 1.816, \quad x_2 = 4, \quad r = 1.156, \quad h = 1.156$$

$$l_3 = 4, \quad x_3 = 2$$

由式（4.5）可得 $R_0 = \sqrt{2\left(\sum lx + \sum rh \right)}$

$$= \sqrt{2(2.5 \times 5.2 + 1.816 \times 4 + 4 \times 2 + 1.156^2)} = 7.694$$

$D_0 = 15.388$，取 15.4。

⑧确定落料尺寸公差。

当落料尺寸大时,口部尺寸减小,总高度增大,不影响使用,根据工件尺寸公差取上偏差 $+0.15$。当落料尺寸小时,如果口部尺寸超过 $\phi8.7$,可增加缩口深度(此时,垂直壁高度和圆角均变小,外径变大)来减小口部尺寸。根据上述尺寸公差及取值,确定下偏差 -0.05。所以落料尺寸可取 $D_0 = \phi15.4_{-0.05}^{0.15} = \phi15.55_{-0.2}^{0}$。

落料模尺寸:凹模 $a = (15.55 - 0.75 \times 0.2)_{0}^{+0.05} = 15.4_{0}^{+0.05}$。

3. 确定成形方式

(1)基本工序。(落料、拉深)冲孔、缩口(装配)共三套模具。

(2)确定成形次数。

①拉深 $m = d/D = 10.4/15.4 = 0.675$,$t/D \times 100 = 2.597$,查表5.2,$[m] = 0.55 < m$,所以可无压边一次拉出。

②缩口 $m = d/D = 8.85/10.4 = 0.88$ 由表5.9,$H62$ 的 $[\overline{m}] = 0.65 \sim 0.70$。

$[m_1] = 0.9[\overline{m}] = 0.585 \sim 0.63, m > [m_1]$,所以可无支撑一次缩口。

(3)成形工序:落料 – 拉深、冲孔、缩口(装配)。

如先冲孔(落料 – 冲孔、拉深、缩口)据图5.15,$\dfrac{d_i}{d_p} = 4.5/10 = 0.45$。

$\dfrac{d_p}{D_0} = 10/15.4 = 0.63$,可翻边,即拉深、扩孔可能同时进行。所以底孔适宜在拉深后冲出。

4. 工序尺寸与模具参数计算

(1)落料 – 拉深。

①落料模。

由 $D_0 = 15.4_{-0.05}^{+0.05}$,改写为 $D_0 = 15.55_{-0.20}^{0}$,依公式(2.22),$D_d = 15.4_{0}^{+0.05}$;冲裁间隙由 $c = kt\tau \times 10^{-4}$ 计算,所以 $c = 3 \times 0.4 \times 294 \times 10^{-4} = 0.035$;落料凸模按凹模配单面冲裁间隙 $0.035 \sim 0.055$。

②拉深模。

a. 凸、凹模直径。

$$d_d = (L - 0.75\Delta)_{0}^{+\delta}$$

$$d_d = (11 - 0.75 \times 0.24)_{0}^{+\delta} = 10.82_{0}^{+0.027}$$

取 $\phi10.8_{0}^{+0.043}$,$d_d = 10.8_{0}^{+0.043}$;拉深间隙依公式(4.20),$t_{max} = 0.4$,$G = 0$,所以 $c = 0.4$;$d_p = (d_d - 2c)_{-\delta}^{0} = (10.8 - 2 \times 0.4)_{-0.043}^{0} = 10_{-0.043}^{0}$。

b. 凸、凹模圆角。

依公式(4.21),

$$r_d \geq 0.8\sqrt{0.4 \times (15.8 - 10.4)} = 1.18$$

因为拉深裕度较大,取 $r_d = r = R_1$;$r_p = r_d = 1$。模具设计时可取 $r_d = 0.5$(先做小圆角,试模时可以修大,做大直接报废)。

（2）冲孔。

计算从略。

（3）缩口。

①工件定位尺寸 D、h。

取 $D = 10.85_{0}^{+0.03}$；深度 $h = 2.1 \pm 0.03 < 2.2$，便于将 $2.5_{-0.3}^{0}$ 压至 2.2。

②缩口凹模尺寸 α、D_d。

因回弹很小，取缩口角度 $\alpha = 30_{-30'}^{0}$；为保证凹模口部大于拉深件外径又不至于过大，造成缩口时的额外变形，取 $D_d = 10.9_{0}^{+0.1}$。该模具采用反向顶出（梭形）结构，计算从略。

【例 5.2】 已知某工件尺寸如图 5.18 所示，要求进行工艺及模具工作尺寸计算。

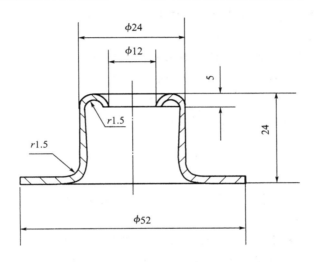

（材料:08F;料厚 1.5 mm;未注公差按 IT14）

图 5.18 冲压件工序草图

解：

1. 按 IT14 查得公差

$$\phi 12_{0}^{+0.43} \quad 5_{-0.3}^{0} \quad 24_{-0.52}^{0} \quad \phi 52_{-0.74}^{0} \quad \phi 24_{-0.52}^{0}$$

2. 冲压件工艺分析

（1）该件是一种对称件，便于成形。

（2）$1.4 < d_F/d_m = 52/22.5 = 2.3 < 3$，为宽凸缘成形。

（3）$\phi 52_{-0.74}^{0}$ 精度较高，需进行修边。

（4）$r = 1.5 \leqslant 1t$，需校形。

（5）该件宜采用带凸缘的圆筒件拉深成形，中间孔采用冲孔翻边。

（6）检查 $\phi 12$ 翻边孔可否一次翻边成形。

①求孔底直径 d。

按表 4.9 翻边凸模取值：

$d_p = (12 + 0.4 \times 0.43) \, {}^{0}_{-\delta} = 12.2 \, {}^{0}_{-0.03}$，高度尺寸 $5 \, {}^{0}_{-0.3}$，按中限 4.85 取值。

根据经验公式：

$$d_i = d_m - 2(H - 0.43r - 0.72t)$$
$$= 12.2 + 2 \times 0.5 - 2(4.85 - 0.43 \times 1.5 - 0.72 \times 1.5)$$
$$= 6.95$$

式中　d_m——翻边后中性层尺寸。

上述计算是按翻边后材料变薄为1，中性层系数取0.5计算的，现验算之。

$$t_{min} = \sqrt{\frac{d_i}{d_m}} t_0 = \sqrt{6.95/13.2} \times 1.5 = 1.09$$

所以毛坯直径为 t_{min}，尺寸比估计值略大，且 $R/t = 12.2/(2 \times 1.09) = 5.6$，按表3.2，中性层系数为0.45，将上述值代入前式：

$$d_i = 12.2 + 2 \times 1.09 \times 0.45 - 2(4.85 - 0.83 \times 1.5 - 0.72 \times 1.5) = 6.93$$

考虑到翻边后的高度公差，取 $d_i = 7 \pm 0.1$。

②求翻边系数。

由 $m = \dfrac{12.2 + 2 \times 1.09 \times 0.45}{7} = \dfrac{13.18}{7} = 1.88$

查表5.7，低碳钢极限翻边系数为2.38。所以，该孔可以一次翻出。

3. 确定修边余量

由 $d_F/d_m = 2.3$，单面修边余量取2.5，所以 $d_F = 52 + 2 \times 2.5 = 57$。

4. 确定成形方法

（1）此件为宽凸缘件，可在首次拉深时就将凸缘拉至尺寸，以后各次拉深时，前道工序 r_d 圆角造成的成形部位基本不参与变形，同时凸缘也不再收缩，而是将筒形直径逐渐减小，增加高度。由于材料较薄，应保证每次拉深时圆筒直壁部分的高度应满足下道工序的成形需要。凸缘根部的多余材料可在校形时返回凸缘（凸缘增厚，变大）。因此，拟在最后进行 $r1.5$ 及高度24校形和凸缘修边。根据经验及查阅有关数据，此件需两次以上拉深。第一次拉深时，多拉入最终筒形体积的6%材料，以供校形使用。

（2）因为 $\dfrac{d_i}{D_p} = \dfrac{7}{21} = 0.33$，由图5.16估计可能发生扩孔。因此，宜在拉深后冲孔。

5. 计算毛坯尺寸

由公式(4.5)，

$$D_0 = \sqrt{2} \cdot \sqrt{\sum xl + \sum \pm rh}$$

根号内为

$$\frac{57 - 27}{2}\left(\frac{57 - 27}{4} + \frac{27}{2}\right) + \frac{\pi(1.5 + 1.5 \times 0.32)}{2 \times 2} - (1.5 + 1.5 \times 0.32)^2$$

$$+ \left[\frac{18 \times 22.5}{2} + \frac{\pi(1.5 + 1.5 \times 0.32) \times 18}{2 \times 2} + (1.5 + 1.5 \times 0.32)^2 + \frac{18}{2} \times \frac{18}{4}\right] \times 1.06$$

$$= 644.48$$

$$D_0 = 2\sqrt{2}\sqrt{644.48} = 71.80$$

6. 确定各工序尺寸及成形系数

(1) 确定成形系数及成形次数。

总的成形系数 $m = \dfrac{21}{71.8} = 0.29$，且有

$$t/D_0 \times 100 = 2.09, \quad d_F/D_0 = 57/71.8 = 0.79$$

考虑到最终 $r = 1.5$，需校形，r_d、r_p 不宜大，选用 $r_d = r_p = 4t = 6$。据表5.4，查得 $[m_1] = 0.45$，$[m_2] = 0.75$，$[m_3] = 0.78$。由 $[m_1][m_2][m_3] = 0.26 < 0.29$，故采用三次拉深即可，且各次拉深系数均可适当增大。第二次及第三次拉深不采用压边（以简化模具结构），其成形系数按表5.2选取：

$$m_2 = 0.75, \quad m_3 = 0.8, \quad m_1 = m/m_2 m_3 = 0.483$$

因为 $m_1 > [m_1] = 0.43$，所以可用。

(2) 确定各次拉深中性层直径。

$$d_1 = D_0 m_1 = 71.8 \times 0.48 = 34.46 \approx 34.5$$
$$d_2 = d_1 m_2 = 34.5 \times 0.75 = 25.88 \approx 26$$
$$d_3 = d_2 m_3 = 26 \times 0.8 = 20.8 < (21 + 2 \times 1.5 \times 0.5) = 22.5$$
$$m_3 = 22.5/26 = 0.865$$

(3) 确定各次拉深 r_d、r_p 值。

已知 $r_{d1} = r_{p1} = 6$，r_{d2}、r_{d3} 计算按公式(4.21)。

$$r_{d2} \geq 0.8\sqrt{(34.5 - 26)1.5} = 2.86, \text{取 } r_{d2} = 3$$
$$r_{d3} \geq 0.8\sqrt{(26 - 22.5)1.5} = 1.83 < 2t$$

取 $r_{d3} = 3$，$r_{p2} = r_{p3} = r_{d2} = r_{d3} = 3$。

(4) 确定各拉深工件的高度 h_1, h_2, h_3。

h_3 按工件校后尺寸为18。

h_2 按多拉入3%的材料计算，所以有

$$274.91 \times 1.93 = h_2\frac{26}{2} + \frac{(3 + 1.5 \times 0.38)\pi}{2} \times \frac{20}{2} + (1.5 \times 0.38 + 3)^2 + \frac{20}{2} \times \frac{20}{4}$$
$$= 13h_2 + 118.82$$

所以 $h_2 = 12.64$，取 12.7 ± 0.1。

h_1 按多拉入6%的材料计算：

$$274.19 \times 1.06 = h_1\frac{34.5}{2} + (6 + 1.5 \times 0.42)^2 + \frac{(6 + 1.5 \times 0.42)\pi}{2} \times \frac{22.5}{2} + \frac{22.5}{2} \times$$
$$\frac{22.5}{4} = 17.25h_1 + 224.40$$

所以 $h_3 = 3.88$，取 4 ± 0.1。

7. 计算首次拉深所需压边力

据式(4.23)、式(4.24)，其中 $r = 1.27$，$n = 0.21$，$\sigma_b = 383$ MPa，$\mu = 0.15$，压边力为

$q_{min} = 0.7$ MPa, $q_{max} = 16$ MPa, $Q_{min} = 597$ N, $Q_{max} = 13\ 696$ N。选三个弹簧,每个弹簧初始弹力(最小)200 N,最终弹力不超过 4 kN。

8. 弹簧计算

弹簧计算可参见第 2 章,其例题【例 2.6】所选弹簧 $D = 25$, $d = 4$, $t = 6$ 可用。

习　　题

1. 画出【例 5.1】中缩口模的结构草图。

第6章 多工位级进模设计

6.1 多工位级进模的概念与应用

1. 多工位级进模的概念

需三道以上的工序才能完成零件的冲压时,将这些工序按一定的步距排列在条料上,将条料按步距做间歇移动,在一台压力机内,用一套模具完成这些工序的冲模称为多工位级进模。仅有两道冲压工序(未计算侧刃定距切边工序)的级进模通常称为连续模。冲成一个零件时,条料所需移动的步数即为该级进模的工位数或工步数。原则上,级进模在每一工位完成零件的一道工序,此时工位数就等于该零件被冲出所需的工序数;当由于结构的需要,在模具内安排了不做任何冲压工作的空位时,工位数大于工序数。由上可知,级进模冲制头一个工件时,条料需移动该模具的工位数之后(冲床也需相应地冲这么多次),才能完成整个零件的冲制。但由于模具的每个工位在完成头一个零件的相应工序时,模具的其他工位在同一冲次内完成了后续零件的相应工序。因此,当头一个零件被冲出后,冲床每再冲一次就会完成一个完整的零件。

级进模有手动送料和装有自动送料装置的多工位连续送料这两种形式,但通常情况下指的是后者。级进模的结构,就其各工位而言与单工序模相同(可做成组装于同一模架内的并排式、单元式、磨削拼块组装式、整体式等,参见6.3节),但由于它是把加工机械的动作和条料按步距的移动调整至正确的同步状态,所以在模具工作时,各工序都能在同一时间完成。即使在高速的情况下也不会使连续的动作失准。

多工位级进模还包含有另一种类型——自动传递模。它虽然也是用一台压力机(带有若干可独立调整闭合高度的工位),每冲一次,完成一件需多道工序才能完成的零件,但其所冲制的零件不是通过条料的连接,而是以独立的形式进行工位间的自动传递(用机械手),所用的模具类似于单工序模具,独立安置于各工位上——在一台压力机内而不是在一套模具内形成多个冲压工位。本书不涉及这方面内容。

也存在不用条料连接零件,而是用机械手在一套模具的若干工位间传递零件的方法或条料及机械手(通常用气动)的组合送进方式。

还有复合模,也是一台压力机,每冲一次完成两道以上的工序才能完成的零件,但其所能完成的工序数有限,也仅含一个工位。三者的区别参见表6.1。

级进模能完成各种冲裁(包括复杂零件的冲裁)、弯曲、成形等各种冲压工序。亦可根据需要完成攻丝、装配(如电机冲片的叠装)等工序。

表 6.1　三类模具的比较

项目	多工位级进模	复合模	多工位传递模
送进方式	跟带料送进	一次行程完成	切离后送进
材料利用率	不高	高	高
高速化	可能	稍难	困难
模具加工	困难	稍难	容易
修理维护	困难	稍难	容易
增加工位	可能	有限度	可能
侧面加工	困难	不能	可能
尺寸精度	稍差	高	差
弯曲加工	有限制	不能	可能
零件转向	不能	不能	可能
最佳工作	冲裁	复合冲裁拉深	多工序拉深

2. 多工位级进模的应用

使用多工位级进模冲制零件时,冲压材料利用率不高;模具制造,维护复杂;加工周期长,成本高,需有精密加工设备和相当水平的设计、工艺、制造工人,所使用的冲床和冲压材料也需要较好的质量。只有满足下列条件时才适宜采用这种模具。

(1)冲压件本身所具备的条件。

①被加工的零件产量和批量要足够大,以便以较低的单件成本维持稳定而持久的生产。

图 6.1 所示零件采用一般模具加工,需三副模具、三台冲床、三个操作工人。每个零件的冲压加工费为 0.057 元。而且由于该件经过几次定位,冲床精度也较差。后来改为精密级进模加工,班产量由 4 500 件上升到 5 万多件,成本降至 0.004 1 元。图6.2 所示为图 6.1 所示以分段切除多段式级进模条料排样图。图 6.3 所示为图 6.1 所示零件的多工位级进模示例。

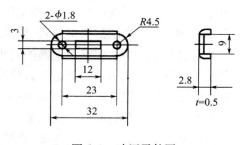

图 6.1　冲压零件图

②零件形状复杂、凸模或凹模型腔难以加工、其结构难以满足强度要求时需要该工序分解。

图 6.4 所示为铁芯冲片图,其型孔复杂,凸模难以加工,满足结构强度、装配要求。现将其型孔分解成五部分(9 个凸模)加工,采用三工位的级进模完成了该件的冲制。图 6.5 所示为铁芯片条料排样图,图 6.6 所示为铁芯片分段切除搭接关系示意图,图 6.7 所示为

模具装配图。

③零件在生产中取放不便或定位困难时,如插件等小型、超小型零件,有些软质材料的零件和难以检测出方向性的零件。

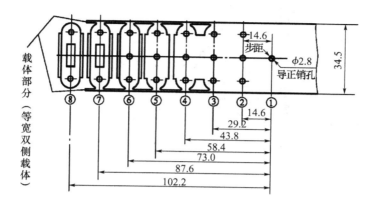

①—冲导正销孔;②—冲 2 个 $\phi1.8$ mm 圆孔;③—空工位;④—冲切两端局部余料;
⑤—冲两工件之间的分断槽余料;⑥—弯曲;⑦—冲中部长方孔;⑧—载体切断,零件与条料分离

图 6.2　图 6.1 所示零件以分段切除多段式级进模条料排样图

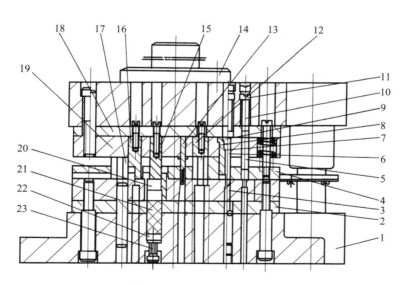

1—模架;2—下垫板;3—套式浮顶器;4—卸料板;5—圆凸模;6—导正钉;7—圆凸模;
8—保护套;9—丝堵;10—垫柱;11—丝堵;12—凸模;13—凸模;14—模柄;15—压弯凸模;
16—方孔凸模;17—切断凸模;18—上垫板;19—固定板;20—顶件器;21—硬橡皮;22—托垫;
23—调整螺钉;24—第一段凹模;25—压弯凹模;26—第三段凹模;27—围框板;28—围框板;
29—前导料板;30—承料板;31—后导料板

图 6.3　图 6.1 所示零件的多工位级进模示例

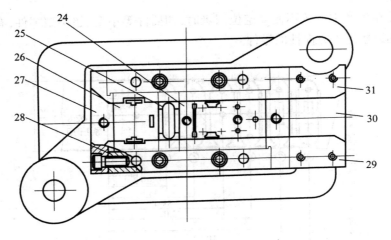

续图 6.3

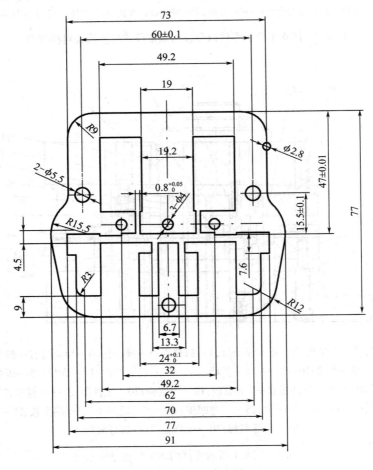

图 6.4　铁芯冲片图

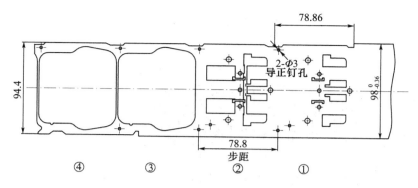

图 6.5　铁芯片条料排样图

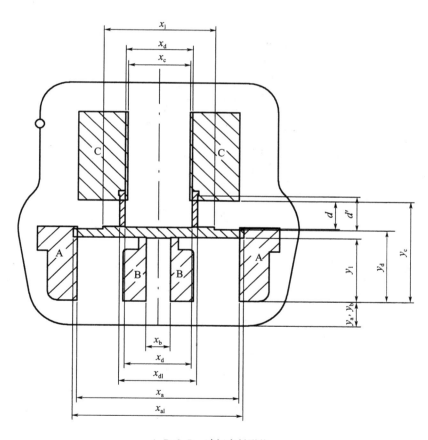

A、B、C、D—冲切废料形状

图 6.6　铁芯片分段切除搭接关系示意图

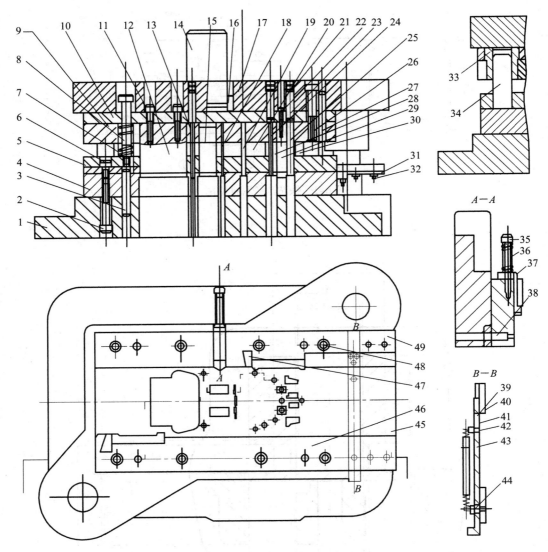

1—模架;2—螺钉;3—销钉;4—凹模;5—卸料板;6—螺钉;7—弹簧;8—卸料钉;9—固定板;

10—垫板;11—螺钉;12—落料凸模;13—导正钉;14—模柄;15—方凸模;16—销钉;17—销钉;

18—长凸模;19—φ3.2凸模;20—侧刃凸模;21—丝堵;22—螺钉;23—垫柱;24—圆凸模;

25—圆凸模;26—螺钉;27—销钉;28—小槽凸模;29—异形凸模;30—异形凸模;31—垫圈;32—半圆头螺钉;

33—小导套;34—小导柱;35—螺钉;36—弹簧;37—侧刃挡块;38—镶块;39—侧压板;40—铆钉;41—滑板;

42—芯柱;43—拉簧;44—芯柱;45—承料板;46—主导料板;47—侧刃挡块;48—螺钉;49—副导料板;50—小垫板

图 6.7　模具装配图

中等复杂程度的小型仪表插孔如图 6.8 所示,其工序包括冲裁、弯曲(卷圆)、收口等。图 6.9 所示为图 6.8 零件的条料排样图。其工位数为 20(1 ~ 20)。工序数为 10(A ~

J),十个空步,工序 A 为冲导正钉孔,B ~ D 为冲切废料,E、F 为压弯,G 为切除载体及搭桥,H、I 为卷圆、收口,J 为分离。

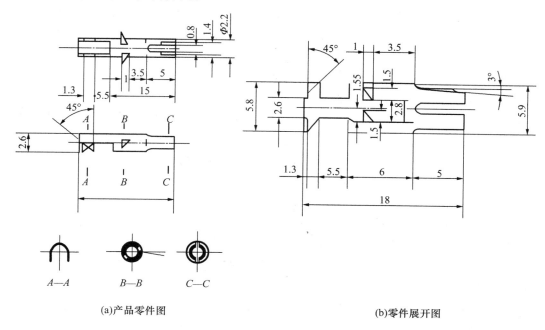

(a)产品零件图　　　　　　　　　　　　　(b)零件展开图

图 6.8　新型仪表插座零件图与零件展开图

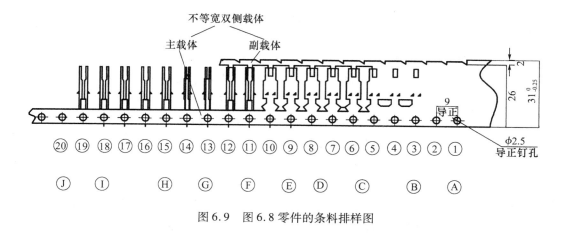

图 6.9　图 6.8 零件的条料排样图

　　上述零件如果不采用级进模,不仅质量、生产效率上不去,在单工序生产中零件的取放、定位都很难解决。

　　④由于使用或装配的需要,零件需规则排列时。

　　按图 6.9 所示的排样,该零件最后被从条料分离下来会造成插孔装配困难。现代生产中,常采用自动化压导线及往绝缘体内装配。此时不再将零件从条料上切下来,而是被卷成盘料,供自动化压线使用,在自动装配过程中才予以分离。如果不采用级进模生产零件,实现自动化装配时很困难的。

⑤零件精度允许采用分工序冲裁时。

零件的某些尺寸要分工序完成时,由于模具制造、装配的误差及送料精度、各工步之间的累积误差,这些尺寸不可能达到较高的精度。这样的尺寸应尽可能在模具的同一工位中完成。

(2)精密级进模对机床设备和技术力量的要求。

级进模使用的冲床应当具有能够承受模具连续作业的足够刚性、功率和精度,要有较大的工作台面及良好可靠的制动系统:采用销或键的机器式离合器不能在任意位置中断冲床滑块的动作,所以通常采用摩擦式离合器,以便在任意位置能瞬时停止滑块的运动,保护模具在发生故障时不受损坏。另外,模具在连续工作时会产生很大的振动,高速冲床尤其严重,应使冲床在额定压力的60%以下工作。

自动送料的多工位级进模对送料机构的精度、平稳性和可靠性要求较高。常用的送料机构有辊式送料器(用于较大的零件,采用离合器传动,在600次/min下工作时,最好的送料器送进精度可达±0.02 mm)和断续送料器(用于质量较轻、送进精度要求较高的零件,可在400次/min下工作)。内装变速齿轮的固定送料器可在1 200次/min下工作。气动式和夹持式送料器适用于150次/min的情况。当送料机构发生故障,产生误送进时,可能造成模具的损坏。因此,必须设置检测和监视系统,一旦发生故障,应能及时自动发现,并立即停止冲床的工作。

级进模由于被用于连续作业,刃磨和维修的周期较短。例如,使用的冲床行程次数为300次/min。则每小时将完成1.8万次冲程,如果模具的平均刃磨寿命为20万次,则模具工作十多个小时后就应维护与刃磨。而级进模的刃磨与维护都比较麻烦:在刃磨冲裁部分的凸、凹模刃口时,需满足弯曲、拉深等工步的凸、凹模高度;如果该模具具有复杂的冲压机构,其维护将更为困难;对于一个复杂的级进模,刃口可能不处于同一平面,甚至不处于同一方向,在刃磨时由于模具结构及模具空间的限制,往往要进行一些拆卸;由于模具工步多,凸、凹模多,免不了经常出现损坏(如细小凸模折断),一些易损件也需要经常更换。因而对一个复杂、精密的模具进行这样的刃磨与维护必须要有技术水平高的工人与足够的经验,并且也应有必要的设备(如比较精确的通用磨床和一些专用机床)。

(3)精密级进模对冲压材料的要求。

当由级进模加工的材料有弯曲、成形等工序时,所使用的材料成形指数应当稳定、适宜(否则冲件质量不稳),也难以在中间工序进行退火、润滑。每批进厂的材料应进行必要的检查。材料的厚度也应有较严的要求,应选用较高的精度,局部厚度超差不仅会引起质量不稳,也可能造成模具损坏。

所用冲压材料多为带料,使用时应经开卷、校平。料边必须保证足够的平直度和较高的宽度公差。否则影响送进,造成故障。

6.2　多工位级进模排样设计

设计级进模时,首先要设计条料排样图,这是设计级进模的重要依据。其排样要求的是切除废料,将零件留在条料上,以分步完成各种工序,最后根据需要将零件从条料上分离下来。条料排样图一旦确定,也就确定了以下几个方面的内容。

a.确定了被冲零件在条料上的排列式样(单排,双排,多排)、方位(横排,纵排,斜排,正排,反排),由此决定了冲压方向、材料利用率和条料辗压方向。横排:零件长轴方向垂直于送料方向;纵排:零件长轴方向平行于送料方向。正排:凸模在上,凹模在下;反排:凹模在上,凸模在下。

b.确定了条料载体的形式(载体与连接桥的数目与方位)。

c.确定了条料宽度。

d.确定了被冲制零件各部分在模具中的冲制顺序、工序内容与数目。

e.确定了模具步距的公称尺寸和定距方式。

f.确定了模具的工位数。

g.基本上确定了模具各工位的结构。

级进模排样图设计得好坏,对模具设计的影响是很大的。排样图设计失误会导致模具结构复杂,易损坏,冲出的零件精度低,甚至无法冲制零件。

一般在设计级进模排样图时,要拿出多种排样方案,充分考虑使用,制造诸因素,加以分析、比较、综合、归纳,最后得出一个较满意的方案。其衡量指标是看其工步分布是否合理(工步的数目,内容,前后顺序是否最佳);能否使模具结构简单,制造、维护方便,成本低;能否得到最高的材料利用率;能否使冲压作业正常,稳定地进行并得到合格的零件;是否符合制造和使用单位的习惯和实际条件。

1.零件在条料上的排列与连接

设计排样图时,应首先考虑零件在条料上的排列式样、零件与条料的连接。

(1)连接方式。

零件与条料的连接可采用压合连接或实体连接。

所谓压合连接是指采用闭合高度能做精细调节的机床,将凸模仅冲入材料厚度的20% ~30% ,或采用刃口磨 V 形缺口技术实现局部搭连,而后将零件压回条料,使零件与条料一起送进。此种含料送进方式常用于解决厚料冲裁掉角问题或用于展开料周围同时参与变形而无法实现实体连接的情况。用于压合连接的拉深排样实例如图6.10所示。

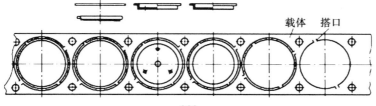

229

图 6.10　压合连接的排样

所谓实体连接是指零件的外围整体(图6.5)或通过连接桥(图6.9)与条料的载体相连。前者适用于零件外围的单纯落料;后者适用于各类工序的冲压。也有零件局部外围与载体融为一体(图6.11)的半整体连接、无载体的全桥连接(图6.12)和无废料排样(图6.13)。

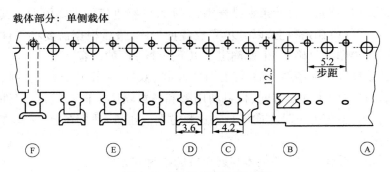

图6.11　单侧载体排样示例

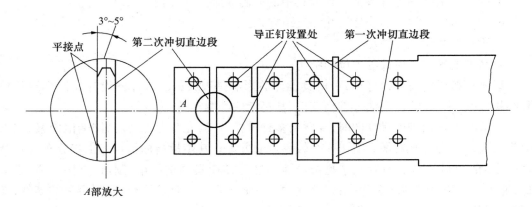

图6.12　平接连接方式示例

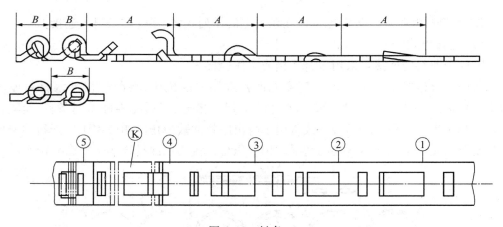

图6.13　链条

载体的数目与连接桥的形式、数目、位置和方向要根据零件的具体情况决定,也与零件在条料上的排列方向有关。

(2)连接位置。

零件在条料上的排样与连接可采用零件的纵向、横向、斜向排列与纵向、横向连接的任意组合形式。其选择原则是应该保证该连接处尽量处于条料的基准平面上,以使零件在冲压过程中不受零件成形的影响而一直处于正确位置上。例如,带有弯曲的工件,连接部位不宜选择在弯曲部分,而应选择在零件不进行弯曲的基准平面上。如果根据需要在弯曲部位设置了连接桥时,该处的弯曲应在切断连接桥后进行。在某些情况下,例如,圆筒件连续拉深,该类零件周围的材料都参与变形。此时可采用若干交错排列的弧形切口,形成特殊的连接桥,以避免条料载体部分发生变形而影响工件的位置(图 6.14)。连续拉深的排样图中,如果采用了如图 6.15 所示缺口,将影响工件在送进方向的位置及条料的横向定位宽度。在安排导料系统及确定后续工步凸、凹模的中心位置时应做适当的修正。可将各工位的凸、凹模做独立单元形式,试模时其位置应能调整,并便于因拉深次数不足而增加新的工序。试模成功后,再将各单元的凸、凹模固定在模具内。

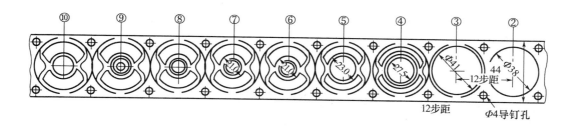

图 6.14 采用弧形切口的连接桥

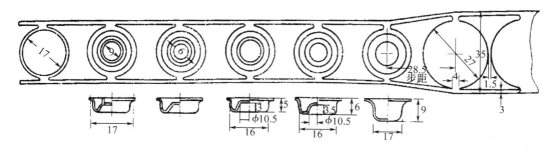

图 6.15 采用冲缺口的连接桥

(3)载体与连接桥的数目与连接方向。

设计零件与条料的连接除了上述要正确地选择连接位置与形式外还应正确地选择载体与连接桥的数目及后者的连接方向,以保证条料有足够的强度与刚性能平稳地运送零件。

横排、横连的单侧载体条料形式如图 6.16 所示。连接桥处于弯曲件的不变形平面上。

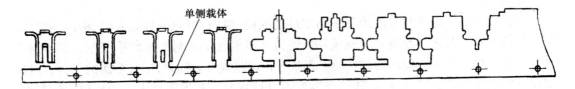

图 6.16　零件横排的条料形式示例

横排、横连、单侧载体的条料形式如图 6.17 所示。但该零件较长,为了增加零件在条料上的稳定性而在零件中部非变形部位多安排了一条纵向排列的连接桥。

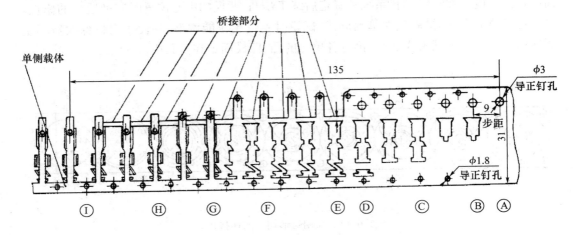

图 6.17　单侧载体伴有桥接的排样示例

为了增加零件在条料上的稳定性,亦可采用图 6.11 所示的连接方式。

横排、横连的形式(图 6.9)。为了增加零件在条料上的稳定性而采用了一侧半载体的形式。所谓一侧半载体就是开始为双侧载体,后为单侧载体。因为其中一侧载体所接的连接桥设在弯曲部位而在弯曲卷圆前被切掉了。

一横排、横连的双侧载体条料形式(图 6.2),可以获得较好的零件稳定性。

横排、纵连无载体的条料形式(图 6.12)。采用中间纵连躲开了两侧的变形部位。该件亦可采用单侧载体的纵排横连(连接桥位置不变)形式,但这样会减小条料的宽度而加大步距。因而降低条料的刚性(稳定性)和冲压件的精度并减少材料的利用率。

在某些情况下也会采用纵排横连的条料形式(图 6.18)和纵排纵连的条料形式(图 6.19)。

图 6.18 所示"卡子"连接桥只能位于变形最小处的零件中间部位,切不可能太宽。此种情况下采用横排、纵连将导致条料刚性严重不足而不能正常送进。

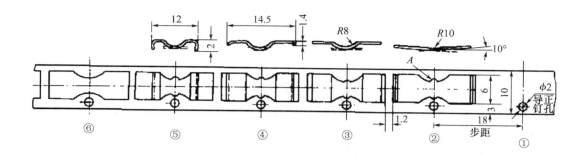

图 6.18　零件纵排横连的形式

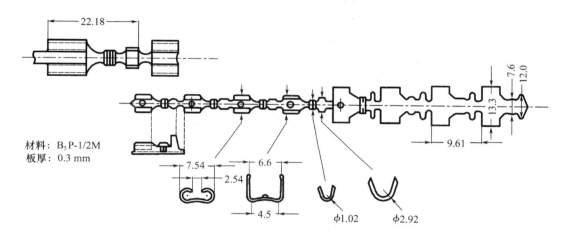

材料：B_5P-1/2M
板厚：0.3 mm

图 6.19　零件纵排、纵连的形式

（4）零件在条料上的排列方向。

零件在条料上的排列方向应考虑下述几个方面的问题。

①考虑条料的刚性及适宜的步距。

零件在条料上采取横排的方式增加了条料的宽度，缩短了步距。这无疑有利于增加条料的刚性和送进的稳定性，也有利于减小模具的工作面积。因此，在可能的情况下尽量采用横排的方式。其缺点是由于步距缩小，对于一些小型零件，可能增加模具结构设计（从强度与加工角度出发）方面的困难。这个困难虽然可以增加空步或加大步距的方法解决，但有时是得不偿失的。因此，宜进行综合考虑来决定最后方案。

②考虑条料的顺利送进。

采用纵排加大步距，减小了条料宽度，对于窄长的零件很不利于送进（送料机构送近距离加大，条料在纵向的弯曲，横向的扭摆也使送进的精度降低）。另外，条料两侧不存在载体或平直面，用于送进的侧面导向时，将不利于条料的横向扭摆，有时还会阻挡送进，使条料发生纵向弯曲。

233

③考虑零件的冲压方向。

首先是用正排或反排的问题。它将影响冲件的毛刺方向、弯曲方向、成形方向等,并决定它们指向条料的哪一面。从原则上讲,冲裁毛刺或成形、弯曲方向,无论是指向上,还是指向下,都能实现。但是如果选择不当,将增加模具的复杂性。无论零件对于毛刺方向有没有影响,冲裁时,毛刺方向都宜指向下(即凸模设在上模,凹模设在下模),最好位于弯曲及翻边内侧。否则,只能采用倒冲机构。弯曲成形方向不仅应考虑模具结构的简便性,还应考虑便于条料送进:如果弯曲方向向下,有可能实现条料的直接送进而不必先将条料抬起。如果该零件改为弯曲方向向上,则需采用反向弯曲机构,否则由于弯曲凹模上平面高出冲裁凹模平面,则必须将条料抬起后再送进。拉深成形时,一般应向下拉深并在每个型腔内设置顶料器。如果向上拉深,条料的高速运动会使其产生跳动。

零件排列除正排、反排问题外,还存在着纵排、横排、斜排的问题。

零件的纵排、横排除涉及前述与条料的连接问题外,还应考虑零件的冲压方向。图6.12 所示零件的弯曲如果不是沿纵向轴线翻转也不可能实现条料的直接送进。对于有侧向冲孔或抽芯的零件,其抽芯或冲孔方向最好垂直于纵轴,以便简化模具结构设计。

④减少条料所承受水平压力。

冲压过程中,条料如果承受水平分力(如非封闭冲裁,不对称的弯曲或成形)会使条料在水平方向难以稳定,所以,在进行零件的排列时应注意防止和解决这个问题。图6.20 所示即属于这种情况。它的排样采用了双排加工的方式,解决了条料的横向稳定性问题。

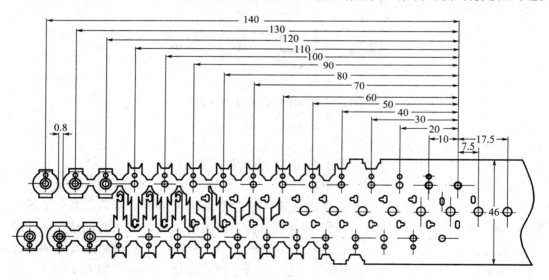

图6.20　对排排样

⑤考虑提高材料的利用率。

级进模材料利用率一般较低,大约在 50%(一般模具的材料利用率可以达到 70% ~ 80%)。材料利用率的高低是直接影响产品成形的主要因素之一。采用斜排、双排或多排时能大幅度提高材料的利用率,图6.20 所示采用了双插排列的双排形式,比单排的材料利用率多 33.7% 。

图 6.21 所示是斜排及两个不同的零件合并在一个条料排样图设计示例。

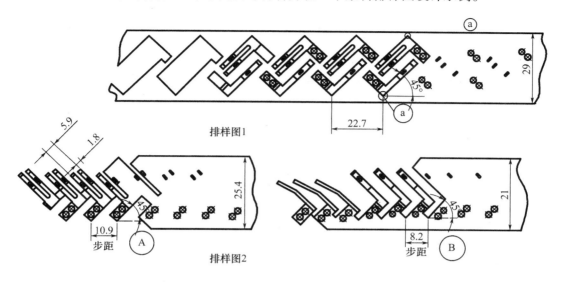

图 6.21　两个形状不同的零件合并在一个条料排样图设计示例

采用两种零件合并冲压时,应注意两者的材料和所需数量相同。它们最好是属于同一产品,便于管理。如果两种零件有配合关系时,最好放在一起生产。

采用上述斜排、双排或多排的形式必须考虑生产批量、冲压设备的实际情况。还应考虑这样做必然增加模具制造、维护、使用的复杂性,如果没有足够的技术水平是不宜采用的。

⑥考虑条料的轧制方向。

级进模生产所用材料多为卷料。其轧制方向为纵向,如果冲压件对轧制方向有较严格的要求,则零件采用纵排、横排、斜排时必须照顾到上述要求。如最小弯曲半径问题及斜排产生的接触簧片扭曲问题。

2. 条料的送进与定位

(1)条料的送进与定位方式。

条料的送进方式可采用自动送料或手动送料。前者适用于高速冲床或一般冲床,后者适用于一般冲床。采用自动送料时必须有开卷机、校平机及自动送料机构。后者可分为滚子送料和夹持送料两大类。自动送料的送进速度取决于机床行程次数、模具结构、工序性质等,每分钟为几十米左右。送进精度为 ±0.1 mm 以内,一般作为送进方向的粗定位,手工送料可采用侧刃(定距刀)作粗定位。级进模的精定位通常都采用导正销(图6.5,图6.7)。

(2)条料定位面的设置。

在排样图上,侧刃一般都安排在条料的第一工步,一般只设置单侧侧刃,采用双侧侧刃可以较好地修整条料的宽度。当级进模使用板材时,另一侧宜安排在条料的最后一个工步,避免条料末端的浪费。当侧刃切除的废料可以是直条,也可以根据冲压零件的外形安排。

导正销孔一般都在第一个工步上冲制,其位置应处于条料的基准平面(即冲压中不参与变形,位置不变的平面)上,对于较厚的材料,也可选择零件上的孔作为工艺孔,但在冲压过程中有可能改变该孔的精度,此时应在最后的工步上予以精修完成。

对于圆筒连续拉深,可不必设置导正销孔而直接利用拉深凸模进行导正。

3. 工步设计

(1)工步的数目及各工步的加工内容。

零件在条料上的排列与连接及用于定位的工艺缺口或孔确定以后,应进一步确定完成该零件所需的工步数目(含空步)及各工步的加工内容、各工步加工的尺寸与精度,考虑上述工作时应遵循下列几个原则。

①简化模具结构。

对于复杂的冲模、弯曲或成形,宁可采用简单形状的凸、凹模或机构多冲几次也不要轻易采用复杂形状的凸、凹模和结构。因为后者不仅难以制造和装配,也很难保证正常、稳定地连续工作,损坏后也难以更换和维修。如对卷圆类零件,常采用无芯轴的逐渐弯曲方法。当采用芯轴时,由于高速冲压时机构动作的不协调性,必须降低冲压速度。

②保证冲件的精度。

采用简单形状冲裁凸模作为分步冲裁有可能造成冲裁精度降低。对于精度要求较高的冲裁尺寸,应尽量集中在一个工位,一次冲出,避免由模具位置误差及条料送进误差对零件精度产生影响。如果在一个工位上完成该尺寸的冲制有困难,需要分两次冲成时,则应尽量缩短两个相关工位的距离。

弯曲件在每一个工位的变形程度都不宜过大,否则容易回弹和开裂,难以保证质量。

③尽量减少空步。

空步的设置不仅增加了相关工步之间的距离,加大了制造与冲压的误差,也增大了模具的面积,因此对空步的设置应采取慎重的态度。

只有当相邻工步之间空间距离过小,难以保证凸、凹模的强度或难以安置必要的机构时才可以设置空步。

(2)各冲压工序在排样图设计中的顺序。

在一般冲压工序设计中,各种冲压工序之间的顺序关系已形成一定规律。但是在级进模排样设计中,其顺序关系常有不同之处。如果没有很好掌握它们的特点和内在关系,会使模具设计与制造走弯路,也可能造成冲压件质量超差,以至模具报废。

级进模排样图中各工序的顺序关系大致有以下几条规律。

①遵循单工序加工的前后顺序,如先切边后拉深再修边,先切边后弯曲等。

②对于纯冲裁的级进模排样,一般先冲孔,后切边,最后分离。当孔及外形都是多次冲切完成时,部分切边可提前安排与冲孔同时进行。这样可以减少工步数,但是应注意保

证条料载体与零件连接处的足够强度与刚性。当冲压件上有窄筋时,应注意先冲小孔(短边),后冲大孔(长边)。避免材料"搭边"不足而引起的不良后果。

③对于冲裁－弯曲的级进模排样,应先冲孔再切掉弯曲部位的废料,然后再进行弯曲。切除废料时,应注意保证条料的刚性和零件在条料上的稳定性。因为级进模的条料冲压过程中不能翻转,因此应慎重决定弯曲件的基准平面。弯曲部位须经过几次弯曲时,应从最远端开始,依次向与基准面连接的根部弯曲,这样才能避免或减少侧弯机构。不同截面的弯曲可同时进行(图6.22)。对于弯曲带附近的孔,如果先冲会造成孔的变形,则应安排在弯后冲孔。

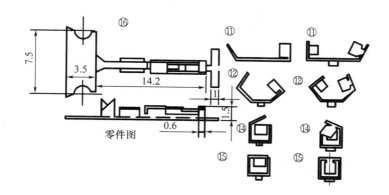

零件图

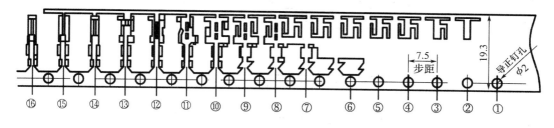

图6.22 插孔排样图

④对于带有拉深－弯曲的排样,应先拉深,后修边,最后再弯曲,这样可避免拉深过程中的材料流动而造成的变形。对于带有材料流动的其他成型,如胀形、镦压等都应先粗切余料,后成形,最后修边。成形工序完成后再考虑在成形部位或附近冲孔、弯曲等。

⑤在有可能的情况下,要注意使整个模具的压力中心尽量位于模具的中部,以免模具过大。安排工序时,也应尽量平衡侧向力。

⑥为了在冲压件的收存、搬运、热处理、表面处理、装配等后续工作中保持冲压件在冲压结束后的精度及便于自动化操作,在条料排样的末端对载体、连接桥的处理必须根据零件形状和二次加工要求做适当考虑。可在最终工位切下零件,使其落入冲床下面的收存箱内(带有弯曲等凸凹不平的零件不得含在凹模腔内),亦可将零件推到凹模表面用压缩空气吹走;有时可将零件成组切下,即模具每隔一定冲次做一次切断;也可根据需要不从

载体上分离零件而是将其一起卷绕,保存待用。

(3)分段冲切中相关部位的相接。

级进模冲裁中,常采用分段冲切废料的方式来获得一个完整的冲件形状。因此如何处理好相关部位几次冲裁产生的相接问题将直接影响冲压件的质量。由于存在送进误差,其相接部位可能出现不平直、不圆滑、错牙等毛病。

分段冲切相关部位的相接可采用三种:搭接、切接和平接。

图 6.6 所示为搭接方式,它一般不会产生遗留问题。

图 6.2 所示为切接方式,它将使零件错牙或不光滑。设计排样图时,应使切断型面的圆弧大于先冲的圆弧。在角部冲切圆弧时亦可采用此种方法。这样做可以得到相接的(非相切的)圆弧交点,一般不影响使用,否则相接部位宜移到直线面上。

图 6.12 所示为平接方式,此种方式会使相接面不平直,生产中,应尽量减小连接桥的宽度。必要时可加长第二次直边冲切的长度、宽度或以斜线相接,避免零件直边出现凸起。

4. 条料排样的搭边值(图 6.23)

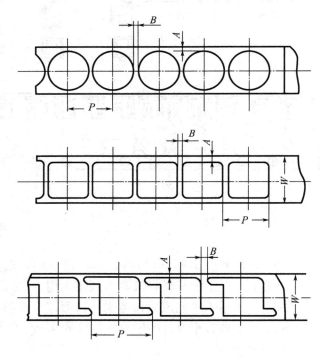

图 6.23　排样搭边值

(1)根据工件材料厚度 t 确定。

①当 t 大于 0.8 时,

$$A = B = t(步距小于30)$$

$$A = B = 1.25t(\text{步距小于} 70)$$
$$A = B = 1.5t(\text{步距大于} 70)$$

步距 $P = H + B$

材料宽度 $W = L + 2A$

②当 t 小于 0.8 时,

$$W \text{ 小于 } 50, A \text{ 和 } B \text{ 在 } 1.2 \text{ 以内}$$
$$W \text{ 小于 } 150, A \text{ 和 } B \text{ 在 } 2.4 \text{ 以内}$$
$$W \text{ 小于 } 300, A \text{ 和 } B \text{ 在 } 3.2 \text{ 以内}$$

（2）根据零件和材料的面积之比确定。

$$\text{所需材料的面积} = P \times W(\text{mm}^2)$$
$$\text{零件展开面积} = H \times L(\text{mm}^2)$$

这两个面积的比值再乘以料厚即为搭边尺寸,这就是所谓百分比计算法:

$$\frac{\text{零件展开面积}}{\text{所需材料面积}} = \frac{H \times L}{P \times W} = a\%$$

$$A \text{ 和 } B = \text{材料厚度} \times a\%$$

（3）根据零件图形和材料厚度确定。

按排样图上的步距 P 和材料宽度 W 的比值查表 6.2、表 6.3 和表 6.4 确定。

①当比值小于 1.5 时,查表 6.2。

②当比值大于 1.5 时,查表 6.3 和表 6.4。

表 6.2　$P/W < 1.5$ 时的搭边值　　　　　　　　　　　　　　　　mm

W	落料模（A 和 B）		级进模（A 和 B）	
	标准	最小	标准	最小
< 25	$0.75t$	0.6	t	0.8
< 75	t	1.0	$1.25t$	1.2
< 150	$1.25t$	2.0	$1.5t$	2.5

表 6.3　$P/W > 1.5$ 时落料模的搭边值　　　　　　　　　　　　mm

W	单式模			
	A		B	
	标准	最小	标准	最小
< 25	t	0.6	$0.75t$	0.8
< 75	$1.25t$	1.0	t	1.4
< 150	$1.5t$	1.5	$1.25t$	2.0

表 6.4 $P/W > 1.5$ 时级进模的搭边值 mm

W	级进模			
	A		B	
	标准	最小	标准	最小
<25	1.25t	1.0	t	1.2
<75	1.5t	1.4	1.5t	1.8
<150	1.7t	2.0	2t	2.5

用以上三种方法可以大致确定搭边的数值。但最近随着机床的加工进度和功能的迅速提高，为了努力提高加工和材料方面的经济性，应使确定的搭边尺寸尽量小。对于特定的零件，在零件设计时要力求图形上无废料，并通过模具结构的实施，进一步提高其效果。

5. 条料排样图的设计步骤

（1）按比例绘制出零件图。其比例最好采用 1:1，线条要细（最好不超过 0.2 mm），不注标注尺寸，供绘制排样图使用。

（2）按比例绘制出零件展开图。其比例最好与上述零件图一致。

（3）按本节 1、2、3 的内容与顺序完成排样设计。

（4）完成排样图的绘制。

排样图的绘制是一项很繁杂的工作，采用下述方法可能会简便些。其绘制过程如下。

①在描图纸上首先绘制出一条基准线。

②按确定的步距绘制出零件在各个工步上的基准轴线。

③按已确定的工艺孔（导正销用）位置绘出每个工步的工艺孔并绘制出条料轮廓线。

④以每个工步的基准轴线和工艺孔位置为基准绘制各个工步零件工序图。

首先利用已准备好的零件图在最后一个工步处按已确定的排列方向复制完整的零件图。然后在倒数第二个工步处，利用已准备好的零件图复制出第二个完整的零件图，并用连接桥将零件与条料连接。接着再按照已确定的工步顺序与工作内容从后向前，逐工步地将零件一步步展开，绘制在相应的工步位置上。此时，可以利用已准备好的展开图，折叠成所需的形状。然后，按照这个自制样件进行绘图。也可以利用已绘完的相邻工步的工序图，参照绘制。这样做的结果将使零件的成形部分一步一步地恢复原状；被冲掉的材料一步一步地补上。最后将清除一切冲压痕迹而得到最初的空白条料。这种从已知的复杂结果推溯到最初的空白，我们比较有把握去实现。而且，绘图过程也比较简单。如果我们顺着工步顺序去绘制排样图，从简单走向复杂，则很可能走弯路，使某工序顺序颠倒或漏掉某步工序，以致最终达不到预定的结果。画排样图的过程也是检查排样设计能否行得通的过程。

6.3 精密级进模的结构特点

一副复杂的级进模是由很多个工位,很多个凸、凹模构成的。它用于对带料进行自动化连续生产,往往还用在高速冲床上。因此,怎样从结构设计上保证模具的精密性、冲压件的精度、条料的顺利送进以及如何防止模具在使用中的意外损坏,如何方便维修,延长模具的使用寿命,就成了模具结构设计中的重要问题。这其中任何一个方面处理不好都可能导致模具设计的失败。在精密级进模的结构设计中应处理好以下几个方面的问题。

1. 模具的精密性和可靠性

级进模是一种多冲头模具。到目前为止,国外已达五十多个工位,国内彩色电视机上所用插孔级进模工位也达 37 个,所用凸、凹模及其镶块数量达上百个。如何保证这么多凸、凹模在每一个工位的静态和动态精度是一个很关键的问题。它涉及各工位的凸、凹模尺寸、位置精度、冲压机床和模具本身的刚性。这些问题在设计模具结构时就应充分考虑,并与加工手段密切联系起来。

(1)模具结构形式。

①整体式结构。

整体式结构即凸模、凹模、固定板等均为整版。当具备精密加工机床时,用数控线切割机做各工位凹模型腔、凸模及其在凸模固定板与卸料板上安装孔的粗加工,用坐标磨床或精密电火花机床做精加工(也可用高精度的线切割机直接做精加工)。

不具备精密加工机床时,可采用普通数控线切割机组合加工凸模固定板、卸料板、凹模型腔。尺寸按凸模固定板、卸料板、凹模型腔与凸模的间隙用人工研修达到,保证同心度。

整体式结构适用于工位少的级进模。

②并列式及单元式结构。

并列式的级进模是将各工位的凹模或凸模固定板分别加工后按步距固定在安装座上,采用检验合格的样板调整步距。此种方法适用于不具备精密加工机床时使用。图6.24所示为并列式结构。单元式级进模是将各工位模具做成独立单元形式并组装在同一模架内。适用于较大型的级进模,步距调整类似于并列式。

③镶块式结构。

镶块式结构类似于整体式,但不是在凹模板或凸模固定板、卸料板上直接加工出型腔,而是仅加工镶块或拼块的安装孔——冲裁或成形部分做成镶块或拼块,以利于凹模座或凸模固定板的加工。镶块或拼块(包含凹模)应尽量采用成形磨削来保证精度。此种结构形式易于维护和返修——只要更换镶块、拼块即可。为了保证上、下模的同心度及步距尺寸,常在镶块、拼块或凹模安装孔内增加衬垫,可通过修磨、更换衬垫来调整上述尺寸。

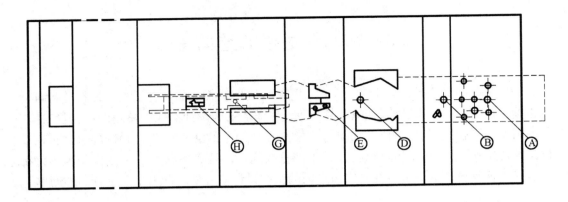

图6.24　并列式结构

④磨削拼块组装式结构。

这是多工位级进模的主要结构形式,具有能进行高速加工、高精度冲压和模具寿命长的特点,适用于工位多的级进模。它将冲裁各部分的型腔(含凸模固定板安装孔、卸料板凸模导向孔)及弯曲、成形的镶块安装孔全部分解成适用于磨削成形的拼块。拼块可采用成形磨床、仿形磨床或经修整砂轮型面的精密平面磨床加工。拼块组装于凹模座上形成完整的凹模。此结构便于做精密加工,维护、更换也容易。与线切割相比,它加工时间较长,也比具有圆形安装面的镶拼结构费事,但比具有非圆形安装面的镶拼块结构容易加工(不需要加工安装孔)。拼块组装面大多采用直面——用平面磨床加工即可。磨削拼块组装式结构如图6.25所示,其条料排样图如图6.20所示。

(2)凸模的可靠性。

凸模的位置尺寸在级进模的结构精度中是一个最不稳定的因素,要想使它可靠而安全地工作,在模具结构设计中必须注意以下各点。

①正确地选用凸模结构和装配形式。

级进模中的凸模装配不宜采用尾部铆接方式,否则将影响它与凹模型腔的同轴度;用螺钉侧向紧定的方式也应避免采用,除非有较精密的安装定位面。凸模固定板宜淬硬。

②考虑卸料板的导向可靠性。

级进模的卸料板一般都对凸模起保护和导向作用,与凸模有较精密的配合关系。如果卸料板在工作中发生横向挤压,必定破坏凸模的位置。卸料板产生横向挤压的主要原因和消除办法如下。

a.卸料板在制造和安装后的水平度不良。应注意加工与装配精度,并设置卸料板导向系统。

b.冲裁间隙较大时,凹模孔的冲片会由于凸模的抽拔作用反弹到凹模平面上,从而造成卸料板的倾斜。为防止冲片的反弹,可在凸模内设置弹顶销或开通气孔——采用自然通气或吹压缩空气的办法。

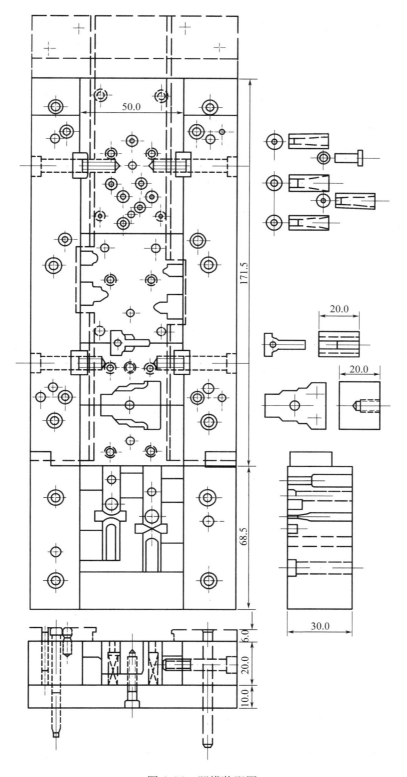

图 6.25　凹模装配图

c. 条料的首端(或尾端)进入模具时会引起卸料板的倾斜。可在卸料板与条料不接触处设置四个厚度略小于材料厚度的限位块来防止卸料板的倾斜而对凸模造成侧向挤压。

d. 由于冲压力和卸料力的压力中心选择不当,卸料板产生倾斜。宜将成形部分和冲裁部分的卸料板分开设置,并校核压力中心。

③设置背块。

对于承受侧向力的凸模(如单面冲裁、弯曲、成形凸模)应设置背块。

④设置限位块。

为防止因某种原因引起的合模高度不当或偏心载荷损坏凸模,应设置行程限位块。

(3)其他注意事项。

模具内的运动机构应尽量简单、可靠。还应注意模具的整体刚性和精密性。

2.条料的正常送进及精密性

(1)保证条料送进精度。

用级进模冲压工件时,条料的送进精度及其在冲压瞬间的动态稳定性是影响冲件尺寸精度的另一个重要方面。为防止条料在冲裁、弯曲、成形时由于不对称冲压产生的横向滑移和逃逸,应设置强力卸料板,采用比卸料力大得多的弹性压料力。在开模状态进行条料送进时,一般是采用导正销作为精密定位控制送进精度。

①导正销的设置与工作原理。

级进模工作时,应首先在条料的基准平面上冲制出导正销用定位工艺孔。然后条料送进,靠定距刀(侧刃)或自动送料机构完成粗定位。在第二步设置导正销,导正销随上模下行,插入工艺孔作为精定位,保证条料的送进精度,同时冲出第二个工艺孔,两个工艺孔之间的距离即为步距。其后,条料再送进,用第二个工艺孔定位,冲制第三个工艺孔。依此类推,工步2的导正销位置与大小决定了每一步的送进精度。

导正销设计中,其尺寸 d_1 应等于或略小于工艺孔孔径 d。导正销的形状及尺寸设计参见图 6.26 和表 6.5,按材料厚度选取。

表 6.5 导正销尺寸   mm

t	0.06 ~ 0.2	0.2 ~ 0.5	0.5 ~ 1.0	1.0 ~ 1.6	>1.6
d	1.6 ~ 2.0		2.0 ~ 2.5	2.5 ~ 4.0	4.0 ~ 6.0
d_1	$d-(0.008 \sim 0.02)$	$d-(0.02 \sim 0.04)$	$d-(0.04 \sim 0.08)$		
a	0.3		0.8t		0.6t

导正销的位置、尺寸误差和条料的变形会使条料送进距离产生误差,可在其后每3~5步再设置若干导正销或在产品尺寸要求较严的工步上设置导正销,以便在一定程度上纠正首次导正销形成的送进误差,同时增加条料的横向稳定性和冲压件尺寸精度。采用双排导正销也有利于提高送进精度。

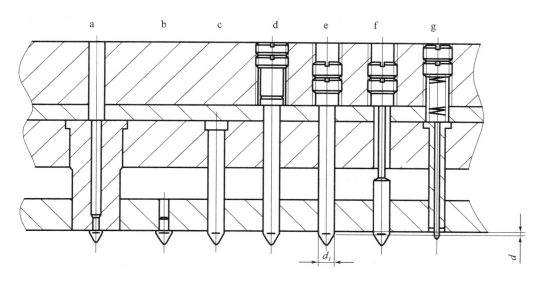

图 6.26　导正销安装形式及尺寸

②保证条料在被导正时处于自由状态。

条料在精定位时,应处于自由状态,以便导正销对其进行导正。对条料的干涉可能来自下述几个方面。

a. 定距刀(侧刃)造成的干涉。

如果定距刀切下的用做定距的条料侧边长度小于导正销之间的距离,条料向前的导正必将受到干涉。因此,应使定距刀切边长度略大于步距(可大 0.1 mm 左右)。

b. 导料板的干涉。

如果导料板之间的距离小于或等于条料的宽度,条料就不能在横向自由导正。因此,应将其间距加大 0.5 ~ 1 mm。

c. 自动送料机构的干涉。

在导正销对条料进行导正时,如果自动送料机构没有将条料松开,仍夹持或压着条料,导正销就无法将条料导正。

d. 模具卸料板的干涉。

在导正销对条料进行导正时,如果卸料板等弹性机构将条料压住了,导正销也无法将条料导正。

解决方法有几种。

在卸料板外部(不与条料接触的位置)安置四个略厚于材料厚度的衬垫。当模具合模时,这四个衬垫压在凹模面上,使卸料板不压在条料上而留有很小的间隙。

设置双层弹簧如图 2.107 所示。由软弹簧负责将条料从导正销上卸下,由硬弹簧负责将条料从凸模上卸下。这样,虽然导正销插入条料时,条料也被弹簧压住了,但这个压力很小,不至于干涉条料导正。也可干脆将导正销工作面伸到卸料板下平面外。这样可以确保导正销导正条料时,条料没有被压住,而凸模冲裁或成形时,条料被压得很紧。采用这种方法时,导正销无法自动从条料中退出,应采取措施。如图2.106所示弹顶销,图6.27所示导向销,图2.96所示导板可以用于不同情况下的退料。为便于取出条料,可将导向销顶部做成可卸式。

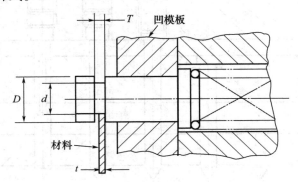

$T = 1.5 - 2t$($T_{\min}$由于加工上的原因至少为1.5 mm),$D - d = 2$ mm 以上

图 6.27　导向销结构

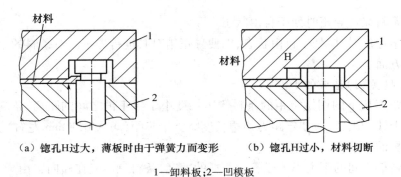

(a) 锪孔H过大,薄板时由于弹簧力而变形　　(b) 锪孔H过小,材料切断

1—卸料板;2—凹模板

图 6.28　导向销设置的注意点

(2)保证条料的正常送进。

条料的正常送进是指将合格的条料在正常的工作状态下送至指定位置。

条料正常送进是保证冲压工作顺利进行的先决条件。为此,当条料的厚度、宽度超差和条料在送进过程中发生纵向、横向弯曲、进入末端以及送料机构、送料面的各种障碍导致误进给时或当冲件、废料的排除及模具出现故障时,都应该及时停止冲压工作。因此,在模具结构设计中必须充分考虑阻碍条料正常送进的各种因素,并设置必要的自动检测保护装置。

影响模具正常送进的模内送料面障碍通常包括下列几种。

①冲裁毛刺、油垢等影响送进。

②带有弯曲、成形的级进模,零件在条料上成形后带来的送进障碍。

③进行弯曲、成形工位的凹模工作平面高低不平带来的送进障碍。

④模具内各种侧向、倒向工作机构故障带来的送进障碍。

⑤冲压时条料的额外变形和移位产生的送进障碍。

为解决上述障碍,应在模具结构设计时考虑采用各种弹性顶销、导向销、抬料销将条料顶离模面,并将条料侧向导尺放出一定间隙和设置必要的检测保护装置。

3. 自动检测保护装置

自动检测保护装置能够自动监测整个冲压过程中模具或条料发生的各种障碍,并使冲床自动停止运转。目前对自动保护装置的要求是,可在滑块冲次每分钟不超过 200 次时,在同一行程停止滑块运动,也有用于每分钟 500 次的成功实例。

常用的自动检测保护装置有以下几种。

（1）检测原材料的自动保护装置。当条料厚度或宽度超差,纵向或横向弯曲以及条料用完时发出信号。

（2）条料误进给自动监测保护装置。当条料未达到指定位置时发出信号。

（3）检测出件的自动检测保护装置。当零件或废料未自动排除或料斗装满时发出信号。

自动检测保护装置的传感方式有接触和非接触两种。前者主要通过机械方式,如利用接触销（连微动开关）或被绝缘的探针同被检测物点接触,并同压力机控制电路组成回路。因为这种接触是间歇式的,因而带动电路闭合与断开来控制压力机工作。靠微动开关控制紧急停止装置的回路,反应较慢,不能用于较高的冲次。图 6.29 所示为条料误送监测装置,接触销类似于导正销,其直径小于导正销孔 0.04 mm。当条料未送到位,接触销退回,通过微动开关启动紧急停止装置。当采用被绝缘的探针时,探针直径应小于导正销孔 0.2～0.3 mm。一套级进模可设置一个或几个误进给检测销钉。

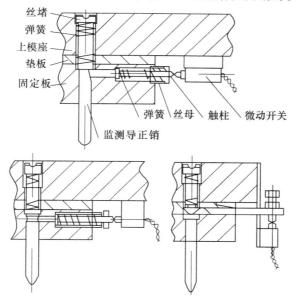

图 6.29　条料误送监测装置

非接触式传感器是通过辐射射线来判断条料、制件或模具部件的位置。辐射源可以是利用光电效应的光波,也可以是利用电磁感应的电磁波或 β 射线(亦可用于检测材料厚度和制件是否通过)。

对自动检测保护装置的设计与应用,应注意以下几个问题:按被加工零件的精度要求,正确选择检测装置的方式、类别和检测精度,要求安装和操作方便,不能有过多的操作旋钮,各种检测必须稳定可靠和自动进行;正确选择传感器的安装位置,不能因其他外界动作影响检测精度和造成失误;因检测装置是在动态下检测,故必须适应于在有冲击、振动和油污的环境下工作。另外,冲压车间的温度和湿度有较大变化时,应能保持检测精度。

4. 保证模具的使用寿命

影响模具使用寿命的因素包括事故损坏和正常磨损两大类型,并且绝大部分的模具损坏是这两种情况的综合。多工位级进模结构特点的前述三条都与模具事故损坏有关。此外,引起事故的原因还有模具材料的缺陷、模具使用和维护中的失误,冲床的精度等多种因素,在此不一一列举。纯属正常磨损而引起的模具失效在模具设计中必须要加以考虑。其寿命的理论计算公式:

$$磨损寿命 = 刃模寿命 \times 刃磨次数 \times 易损件更换次数$$

从上述公式中可以看出磨损寿命是三种因素的综合,都应予以重视。如易损坏件应易于更换并精密可靠,把握最佳刃磨时机及刃磨量等。提高刃模寿命主要涉及下列几个因素。

(1)正确选用模具材料。

根据使用需要首先选用高抗磨、抗冲、红硬性好的材料(高速冲裁时,瞬间温度可达 $400 \sim 500\ ℃$);把好锻造、热处理关;施以必要的表面硬化处理;考虑模具与冲件材质的亲和性;采取必要的润滑保护等。

(2)保证冲裁间隙。

合理选择冲裁间隙,并保持该间隙在动、静态下的均匀性。

(3)重视刃面的缺陷和粗糙度。

刃面的微小裂纹、伤痕和表面杂质都应该去除并予以抛光。多工位级进模在冲制薄料、硅钢片、不锈钢及软铝时,其 Ra 值应达到 $(0.2 \sim 0.1)\ \mu m$,防止磨损、崩刃、粘接和冲件毛刺。

(4)改善板料的冲压工艺性。

应避免尖角冲裁($R/t \leqslant 0.25$ 时,磨损加剧),注意板料的清洗、去除异物等。

5. 保证模具维修简便

含有冲裁、弯曲、成形多种工序的级进模,其各种凸模、凹模的工作平面不处于同一水平面上。这种情况给模具刃口带来很大麻烦,有时根本无法做整体磨削,而需要将模具拆开,分别开刃。冲裁刃口进行磨削后,其高度将发生变化,不能与弯曲、成形保持规定高度差,需要进行重新调整。另外,由于级进模冲头很多,使用频率又很高,难免经常发生折损。级进模如果不考虑上述情况,采用一般设计结构,则会给维修带来很大麻烦,也会缩短模具的使用寿命。解决办法主要有下述两个方面。

(1)采用可调整高度的冲裁凹模和凹模块。

对于较简单的、外形尺寸不大的凹模,可做整体式或拼装式,而弯曲、成形凹模做成镶块镶在整体凹模上。开刃时,可将这些镶块拆下,并在其背面磨去相应的高度。采用这种方法,模具总体寿命取决于凹模刃口高度。此时,可在模板、垫板上开出相应的拆卸孔以便不拆凹模就可卸下镶块。镶块的紧固不宜采用台阶式,可用紧固螺钉侧面锁死。

对于大型、复杂的凹模,宜将全部工作型面都做成镶块式(图6.30)。准备一组垫块,镶块开刃后,选择合适厚度的垫块垫在凹模镶块背面,以保持合适的高度差。如果多准备几块凹模镶块,则模体的总体寿命可能大大延长。

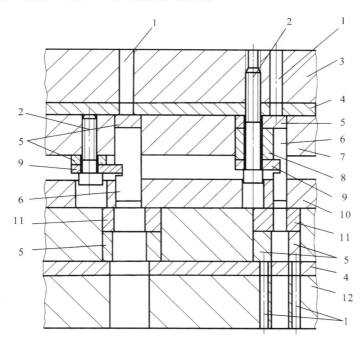

1—拆卸孔;2—螺钉;3—上模板;4—垫板;5—成组垫块;6—凸模;
7—凸模座;8—衬块;9—压板;10—卸料板;11—凹模块;12—下模板

图 6.30　可调整高度的凸、凹模

对于较难加工的凸模,亦可采取可调式,如图6.30、图6.31所示。图6.30所示为垫片式,图6.31所示为斜楔式。

(2)采用便于拆卸的凸模安装结构。

凸模磨损或折断需要更换时,通常是将凸模座拆下后更换。此时需要将模具从冲床上卸下,再将模具拆开,拆换麻烦。模具在冲床上一卸一装,再加上调整,也影响生产,应该尽量采用快换结构。最理想的情况是在冲压生产现场即冲床上就能更换凸模。其结构

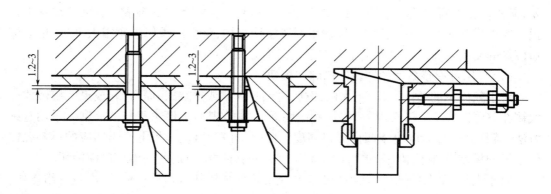

图 6.31　采用楔块安装凸模

参见图例。

图 6.30 所示为压板式结构,图 6.31 及图 2.66(d)、(e)、(f)所示为各种快换结构;其中图 2.66(d)为单元式结构,拆换时需将该单元的小凸模座及其垫板一起拆下。为便于拆卸,所用紧固销采用内螺纹销。

稍微麻烦一点的结构是将模具由冲床上卸下,但可不拆开模具而更换凸模,其结构如图 2.66(a)、(b)、(c)及图 6.32 所示。使用快换凸模结构时需要在相应的模板、垫板处钻出拆卸孔。

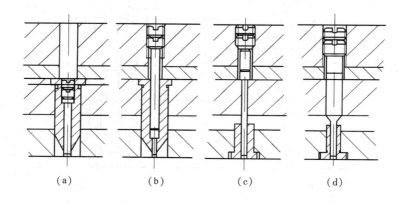

(a)　　　　　(b)　　　　　(c)　　　　　(d)

图 6.32　采用保护套的细小圆凸模快换结构

(3)改进卸料机构。

为便于凸模开刃,卸料板的弹簧可用模板上的螺塞压紧,以便不拆卸料板就能开刃。卸料板螺钉宜做成套管式,以便于调整卸料板高度和防止螺钉断裂。

(4)采用弯曲间隙微调结构。

为解决弯曲凸模侧面磨损问题,可采用弯曲间隙微调结构。

6. 高速冲压用级进模的结构特点

多工位自动级进模在高速冲压时每分钟冲次达数百次。在这种高速连续的往返运动下,模具将承受很大的冲击、振动、发热。各运动机构也应保证运动的转换速度(较小的惯性、较大的加速度)。为此,模具结构设计应注意以下各点。

(1)为解决耐热、抗冲击问题,模具材料的选择应更为严格。凸、凹模材料可根据需要采用高抗冲、高耐磨的、红硬性好的合金工具钢(9Cr6W3Mo2V2,将其淬硬到 HRC65)。在加工磁性材料或不锈钢系列材料等粘结性较强的材料时,应采用红硬性较好的高速钢或硬质合金。这些材料可经受每分钟 400 次以上的冲压而硬度、耐磨性不下降,但高速钢和硬质合金韧性较差。选用硬质合金时,凸模应比凹模材质低一个等级。对于凸模固定板,凹模镶块固定板及卸料板类零件,为保证其与凸模或凹模镶块在高速冲击下的精密配合,也宜采用碳素钢或合金工具钢淬硬使用。模座最好采用加厚的铸铁板,以利于吸收振动。若采用钢板,应在加工前消除内应力,并予以调质,以增加刚性,吸收冲击,防止疲劳。

(2)必要时应设置冷却(油、气冷)、润滑系统。

(3)模具中应绝对避免各种运动元件(如卸料板,各种镶件、镶套)及紧固件的松动、脱落,增加保险螺钉、紧固螺钉、弹簧垫等。

(4)高速冲压的惯性力极大,如果上模质量增加,惯性力也随之增加,对下死点精度影响很大,振动、发热现象也很严重,结果对产品精度及模具寿命均有很大的影响。为此,设计时应尽量减轻上模质量。结构设计时,能够装在下模的机构应尽量放在下模。如有可能,上模的有些零件可选用高强度铝合金材料或工程塑料制造,使上模质量小于压力机滑块质量。

6.4　多工位级进模冲裁尺寸的计算与标注

多工位级进模中往往包含多种类型的冲压工序,其模具型面工作尺寸计算和标注与单工序模具相比,既有类似之处,也有不同之处,尤其是冲压件的外形冲裁,区别较大。这是由其分段切除外边(废料)而非直接落料所致。

1. 级进模基准型面的结构与意义

在第 2 章中已经给出了基准型面的意义,即直接表达了冲件尺寸的模具型面为基准型面。落料尺寸的基准型面在凹模上;冲孔尺寸的基准型面在凸模上;位置尺寸:孔在冲件上的位置尺寸的基准型面在凸、凹模构成的组合面上;孔之间的位置尺寸的基准型面在相关凸模构成的组合面上。

多工位级进模中,在同一工位完成的冲孔、落料,其基准型面与上述情况一致。但在多数情况下,落料尺寸和位置尺寸(有时也包括冲孔尺寸)不是在同一工位完成,而是采用分步冲裁的方式,且外形冲裁冲下的也不是冲件,而是废料,即采用了切边方式。这种情况下基准型面的构成和意义就会有所不同——原由凹模构成的基准型面现由切边凸模代替(可将其视为"假想凹模"型面);对于沿送进方向的上述尺寸,当凸模不在同一工位时,需将凸模型面移位后,才能构成假想凹模型面(假想移动距离为工位差值与步距的乘积),得到假想凹模,即基准型面尺寸。这种"移位"的计算方法也适用于基准型面仍在冲孔凸模上的冲孔尺寸和孔间距尺寸。

综上所述,级进模各种尺寸(整体落料除外)的基准型面都位于凸模上,其中包含的许多组合面在尺寸标注和加工上都有困难,因而常采用"全注公差法"和"尺寸转换法"进行刃口尺寸的计算。

2. 级进模型面尺寸计算全注公差法

(1)落料、冲孔尺寸计算。

根据级进模冲裁型面多采用数控加工,具有精度高的特点,落料、冲孔基准型面尺寸只需取冲件相应尺寸的中限值($20_{-0.2}^{0} = A$,19.9 ± 0.01),其公差可按机床精度取 ± 0.01 左右。相关型面尺寸可将基准型面尺寸减或加一个双面冲裁间隙中限值而标出,公差亦可取 ± 0.01。

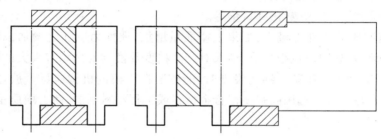

图 6.33　冲裁件的分段切除废料形式

(2)切边尺寸计算。

切边尺寸可分为沿平行条料送进方向尺寸和垂直送进方向尺寸,两者计算方法不同。图 6.34 所示排样模型含有垂直和平行送料方向的冲件尺寸 $A_{-\Delta}^{0}$ 与 $B'_{-\Delta}^{0}$,图中剖面线所示为凸模截面,虚线所示为凸模所对应的凹模型腔,双点画线为条料端面送进位置。

①垂直送料方向切边尺寸计算。

垂直送料方向切边尺寸 A 可视作由一对凸模完成的冲件落料尺寸,其基准型面位于该对凸模构成的假想凹模上,其基准型面尺寸(即两凸模冲切型面间距)为

$$a = \left(A - \frac{\Delta}{2} \right) \pm \frac{\delta}{2}$$

其凹模孔型面间距尺寸为

$$a_1 = (a - Z) \pm \frac{\delta}{2}$$

式中　δ——模具制造公差;

　　　Z——双面冲裁间隙的中限值。

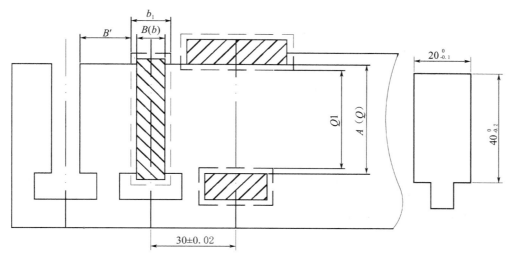

图6.34　冲裁件的排样图

②平行送料方向切边尺寸计算。

工件尺寸 B' 是分步冲切完成的,当条料端头送至1时,冲切工件Ⅰ的右边。当条料端头送至2时,冲切工件Ⅰ的左边。两次冲切工步差数 $N=1$。为简化计算,计算工件外形尺寸 B' 时,可将落料尺寸 B' 转化为冲槽(孔)尺寸 B,然后依冲孔尺寸的规定计算之。具体步骤如下。

a. 尺寸转换。

设条料送进步距为

$$H \pm \frac{\delta}{2}$$

由公式 $N\left(H \pm \dfrac{\delta}{2}\right) - B^{+\Delta}_{0} = B'_{-\Delta}$,求 B。

式中　δ——条料送进步距误差;

　　　N——分步切边工步差数。

b. 求基准型面尺寸。

冲孔尺寸 B 的基准型面在凸模上。设凸模尺寸为 b,凸模尺寸为

$$b = \left(B + \frac{\Delta}{2}\right) \pm \frac{\delta}{2}$$

c. 求相关型面的凹模孔尺寸。

$$b_1 = (b + z) \pm \frac{\delta}{2}$$

【例6.1】　零件图如图6.34所示,步距 $H = 30 \pm 0.02$,冲裁间隙 $Z = 0.12$,采用级进模进行冲压生产,计算级进模刃口尺寸。

（一）垂直送料方向切边尺寸计算

（1）$H = 30 \pm 0.02$,　$A = 40_{-0.2}$,　$B' = 20_{-0.1}$,　$\delta = 0.02$,　$N = 1$,　$Z = 0.12$

253

（2）求两凸模冲切型面间距 a。

$$a = (40 - 0.2/2) \pm 0.02/2 = 39.9 \pm 0.01$$

（3）求凹模孔型面间距尺寸 a_1。

$$a_1 = (39.9 - 0.12) \pm 0.02/2 = 39.78 \pm 0.01$$

（二）平行送料方向切边尺寸计算

（1）尺寸转换 B。

$$1 \times (30 \pm 0.02) - B = 20_{-0.1}, \quad B = 10^{+0.08}_{+0.02} = 10.02^{+0.06}$$

（2）求基准型面尺寸 b。

$$b = (10.02 + 0.06/2) \pm 0.02/2 = 10.05 \pm 0.01$$

（3）求相关型面的凹模孔尺寸 b_1。

$$b_1 = (10.05 + 0.12) \pm 0.01 = 10.17 \pm 0.01$$

3. 级进模型面尺寸计算尺寸转换法

"尺寸转换法"的计算步骤可依常规进行。

（1）判定冲压件尺寸类型，按规定标注公差。

（2）依公式（2.22）~（2.24）计算基准型面尺寸。

（3）依公式（2.25）、式（2.27）将尺寸转换到凹模上，得到凹模型面尺寸。当基准型面需经凸模移位构成时，所得尺寸为假想尺寸，需用工位差值与步距的乘积减去此假想尺寸，得到实际凹模型面间距。

具体计算可参阅后面示例。

4. 多工位级进模型面尺寸的标注方法

由于多工位级进模型面尺寸繁多，用通常的尺寸线法难以表达清楚，且不利于精密机床坐标加工，因此常采用坐标法标注各有关尺寸。

（1）整体凹模（凹模固定板，卸料板）。

① 选择坐标原点。

为了避免出现负的坐标值，坐标原点应选在凹模板边缘相互垂直的两加工基准面交点上，也可以中心线为基准双向标注。

② 按已确定的导正销孔位置标注出它们的坐标，可以选择其中的几个（在型腔尺寸较多处）为子坐标。

③按母坐标或子坐标标注各型腔坐标尺寸。

④各坐标尺寸公差应统一标注，如用坐标尺寸小数点后的位数表示公差值。

（2）并排式凹模。

其尺寸标注方法类似于整体凹模，可以选择各凹模板的拼装面或异正销孔作为子坐标。

（3）镶块式凹模。

镶块式凹模结构是在整体凹模板上开设镶块各镶拼块安装孔。其尺寸标注方法是标出安装孔各安装面的坐标尺寸，各镶块按坐标法或尺寸线法标出尺寸。这样做会产生一定的累积误差,但便于调整。

(4)磨削拼块组装式凹模。

其尺寸标注方法是选择各拼装面作子坐标,在各拼装面上以子坐标为原点基准标出该拼块各型面的坐标尺寸。各拼块的安装定位面坐标在母坐标系统内标注。

5. 整体式凹模尺寸计算与标注示例

图 6.35 所示为冲裁件及其排样图。

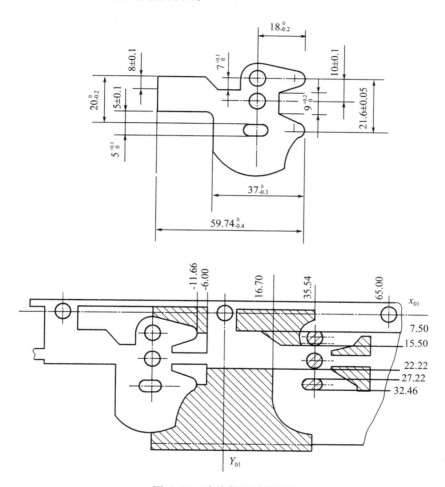

图 6.35　冲裁件及其排样图

(1) 冲件尺寸取值与计算。

按产品零件图,外形尺寸有 $37_{-0.3}^{0}$、$59.74_{-0.4}^{0}$、$20_{-0.2}^{0}$(孔边到冲件外边尺寸)、$18_{-0.2}^{0}$(孔轴心到冲件外边尺寸);内形尺寸有 $5_{0}^{+0.1}$、$9_{0}^{+0.2}$、$7_{0}^{+0.1}$(孔轴心到冲件内边尺寸);长度尺寸有 8 ± 0.1(冲件台阶尺寸)、21.6 ± 0.05(冲件两圆弧中心尺寸)、10 ± 0.1(两孔轴心间距)、5 ± 0.1(孔边到冲件内边尺寸)。

根据本节前述确定冲裁型面工作尺寸时应考虑的若干因素及上述尺寸的性质,取基准型面尺寸——凸模两相应冲切型面的间距。考虑冲裁间隙(双面间隙 0.12 ~ 0.20),将基准型面尺寸换算成假象凹模型面尺寸及部分冲裁的凹模型面实际间距,其计算结果见表 6.6。

表 6.6　冲裁件型面尺寸计算

mm

冲件尺寸	基准型面尺寸	模具假想尺寸	凹模型面间距
$37_{-0.3}^{0}$	36.80	36.64	28.36
$20_{-0.2}^{0}$	19.88	—	19.72
$59.74_{-0.4}^{0}$	59.50	59.34	5.66
$18_{-0.2}^{0}$	17.88	17.80	47.20
$5_{0}^{+0.1}$	5.08	—	5.24
$9_{0}^{+0.2}$	9.12	—	9.30
$7_{0}^{+0.1}$	7.08	—	7.16
8 ± 0.1	8.00	—	8.00
21.6 ± 0.05	21.60	—	21.16
10 ± 0.1	10.00	—	21.16
5 ± 0.1	5.00	—	5.00

(2)凹模型面坐标尺寸计算与标注。

①建立母坐标系和子坐标系。

母坐标系原点建立在凹模两侧面(加工基准)的交点上。根据排样图及压力中心布置型腔位置,离其最近的导正销孔为子坐标系原点。设其值为(396.00,130.00)和(0,0),与型腔的位置尺寸为 -6.00 mm 及 +7.5 mm(图 6.33)。

②计算凹模型腔各点坐标。

凹模型腔各点计算示例。

尺寸 5.66 所示面 x 坐标为 $-6.00 - 5.66 = -11.66$

尺寸 28.36 所示面 x 坐标为 $-11.66 + 28.36 = +16.70$

尺寸 47.20 所示面 x 坐标为 $-11.66 + 47.20 = +35.54$

尺寸 8.00 所示面 y 坐标为 $7.50 + 8.00 = +15.50$

尺寸 19.72 所示面 y 坐标为 $7.50 + 19.72 = +27.22$

尺寸 5.00 所示面 y 坐标为 $27.22 - 5.00 = +22.22$

尺寸 5.24 所示面 y 坐标为 $27.22 + 5.42 = +32.46$

6.5　级进模与普通单工序模具的不同之处

（1）排样。级进模排样尤为重要,包括纵排、横排,单排、多排,正排、反排。排样图中要有工位信息、步距和料宽。

（2）零件在条料上的连接方式。通过载体连接,包括全载体、双侧载体、单侧载体、无载体桥式连接,桥又分为纵桥和横桥。

（3）条料的定位。垂直于送料方向的定位一般靠导料板或浮动托料钉。

$$沿着送料方向的定位\begin{cases}粗定位\begin{cases}自动送料机构,精度 > \pm0.2\\ 侧刃挡块机构,精度 > \pm0.1\end{cases}\\ 精定位:导向钉,粗度 > \pm0.01\end{cases}$$

（4）工步设计。

单纯冲裁是先冲孔再切边最后切断或切桥或落料。

冲裁 + 弯曲是先冲裁再弯曲最后切断。

冲裁 + 成形是先冲裁再成形最后修边。

成形 + 弯曲类为避免成形波及弯曲冲孔,切边—成形—修边—弯曲/冲孔—分离。

（5）导向形式。级进模需要上下模座之间的外导向,同时需要卸料板与凸模固定板的内导向,保证卸料平稳,保护细小凸模。

（6）浮顶。级进模需要抬起送进,因此模具结构中应该设计两行浮顶器确保抬起送进或采用托料导向钉。

（7）凹模结构多采用镶拼式,以便维护与更换。

（8）压力中心偏移量 < 凹模长度的1/6。

（9）模架。多采用滚动导柱导套四导柱模座。

（10）限位装置。便于模具安装、调试、存放和搬运。

（11）级进模型面尺寸计算与单工序模具有区别。

习　题

（1）多工位级进模的应用范围是什么？

（2）零件在条料上的排列与连接有哪些方式？其确定原则是什么？

（3）多工位级进模的结构特点是什么？

（4）如何计算与标注分步冲裁的凹模型面尺寸？

第7章 模具材料

7.1 模具常用材料

冲模常用材料有碳钢、合金钢、硬质合金钢、铸铁、铸钢及聚氨酯橡胶、低熔点合金、合成树脂等。本节重点介绍常用的钢铁材料。

碳钢包括结构钢（普通碳素结构钢如 A3、A5 等，优质碳素结构钢如 20 号、45 号钢、65Mn 等）和碳素工具钢（如 T8、T10 等）。

合金钢包括合金工具钢（如 9Cr6W3Mo2V2、Cr12MoV 等）、高速工具钢（如 W9Cr3Mo4V、W6Mo5Cr4V2 等）、轴承钢（如 GCr15 等）。

铸铁包括灰铸铁（如 HT200 等）、可锻铸铁（如 KT370 等）、球墨铸铁（如 QT400）、冷硬铸铁（如稀土冷硬铸铁）、合金铸铁（如铬钼铜铸铁、镍铬铸铁、钼钒铸铁）。

硬质合金包括难熔金属碳化物（如碳化钨、碳化钛、碳化铬等）为基，以钴、镍或铁做粘结剂烧结而成，不能进行切削加工的一般硬质合金和以碳化钨、碳化钛为硬质相，以合金钢为基体烧结而成的钢结硬质合金。

1. 模具材料的选用原则

模具材料，特别是凸、凹模材料是在强压、连续使用和承受很大冲击下工作，其间伴有强烈的摩擦与升温，工作条件恶劣。因此，凸、凹模所用材料要求有很好的耐磨性、抗压性、抗弯性、韧性、红硬性、冷热加工性（易切削、热处理淬透性好、变形小、不易脱碳、改锻及热处理简单），并且价格也应适宜。为此，应根据下列条件予以适当选择。

（1）根据冲压零件生产批量的大小选择。对于批量大的冲压件，模具材料应选择耐磨性高的，高速冲裁时应考虑红硬性。

（2）根据冲压材料的性质、工序种类和冲模零件工作条件及作用来选择材料，如注重抗压或抗弯强度、注意断裂韧性、抗疲劳性和与被冲材料的粘接性。

（3）根据凸、凹模的尺寸、形状选择材料，如考虑淬透性、淬火变形及开裂性。

（4）根据模具加工条件考虑，如是否具备加工硬质合金的条件，是否采用堆焊技术，是否采用火焰淬火，是否采用表面硬化处理等。

2. 凸、凹模常用材料

凸、凹模材料有碳素工具钢、合金工具钢、高速工具钢、硬质合金钢和钢结硬质合金。汽车车身成形模常用铸铁;冲裁、修边模常用火焰淬火钢,如 7CrSiMnMoV(简称 CH-1)。

　　碳素工具钢价格便宜,易于加工,但其耐磨性差;具有较好的抗弯强度,但抗弯强度及冲击韧性差,易崩刃及疲劳损害,淬火易变形,不易淬透,易脱碳,只能用于形状简单,受力不大,小批量的模具。

　　合金工具钢一般价格较贵,为碳素工具钢的数倍,且加工性差,但其耐磨性、强度、韧性、淬火变形性、淬透性等各项指标均优于碳素工具钢。上述特征中,各种合金工具钢各有所偏重。如常用的 Cr12MoV,耐磨性特好,但韧性差,而 9Cr6W3Mo2V2(华中理工大学与大冶钢厂合作研制,简称 GM 钢)硬度可达 HRC65,具有良好的耐磨性和强韧性。使用寿命是前者的数倍,且冷热加工性也好,但价格也成倍增加。用于冷镦冷挤的模除具有足够的耐磨性外,更注重材料的强韧性,使其在使用中不易开裂、崩刃、变形。此时选用 7CrSiMnMoV 及 6Cr6NiMnSiMoV 较好。类似的材料还有 65Nb(65Cr4W3Mo2VNb),LD1(7Cr7Mo3V2Si)及 012Al、CG2(6Cr4Mo3Ni2WV)等,它们的冷热加工性较差。对于热锻、热挤所用模具材料,更强调高温机械性能,常用的热模材料 5CrNiMo 经强韧化热处理工艺,使用寿命可提高数倍,采用新型热作模具钢 HD(4Cr3Mo2NiNb)、RM2(5Cr4W5Mo)、HM1(35Cr3Mo3W2V)、GR(4Cr4Mo3W4VTiNb)也可取得良好效果,上述材料使用寿命均优于常用的 3Cr2W8V。对于热处理变形要求特别小的材料,可采用 Cr2Mn2SiWMoV 及 8Cr2MnWMoVS 等空冷微变形钢。表 7.1 给出了常用工具钢性能比较。

表 7.1　常用工具钢性能比较

牌号	耐磨性	强度	韧性	红硬性	淬火不变形性	淬透性	脱碳敏感性	切削加工性
9Cr6W3Mo2V2(GM)	特好	特高	较好	好	较好	好	较小	中等
W9Mo3Cr4V(W9)	好	高	中等	好	中等	好	较小	较差
Cr12MoV	好	高	较差	较好	好	好	较小	较差
7CrSiMnMoV(CH-1)	较好	特高	好	中等	好	好	较小	较差
6Cr6NiMnSiMoV(GD)	较好	高	好	较好	较好	好	较小	较差
W6Mo5Cr4V2	较好	高	中等	较好	中等	好	较大	较差
9SiCr	较好	较高	中等	较差	较好	较好	较大	差
W18Cr4V	中等	高	较差	较好	中等	好	小	较好
Cr4W2MoV	中等	较高	中等	中等	中等	较好	中等	较好
Cr6WMo	中等	较高	较差	中等	好	好	中等	中等
9Mn2V	中等	较高	中等	差	较好	好	较大	较好
CrWMn	较差	中等	中等	较差	较好	较好	较大	中等
T8A	差	较低	较差	差	差	差	大	好

3. 冲模一般零件常用材料(表7.2)

表7.2　冲模一般零件常用材料

类别	零件名称	材料牌号	热处理	硬度(HRC)
模架	铸铁上下模座	HT210,HT220		
	铸钢上下模座			
	型钢上下模座	A3,A5		
	滑动导柱导套	20	渗碳淬火	56～60
	滑动导柱导套	T8	淬　火	58～62
	滚动导柱导套	GCr15	淬　火	62～66
板类	普通卸料板	A3,　A5		
	高速冲压卸料板	45,GCr15	Gcr15 淬火	58～62
	普通固定板	A3,A5		
	高速冲压固定板	45,T8	淬　火	40～45,50～54
	围框	45		
	导料板、侧压板	45,T8	T8 淬火	52～56
	承料板	A3,A5,45		
	垫板	45,T8	淬　火	40～45,50～55
主导辅助件	拉深模压边圈	T10A,GCr15	淬　火	58～62
	顶件器	45,T10A	淬　火	40～45,56～62
	各种模芯	同凸凹模		
	导正销	T10A,GCr15,Cr12	淬　火	58～62
	浮顶器	45,T10A,GCr15	淬　火	40～45,56～60
	侧刃挡块	T8A	淬　火	54～58
	废料顶钉	45	淬　火	40～45
	条料弹顶器	45	淬　火	40～45
	镦实板(块)	45,T10A	淬　火	40～45,58～62
一般辅助件	模柄	A3,A5,45		
	限位柱(块)	45	淬　火	40～45
	顶杆、打杆	45	淬　火	40～45
	护板、挡板	A3,20		
坚固件	紧固螺钉、螺栓、螺丝	35	淬　火	28～38
	销钉	35	淬　火	28～38
	卸料钉	35	淬　火	28～38
	垫柱	45	淬　火	43～48
	丝堵	A3,45		
	螺母、垫圈	A3,45		
	键	45		
	弹簧	65Mn	淬　火	43～48
	弹簧片	65Mn	淬　火	43～48
	碟形弹簧	60SiA,65Mn	淬火、回火	48～52

4.冲模常用材料的机械性能与许用应力(表7.3)。

表 7.3　冲模主要材料的许用应力

材料名称及牌号	许用应力			
	拉深	压缩	弯曲	剪切
A2,A3,25	108 ~ 147	118 ~ 157	127 ~ 157	98 ~ 137
A5,40,50	127 ~ 157	137 ~ 167	167 ~ 177	118 ~ 147
铸钢 ZG35,ZG45	—	108 ~ 147	118 ~ 147	88 ~ 118
铸铁 HT200,HT250	—	88 ~ 137	34 ~ 44	25 ~ 34
T7A 硬度 HRC54 ~ 58	—	539 ~ 785	353 ~ 490	—
T8A,T10A Cr12MoV,GCr15 硬度 HRC52 ~ 60	245	981 ~ 1569	294 ~ 490	—
A7 硬度 HRC52 ~ 60	—	294 ~ 392	196 ~ 275	—
20(表面渗碳) 硬度 HS86 ~ 92	—	245 ~ 294		—
65Mn 硬度 HRC43 ~ 48	—		490 ~ 785	—

注:对小直径有导向的凸模此值可取 2 000 ~ 3 000

7.2　模具钢的表面处理

模具钢的表面处理主要是以提高工作表面的摩擦抗力、减小摩擦为目的,常用的途径有表面硬化、提高自润性或辅以必要的润滑剂。

1.模具钢的表面硬化

(1)表面硬化的常用处理方式。

①扩散处理。

扩散处理常和热处理同时进行,将碳、硼、硫、钒、铌、氮等金属或非金属元素渗入弯曲或拉深凹模的表层,以提高其耐磨性或自润性。

②气相沉积。

气相沉积法包括化学沉积法和物理沉积法。

化学沉积法(CVD)是通过化学反应进行的,物理沉积法常用于活性反应或离子镀方式。

活性反应的气相沉积是将冲裁用的凸、凹模置于四氯化钛、氢气、碳氢化合物中,经中温(750~850 ℃)等离子活化,获得 TiC 沉积层。该覆盖层具有高强度、高润滑性,其耐磨性和抗烧结性非常优良。

离子镀常和激光表面处理同时进行。在金属表面融化的同时进行真空蒸镀或离子注入——在真空中加速离子轰击工件,将氮、硼、碳、铬、钛等元素的离子注入工件表面,形成合金层。

③放电硬化。

主要是使硬质合金在被处理材料上振动,令其接触,通过两者间的放电作用,使电极物质转移。这种方法可用于局部硬化,但厚度波动大。

④喷镀。

采用专门的喷枪实行等离子喷镀或火焰喷镀。

⑤表面热处理。

采用火焰淬火钢进行火焰淬火。火焰淬火钢国产牌号为 CH−1,该钢种淬火温度范围较宽,一般为 820~920 ℃;经空冷,可淬硬到 HRC58~64;淬透性好,淬火变形小,与 Cr12 类似,属于微变形钢;耐磨性好,优于 T8A、T10A、9Mn2V、CrWMn,仅次于 Cr12;强度高,焊接工艺性能好,刃口可以补焊,优于 Cr12;采用堆焊用 TD−2 焊条,硬度可达 HRC61~62(用"堆 517"焊条,硬度为 HRC51~52);该钢种切削加工性能接近 Cr12MoV;改锻工艺容易。该材料常用于大型模具的刃口镶件,大大简化了模具结构和制造工艺。

(2)各种表面处理目的、特点和特性比较(表 7.4~7.6)。

表 7.4　表面硬化处理的目的

方法	目的	耐磨损	耐烧结	耐氧化	耐腐蚀	耐疲劳
扩散	渗碳	O				O
	氮化、软氮化	O	O			O
	渗硫、硫氮共渗	O	O			
	水蒸气处理				O	
	渗硼	O	O	O	O	
	渗硅			O	O	
	渗铝			O	O	
	渗铬			O	O	
	碳化物薄膜	O	O	O	O	

续表7.4

方法	目的	耐磨损	耐烧结	耐氧化	耐腐蚀	耐疲劳
化学气相沉积	碳化物	O	O	O	O	
	氮化物	O	O	O	O	
	氧化物	O	O	O		
	金属	O	O	O	O	
物理气相沉积	碳化物	O				
	氮化物	O	O	O	O	
	氧化物	O		O	O	
	金属	O		O	O	

表7.5　各种表面处理特点

特点＼方法	扩散处理 氮化软氮化	扩散处理 渗硫	扩散处理 水蒸气处理	扩散处理 渗硼	扩散处理 渗碳	化学气相沉积	物理气相沉积 离子镀	物理气相沉积 气相沉积	物理气相沉积 活性反应	电镀	放电硬化	堆焊	喷镀	喷镀(再熔化)	表面热处理
覆盖层性质良好	O	O	O	O	O	O	O	O	O	O	O	O	O	O	O
性质稳定(不受热处理条件支配)	Δ	O	O	Δ	O	O	Δ	Δ	Δ	×	×	Δ	O	Δ	Δ
使用中覆盖层不剥落①	O	O	O	Δ	O	O–Δ	O	O	O	×	Δ	O	×	Δ	O
使用中覆盖层难消失(难磨损掉)	Δ	Δ	×	O	O	O	Δ	O	O	Δ	O	O	Δ	O	Δ
经过处理不发生变形	Δ	O	Δ	×	O	O	O	O	O	O	O	O	O	O	O
能形成厚度均匀的覆盖层②	O	O	O	O	O	O	Δ	Δ	Δ	×–O	×	×	×	×	Δ
没有大小限制③	Δ	Δ	Δ	Δ	Δ	Δ	Δ	Δ	Δ	O	O	O	O	O	O
能局部处理	×	×	×	×	O	×	×	×	×	O	O	O	O	O	O
不使母材特性变化	Δ	O	Δ	×	O	O	Δ	O	O	Δ	Δ	O	Δ	Δ	O
在处理中不需长时间	O	O	O	O	O	O	O	O	O	×	O	O	O	O	O
处理后能直接使用	O	O	O	O	O	O	O	O	O	O	Δ	×	Δ	Δ	O

注:1.O－良好、Δ－普通、×－不好;2.主要评价耐磨物质层的情况;3.此处还要考虑设备费、操作性、价格、公害等。①厚度与耐磨性有关;②一个物件内的均匀性;③也包括装置大小的制约

表7.6　主要的表面处理材料特性的比较

	电镀		软氮化	离子氮化	渗硫	渗硼	CVD TiC	PVD TiC	TD 处理		
	Cr	Ni－P							VC	NbC	Cr7C3
硬度	O	—	—	—	—	—	—	—	—	—	—
耐磨性	O	O	O	O	□	O	◎	◎	◎	◎	◎
耐烧结性	O	O	O	O	O	O	◎	◎	◎	◎	◎
耐冲击性	□	□	□	□	△	□	△	△	△	△	△
耐剥离性	□	□	O	O	◎	O	O	O	O	O	O
耐变形裂纹性	□	□	◎	O	O	O	O	O	O	O	O

注:△—标准、◎—优、O—良好、□—可

（3）采用润滑剂。

某些材料如不锈钢,又黏又韧,冷作硬化严重,拉深时极易产生拉深瘤,划伤工件表面,宜采用必要的润滑剂。可采用 B01－3 丙烯酸清漆、石墨润滑剂,此时,即使用工具钢做模具材料也可获得满意的效果。

2. 模具钢的减磨措施

（1）采用亲和性较差的模具材料。

模具材料与被冲材料近似时易发生黏着,所以应尽量选用亲和性差的材料,见表7.7。

（2）采用复合热处理增加润滑性。

采用滑化处理（渗硫）或复合热处理:碳化物沉积后,低温渗硫;氮化后低温渗硫等。

表7.7　抗黏着性好的相关材料

被冲材料	模具材料
黄铜、铝	硬质合金或工具钢覆盖硬质合金
钢	合金钢、硬质合金
不锈钢	铸铝青铜（硬）
镍合金	表面镀铬的铸铝青铜（硬）、硬质合金、钼镍铬铸钢
锰合金	软钢、球墨铸铁

7.3 硬质合金材料

1. 硬质合金

硬质合金是以难熔金属碳化物(碳化物、碳化钛、碳化铬等)为基体,以铁族金属(主要是钴)作黏结剂,用粉末冶金方法生产的一种多相结合材料。其特点如下。

(1)硬度高、耐磨性好,常温下可达 HRA93,仅次于金刚石。红硬性好,600 ℃时仍超过常温下高速钢的硬度,1 000 ℃时超过常温下碳钢硬度。

(2)机械强度高。常温下工作无明显的塑性变形。抗压强度高达 6 000 MPa,900 ℃时抗弯强度仍可达 1 000 MPa 以上。

(3)耐腐蚀性和耐氧化性好,耐酸、碱。

(4)线膨胀系数小,电导率和导热率与铁及铁合金相近,抗黏着性好,是一种优良的模具材料。与工具钢相比,寿命可提高 20 ~ 200 倍,并可提高工件的精度和光洁度。

(5)性脆、价贵、较难加工。

2. 硬质合金的分类及常用牌号

硬质合金分钨钴类(YG)、钨钴钛类(YT)、通用合金类(YW)、碳化钛基类(YN)等。冲模中常用钨钴类硬质合金,其牌号和性能见表 7.8。

表 7.8 常用硬质合金性能及用途

牌号	用途			化学成分/%		物理机械性能		
				碳化钨	钴	抗弯强度 ≥/MPa	密度 /(g·cm^{-3})	硬度 HRA(相当 HRC)
YG6	简单成形			94	6	1 370	14.6 ~ 15.0	89.5 (>72)
YG8		拉深		92	8	1 470	14.4 ~ 14.8	89.0 (72)
YG11				89	11	1 670	14.0 ~ 14.4	88.0 (>69)
YG15			冲裁	85	15	1 860	13.9 ~ 14.1	87.0 (69)
YG20				85	15	1 860	13.9 ~ 14.1	87.0 (69)
YG25				75	25	2 640	13.0	85.0 (65)

硬质合金除了做凸、凹模镶块,常用于硬化模具凸、凹模表面,也可用于消除表面缺陷或修复磨损了的工作表面。方法是把 2 mm 粗的硬质合金多棱棒作正极安装在手提式焊

枪上,模具作为阴极放在一块金属板上。当正极距阴极很近时就产生火花放电,使硬质合金粘涂在模具上。

3. 钢结硬质合金

钢结硬质合金是以碳化钛或碳化钨为硬质相,以合金钢为基体烧结而成,可以说它是一种碳化物含量很高的钢。它既有一般合金工具钢的可锻造、切削加工、热处理、焊接性,又具有硬质合金的高硬度、高耐磨性等优点。其使用寿命比工具钢高 10 ~ 100 倍。其牌号及性能见表 7.9。

表 7.9 钢结硬质合金牌号及性能

牌号	硬度(HRC)		抗弯强度 /MPa	冲击韧性 /(J·cm^{-2})
	退火态	淬火态		
YE65	39 ~ 46	69 ~ 73	1 270 ~ 2 250	12.0
YE50	35 ~ 42	68 ~ 72	2 650 ~ 2 840	12.0
GT30	39 ~ 46	68 ~ 72	1 373 ~ 1 765	5.88
R5	44 ~ 48	70 ~ 73	1 177 ~ 1 373	2.94
TLMW50	35 ~ 40	66 ~ 68	1 961	7.85
GW50	38 ~ 43	69 ~ 70	1 667 ~ 2 260	11.8
GJW50	35 ~ 38	65 ~ 66	1 491 ~ 2 160	6.96

我国 20 世纪 80 年代中期研制成功的新型 WC 钢结硬质合金 DT 具有较大的抗弯、抗压强度和冲击韧性,寿命比 TLMW 和 GT35 高,其抗弯能力分别高 50% 和 90%,冲击韧性分别提高 90% 和 190%。该钢种在极冷和极热的条件下具有极好的抗热裂性。DT 钢用于冲裁和滚剪的使用寿命见表 7.10。

表 7.10 DT 钢的刃磨寿命试验

使用类型	Cr12	DT	W18Cr4V
垫圈冲模	2.3 万次	30 万次	—
定子冲模	1 万次	10 万次	—
滚 剪		148.5 万 m	22.5 万 m

习 题

(1)模具常用材料有哪些?

(2)如何根据使用条件选择模具材料?

附　　录

附表1　基准件标准公差数值表　　　　　　　　　　　　　　　　　　　　μm

基本尺寸 /mm	公差等级															
	IT1	IT2	IT3	IT4	IT5	IT6	IT7	IT8	IT9	IT10	IT11	IT12	IT13	IT14	IT15	IT16
≤3	0.8	1.2	2	3	4	6	10	14	25	40	60	100	140	250	400	600
3~6	1	1.5	2.5	4	5	8	12	18	30	48	75	120	180	300	480	750
6~10	1	1.5	2.5	4	6	9	15	22	36	58	90	150	220	360	580	900
10~18	1.2	2	3	5	8	11	18	27	43	70	110	180	270	430	700	1 100
18~30	1.5	2.5	4	6	9	13	21	33	52	84	130	210	330	520	840	1 300
30~50	1.5	2.5	4	7	11	16	25	39	62	100	160	250	390	620	1 000	1 600
50~80	2	3	5	8	13	19	30	46	74	120	190	300	460	740	1 200	1 900
80~120	2.5	4	6	10	15	22	35	54	87	140	220	350	540	870	1 400	2 200
120~180	3.5	5	8	12	18	25	40	63	100	160	250	400	630	1 000	1 600	2 500
180~250	4.5	7	10	14	20	29	46	72	115	185	290	460	720	1 150	1 850	2 900
250~315	6	8	12	16	23	32	52	81	130	210	320	520	810	1 300	2 100	3 200
315~400	7	9	13	18	25	36	57	89	140	230	360	570	890	1 400	2 300	3 600
400~500	8	10	15	20	27	40	63	97	155	250	400	630	970	1 550	2 500	4 000

附表 2　冲模零件表面粗糙度

序号	冲模零件表面	原光洁度等级	表面粗糙度	
			Ra	$R\%$
1	不需要精加工的表面(下模座的漏料孔)	▽3	[>10~20(12.5)]	>40~80(50)
2	不与其他零件接触的零件表面以及钻孔后的表面	▽4	[>5~10(6.3)]	>20~40(25)
3	无特殊要求的支撑面(模柄凸缘顶面等)	▽5	[>2.5~5(3.2)]	>10~20(12.5)
4	一般精度模座的支撑面,凸、凹模固定板上压入带凸台模孔的底面	▽6	[>1.25~2.5(1.6)]	>6.3~10
5	IT7 的孔表面,定位销、挡料销导柱导套的过盈部分	▽7	>0.63~1.25(0.8)	[>3.2~6.3]
6	导柱、导套的滑块部分,IT6 的工作表面,大部分冲裁模和弯曲模的工作面,拉深凸模表面	▽8	>0.32~0.63(0.4)	[>1.60~3.2]
7	拉深凹模和压料圈工作表面,精密冲裁模的刃口表面,冷挤模的工资表面,IT5 导柱、导向表面,IT6 的导套、导向孔表面	▽10	>0.08~0.16(0.1)	[>0.32~0.8]
	精密冲模,特别是滚珠导向的导柱导向面,成形模有高精度要求的工作表面	▽11	>0.04~0.08(0.50)	[>0.16~0.32]

注:1. 表中 Ra—轮廓的算术平均偏差,Rz—微观不平度＋点平均高度

　　2. ▽3~▽5 和▽6~▽11 分别各以 Rz 和 Ra 表示为合理。方括号中数值为 Rz 和 Ra 两者的参考对应值。圆括号中数值为对应原表面光洁度等级的粗糙度系列范围中表达值

参 考 文 献

[1] 韩志仁,贺平,郑晖. 飞机制造技术基础[M]. 北京:北京航空航天大学出版社,2015.

[2]《冲模设计手册》编写组. 冲模设计手册[M]. 北京:机械工业出版社,2000.

[3] 王秀凤,万良辉. 冷冲压模具设计与制造[M]. 北京:北京航空航天大学出版社,2006.

[4] 王孝培. 冲压手册[M]. 2 版. 北京:机械工业出版社,2003.

[5]《模具制造手册》编写组. 模具制造手册[M]. 2 版. 北京:机械工业出版社,1997.

[6] 全国模具标准化技术委员会. 中国机械工业标准汇编[M]. 北京:中国标准出版社,1998.

[7] 郑晖,李国峰. 方管冲孔工艺分析与模具设计[J]. 模具工业,2006,32(9):31 – 33.

[8] 谷维忠,徐恩义. 冲压加工技术手册[M]. 北京:轻工业出版社,1988.

[9] 郑晖,于江,廖立平. 防尘盖的工艺分析与模具设计[J]. 模具工业,2007,33(1):30 – 31.

[10] 太田哲. 冲压模具结构与设计图解[M]. 北京:轻工业出版社,1980.

[11] 杨玉英. 实用冲压工艺及模具设计手册[M]. 北京:机械工业出版社,2004.

[12] 郝滨海. 冲压模具简明设计手册[M]. 北京:化学工业出版社,2004.

[13] 郑晖,孟祥韬,张嘉,等. 基于实例的典型汽车覆盖件模具设计[J]. 锻压技术,2011,36(3):107 – 112.

[14] 田嘉生,马正彦. 冷冲模设计基础[M]. 北京:航空工业出版社,1994.

[15] 许发樾. 模具标准应用手册[M]. 北京:机械工业出版社,2005.

[16] 金龙建. 多工位级进模典型结构图册[M]. 北京:化学工业出版社,2011.

[17] 郑晖,于江,廖立平. 冷挤压模具结构的改进[J]. 锻压技术,2007,32(5):92 – 93.

[18] 金龙建. 多工位级进模排样设计及实例精选[M]. 北京:机械工业出版社,2015.

[19] 郑晖,于利凯. 汽车前底板冲压工艺分析与拉深模设计[J]. 锻压技术,2009,34(3):103 – 105.